Արդյունք

Eureka Math
Դասարան 1
Մոդուլներ 4-6

Great Minds PBC is the creator of Eureka Math®,
Wit & Wisdom®, Alexandria Plan™, and PhD Science™.

Published by Great Minds PBC. greatminds.org

Copyright © 2020 Great Minds PBC. All rights reserved. No part of this work may be reproduced or used in any form or by any means—graphic, electronic, or mechanical, including photocopying or information storage and retrieval systems—without written permission from the copyright holder.

ISBN 978-1-64929-162-2

1 2 3 4 5 6 7 8 9 10 XXX 25 24 23 22 21 20

Printed in the USA

Ուսուցում • Գործնական աշխատանք • Արդյունք

«Eureka Math»-ի® «A Story of Units»® աշակերտական նյութերը (K–5) հասանելի են Ուսուցում, Պրակտիկա, Արդյունք եռյակով: Այս շարքն ապահովում է նյութերի բազմազանությունը և փոփոխումը՝ միաժամանակ դրանք կանոնակարգված և մատչելի թողնելով: *Ուսուցիչները կբացահայտեն, որ «Ուսուցում, Պրակտիկա և Արդյունք» շարքն առաջարկում է նաև համապարփակ և, հետևաբար, ավելի արդյունավետ եղանակ՝ անհատական մոտեցման ցուցաբերման, լրացուցիչ աշխատանքների և ամառային ուսուցման կազմակերպման համար:*

Ուսուցում

«Eureka Math Ուսուցում» բաժինը ծառայում է աշակերտին որպես ուսումնական ուղեցույց, որտեղ նանք ներկայացնում են այն, ինչ մտածում են և գիտեն, և ամեն օր զարգացնում են իրենց գիտելիքները: «Ուսուցում» բաժնում ներառված ամենօրյա դասարանային աշխատանքները՝ գործնական խնդիրները, գնահատման տոմսակները, խնդիրները, ձևանմուշները, ներկայացված են դյուրահաս ձևով և ծավալով:

Գործնական աշխատանք

Յուրաքանչյուր «*Eureka Math*»-*ի դաս* սկսվում է մի շարք ակտիվ, իմացության ստուգման ուրախ վարժություններով՝ այդ թվում *«Eureka Math Պրակտիկա» բաժնում ներառվածները:* Այն աշակերտները, ովքեր ավելի շատ գիտելիքներ ունեն մաթեմատիկայից, կարող են ավելի շատ նյութ յուրացնել առավել խորությամբ: «Փորձ» բաժնում *Practice,*աշակերտները զարգացնում են նոր ձեռք բերված գիտելիքի կիրառման հմտությունները և ամրապնդում են նախորդ դասը՝ նախապատրասվելով հաջորդին:

«Ուսուցում» և *Learn* and *«Պրակտիկա»* բաժինները միասին աշակերտներին տրամադրում են տպագիր բոլոր նյութերը, որոնք նրանք կօգտագործեն մաթեմատիկայի հիմնական դասընթացի համար:

Արդյունք

«Eureka Math-ի Արդյունք» բաժինը աշակերտներին հնարավորություն է տալիս ինքնուրույն վարպետանալ: Լրացուցիչ խնդիրները համահունչ են դասի նյութին և հարմար են որպես տնային կամ լրացուցիչ աշխատանք հանձնարարելու համար: Խնդիրներն ուղեկցվում են «Տնային աշխատանքի օգնականով», որն իրենից ներկայացնում է խնդիրների լուծման օրինակներ՝ ցույց տալով, թե ինչպես պետք է լուծել նմանատիպ խնդիրները:

Ուսուցիչներն ու դասավանդողները կարող են օգտագործել նախորդ մակարդակների *«Արդյունք» բաժնի* դասագիրքը՝ որպես ուսուցման ծրագրի մաս՝ հիմնարար գիտելիքների բացը լրացնելու համար: Աշակերտներն ավելի արագ կընկալեն ու կյուրացնեն, քանի որ ծանոթ նյութի կրկնությունը դյուրացնում է ընթացիկ մակարդակի բովանդակության կապի ստեղծումը նախորդի հետ:

EUREKA MATH®

Աշակերտներ, ընտանիքներ և դասավանդողներ.

Շնորհակալություն *Eureka Math* ®թիմի անդամ դառնալու համար. այստեղ մենք վայելում ենք մաթեմատիկայի պարգևած ուրախությունը, բերկրանքը և սուր զգացմունքները:

Ոչինչ չի գերազանցում սովորողի հաջողության բավարարվածությանը այնքան, որքան նրա ավելի գրագետ դառնալը, և հենց դրանով էլ ավելի են մեծանում նրա դրդապատճառը և պարտավորվածությունը: *«Eureka Math»-ի «Արդյունք»* բաժինը պարունակում է ուղեցույց և լրացուցիչ վարժություններ, որոնք անհրաժեշտ են աշակերտների հիմնարար գիտելիքները ամրապնդելու և նոր նյութը յուրացնելու համար:

Ի՞նչ է իրենից ներկայացնում «Արդյունք» դասագիրքը:

<<*Eureka Math-ի Արդյունք*>> գրքերը ներկայացնում են աջակցվող պրակտիկ հավաքածուներ, որոնք զուգակցվում են *Միավորների Պատմություն*® դասերին:*Արդյունքի* յուրաքանչյուր դասը սկսվում է մի շարք մշակված օրինակներով, որոնք կոչվում են *Տնային Աշխատանքի Օգնականներ*, որոնք ցուցադրում են այն մոդելները և տրամաբանությունը, որոնք կիրառվում են ուսումնական ծրագրում՝ ընկալում ձևավորելու համար: Այնուհետև, աշակերտները ձեռք են բերում պրակտիկ հմտություններ՝ պարզից աստիճանաբար բարդին անցնող հաջորդականությամբ ընտրված խնդիրների միջոցով:

Ինչպե՞ս պետք է օգտվել «Արդյունք» *բաժնից:*

«Արդյունք» դասագրքերի *հավաքածուն* կարող է օգտագործվել որպես այլընտրանքային ուսուցման, վարժությունների, տնային աշխատանքների և
օժանդակ նյութ: *Eureka Math-ի Affirm®, թվային գնահատման համակարգը զուգակցվելով «Արդյունք» դասագրքի դասերի հետ՝ դասավանդողներին հնարավորություն է տալիս թիրախային գործնական աշխատանք իրականացնել և գնահատել աշակերտի առաջադիմությունը: «Արդյունք»* բաժնում կիրառված մաթեմատիկական մոդելներն ու բառապաշարը նույնն են, ինչ *«Բաժինների պատմություն»* բաժնի մեջ, ինչը թույլ է տալիս, որպեսզի աշակերտները զգան իրենց ամենօրյա ուսուցման հետ կապն ու առնչությունը՝ անկախ այն հանգամանքից՝ աշխատում են հիմնարար գիտելիքների ամրապնդման, թե ընթացիկ նյութի լրացուցիչ վարժությունների վրա:

Որտե՞ղ կարող եմ ավելի շատ տեղեկություններ ստանալ «Eureka Math»-ի *նյութերի վերաբերյալ:*

Great Minds® թիմը ձգտում է ապահովել աշակերտներին, ընտանիքներին և դասավանդողներին մշտապես հարստացվող նյութերի շտեմարանով, որը հասանելի է՝ eureka-math.org. Վեբկայքում զետեղված են նաև the *Eureka Math-ի* խմբի ոգեշնչող հաջողության պատմություններ: Կիսվեք ձեր տպավորություններով և ձեռքբերումներով այլ օգտատերերի հետ՝ դառնալով
Eureka Math-ի չեմպիոն:

Լավագույն մաղթանքներ Eureka պահերով լի տարում:

Ջիլ Դինից
Մաթեմատիկայի բաժնի տնօրեն
Great Minds

Բովանդակություն

Մոդուլ 4՝ Թվային արժեք, համեմատություն, 40-ի սահմաններում գումարում և հանում

Թեմա A՝ Տասնյակներ և միավորներ

Դաս 1 3

Դաս 2 7

Դաս 3 11

Դաս 4 15

Դաս 5 19

Դաս 6 23

Թեմա B՝ Երկնիշ թվերի զույգերի համեմատություն

Դաս 7 27

Դաս 8 33

Դաս 9 37

Դաս 10 41

Թեմա C՝ Տասնյակների գումարում և հանում

Դաս 11 45

Դաս 12 49

Թեմա D՝ Երկնիշ թվին տասնյակների կամ միավորների գումարում

Դաս 13 53

Դաս 14 57

Դաս 15 61

Դաս 16 65

Դաս 17 69

Դաս 18 73

Թեմա E՝ 20 թվի սահմաններում տարբեր խնդիրներ

Դաս 19 77

Դաս 20 81

Դաս 21 85

Դաս 22 89

Թեմա F՝ Երկնիշ թվին տասնյակների և միավորների գումարում

Դաս 23 93

Դաս 24 97

Դաս 25 101

Դաս 26 105

Դաս 27 109

Դաս 28 113

Դաս 29 117

Մոդուլ 5՝ Պատկերների ճանաչում, կառուցում և մասնատում

Թեմա A՝ Պատկերների հատկանիշներ

Դա 1 123

Դաս 2 129

Դաս 3 133

Թեմա B՝ Մաս-Ամբողջ թվերի հարաբերություններ բաղադրյալ պատկերներում

Դաս 4 137

Դաս 5 141

Դաս 6 147

Թեմա C՝ Եռանկյունների և շրջանների կեսեր և քառորդ մասեր

Դաս 7 151

Դաս 8 155

Դաս 9 159

Թեմա D՝ Կեսերի կիրառումը ժամն ասելու համար

Դաս 10 163

Դաս 11 167

Դաս 12 171

Դաս 13 175

Մոդուլ 6. Թվային արժեք, համեմատություն, գումարում և հանումը մինչև 100 թվերով

Թեմա A. Համեմատության բառային խնդիրներ

Դաս 1 181

Դաս 2 185

Թեմա B. Մինչև 120-ը թվերը

Դաս 3 189

Դաս 4 193

Դաս 5 197

Դաս 6 201

Դաս 7 205

Դաս 8 209

Դաս 9 213

Թեմա C. Գումարում մինչև 100-ը՝ թվային արժեքի հասկացության կիրառմամբ

Դաս 10 217

Դաս 11 221

Դաս 12 225

Դաս 13 229

Դաս 14 233

Դաս 15 237

Դաս 16 241

Դաս 17 245

Թեմա D. Թվային արժեքների տարբեր եղանակների կիրառմամբ մինչև 100-ը թվերի գումարում

Դաս 18 249

Դաս 19 253

Թեմա E. Մետաղադրամներ ու դրանց արժեքները

Դաս 20 257

Դաս 21 261

Դաս 22 265

Դաս 23 269

Դաս 24 273

Թեմա F. Մինչև 20 թվի սահմաններում տարբեր խնդիրներ

Դաս 25 277

Դաս 26 281

Դաս 27 285

Թեմա G. Ավարտական վարժություններ

Դաս 28 289

Դաս 29 293

Դաս 30 295

Դասարան 1
Մոդուլ 4

1. Շրջանակի մեջ առեք այն խմբերը, որտեղ կա 10 առարկա: Գրե՛ք թիվը՝ առարկաների ընդհանուր քանակը ցույց տալու համար:

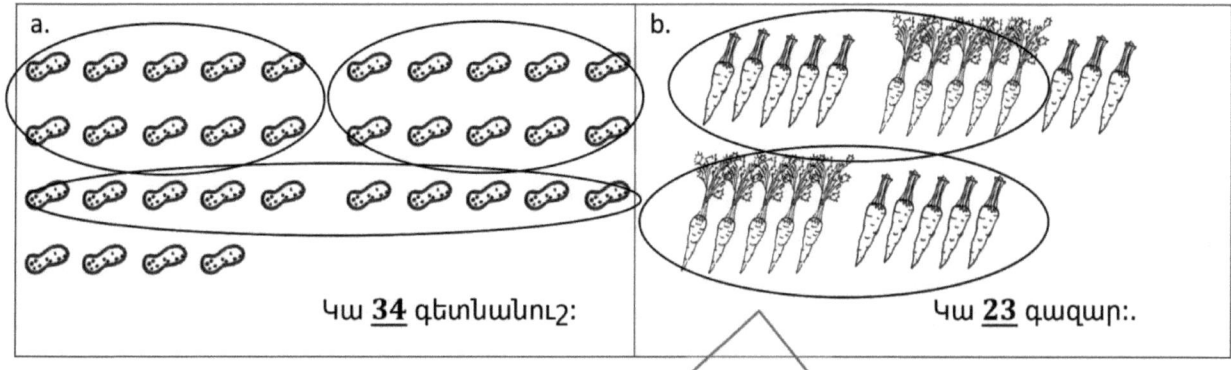

a.

Կա **34** գետնանուշ:

b.

Կա **23** գազար:.

Ես շրջանակի մեջ եմ վերցնում տասի խմբերը:
Ես հաշվում եմ նախ տասերը, ապա մեկերը:
2 տասեր 3 մեկեր հավասար է 23-ի:

2. Կազմե՛ք թվային զույգ՝ տասնյակները և միավորները ցույց տալու համար: Շրջանի մեջ առե՛ք տասնյակները: Գրե՛ք թիվը՝ առարկաների ընդհանուր քանակը ցույց տալու համար:

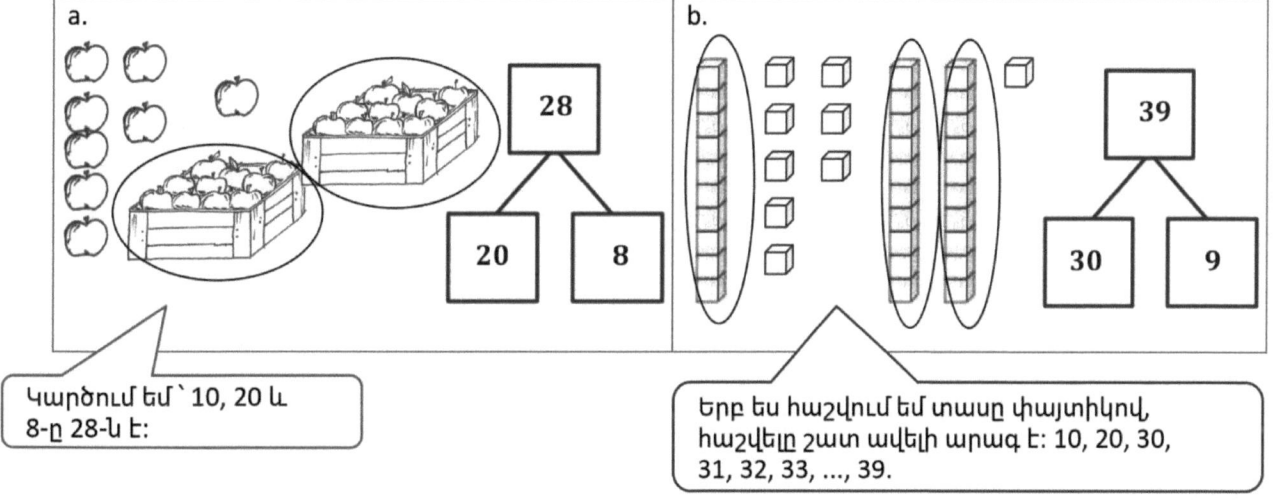

a.

b.

Կարծում եմ՝ 10, 20 և 8-ը 28-ն է:

Երբ ես հաշվում եմ տասը փայտիկով, հաշվելը շատ ավելի արագ է: 10, 20, 30, 31, 32, 33, ..., 39.

Դաս 1. Համեմատե՛ք հաշվելու արդյունավետությունը՝ միավորներով և տասնյակներով հաշվելու միջոցով:

3

ՊՊատրաստե՛ք կամ լրացրե՛ք մաթեմատիկական գծագիր՝ տասնյակները և միավորները ցույց տալու համար: Ավարտեք թվային զույգերը:

3.

4.

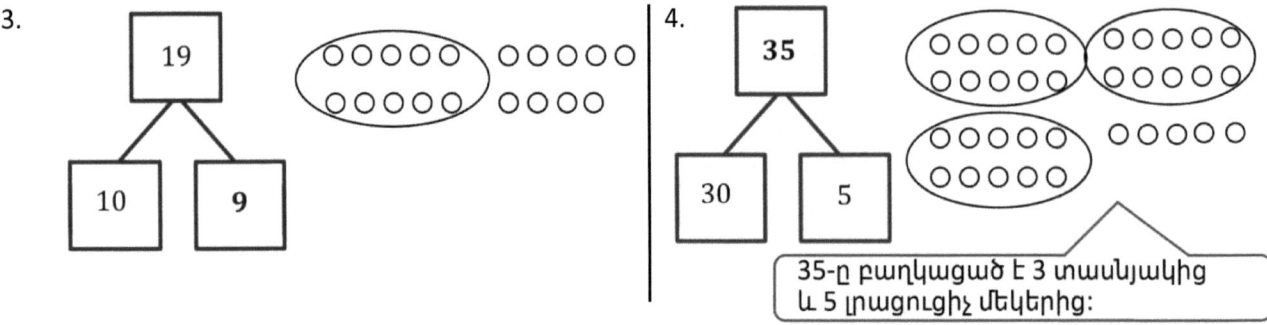

35
5
35-ը բաղկացած է 3 տասնյակից
և 5 լրացուցիչ մեկերից:

4 Դաս 1. Համեմատե՛ք հաշվելու արդյունավետությունը՝ միավորներով և տասնյակներով հաշվելու միջոցով:

EUREKA MATH

Անուն ______________________________ Ամսաթիվ ______________

Շրջանակի մեջ առեք այն խմբերը, որտեղ կա 10 առարկա: Գրե՛ք թիվը՝ առարկաների ընդհանուր քանակը ցույց տալու համար:

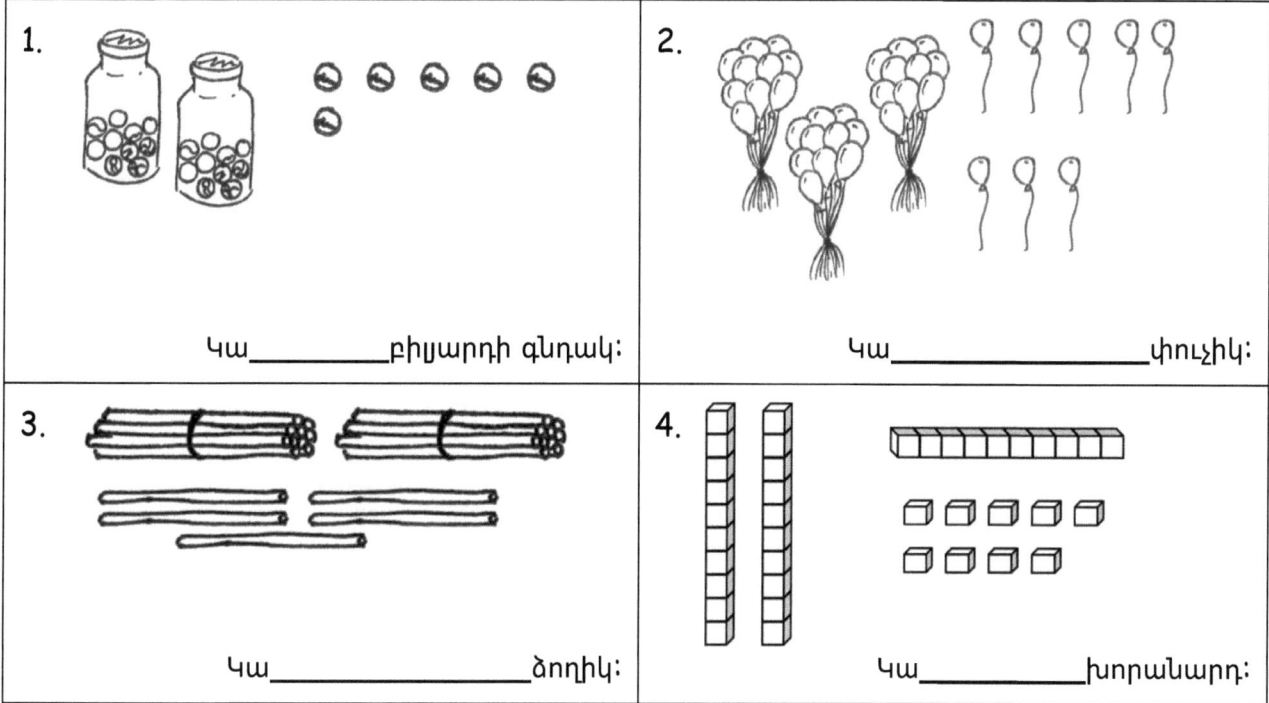

1.
Կա________բիլյարդի գնդակ:

2.
Կա________________փուչիկ:

3.
Կա________________ձողիկ:

4.
Կա__________խորանարդ:

Կազմե՛ք թվային կապ՝ տասնյակները և միավորները ցույց տալու համար: Շրջանի մեջ առե՛ք տասնյակները: Գրե՛ք թիվը՝ առարկաների ընդհանուր քանակը ցույց տալու համար:

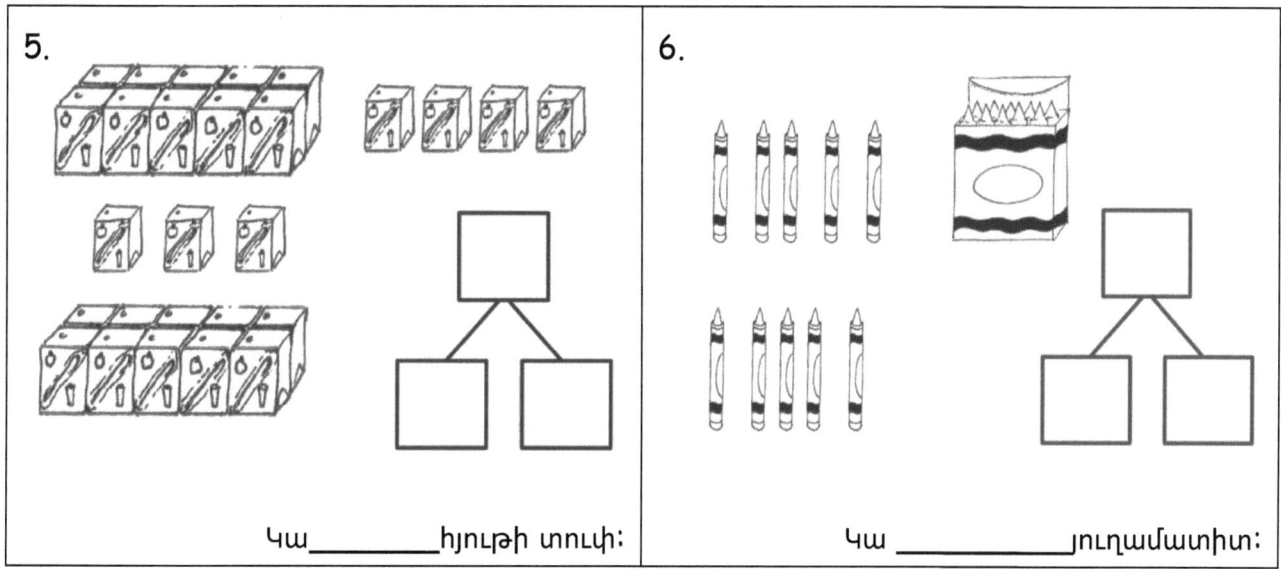

5.
Կա________հյութի տուփ:

6.
Կա __________մատիտ:

Դաս 1. Համեմատե՛ք հաշվելու արդյունավետությունը՝ միավորներով և տասնյակներով հաշվելու միջոցով:

Կազմե՛ք թվային կապ՝ տասնյակները և միավորները ցույց տալու համար: Շրջանի մեջ առե՛ք տասնյակները: Գրե՛ք թիվը՝ առարկաների ընդհանուր քանակը ցույց տալու համար:

7.

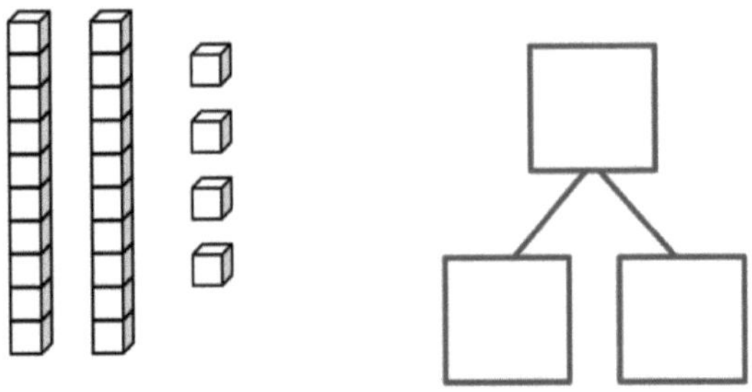

Կա _____ խորանարդ:

8.

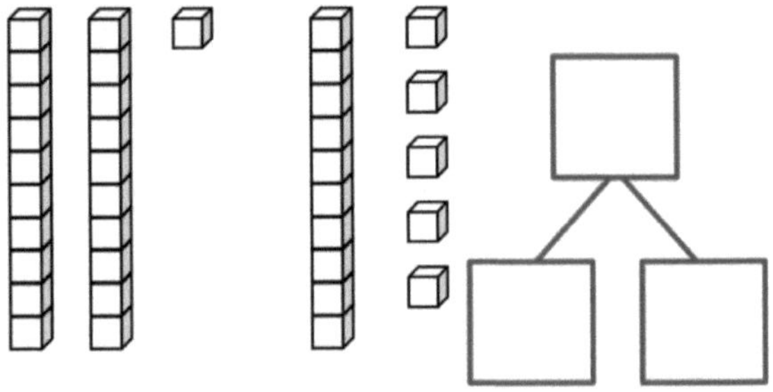

Կա _____ խորանարդ:

9.

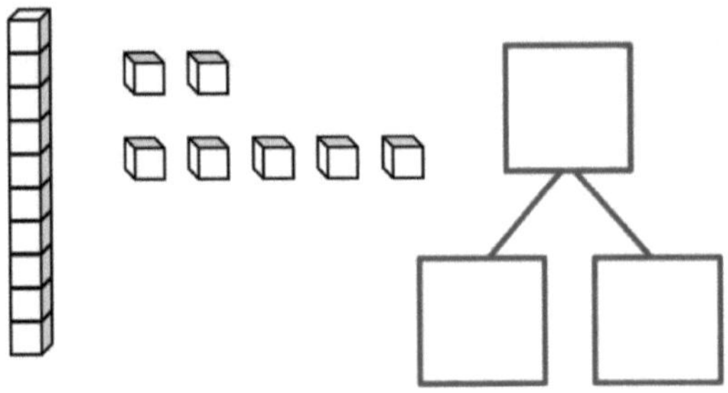

Կա _____ խորանարդ:

10.

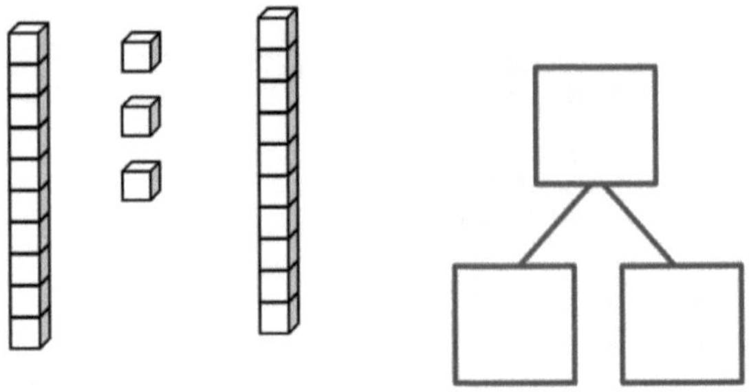

Կա _____ խորանարդ:

Պատրաստե՛ք կամ լրացրե՛ք մաթեմատիկական գծագիր՝ տասնյակները և միավորները ցույց տալու համար: Լրացրեք թվային զույգերը:

11.

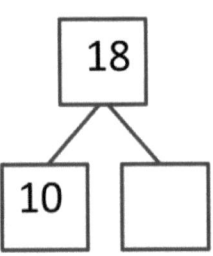

12.

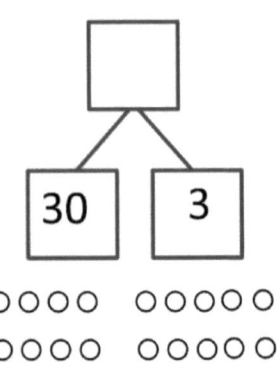

Գրեք տասնյակներն ու միավորները: Լրացրեք արտահայտությունը:

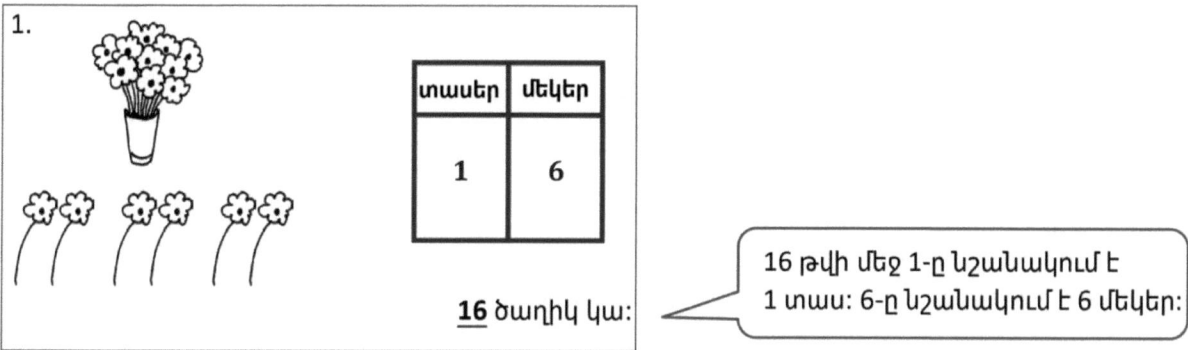

1.

տասեր	մեկեր
1	6

16 ծաղիկ կա:

16 թվի մեջ 1-ը նշանակում է 1 տաս: 6-ը նշանակում է 6 մեկեր:

Գրեք տասնյակներն ու միավորները: Լրացրեք արտահայտությունը:

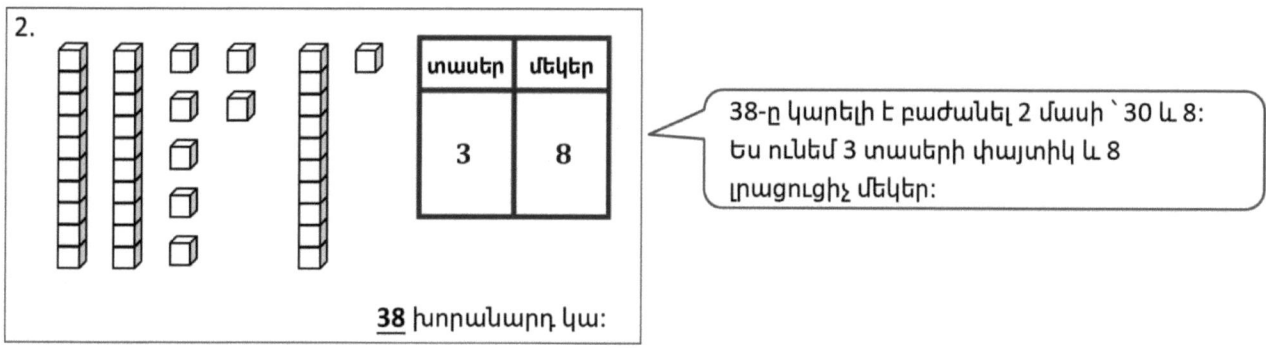

2.

տասեր	մեկեր
3	8

38 խորանարդ կա:

38-ը կարելի է բաժանել 2 մասի՝ 30 և 8: Ես ունեմ 3 տասերի փայտիկ և 8 լրացուցիչ մեկեր:

Գրեք բացակայող թվերը: Աշխատելու ընթացքում սկզբում արտասանեք թվերը սովորական տարբերակով, այնուհետև՝ «Տասերով»:

3.

տասեր	մեկեր
2	7

→ 27

Նայում եմ թվային արժեքի աղյուսակին: 2 տասնյակը և 7 մեկերը 27 է: Ես դա կարող եմ ասել «Ասա տասերով»՝ 2 տասնյակ 7:

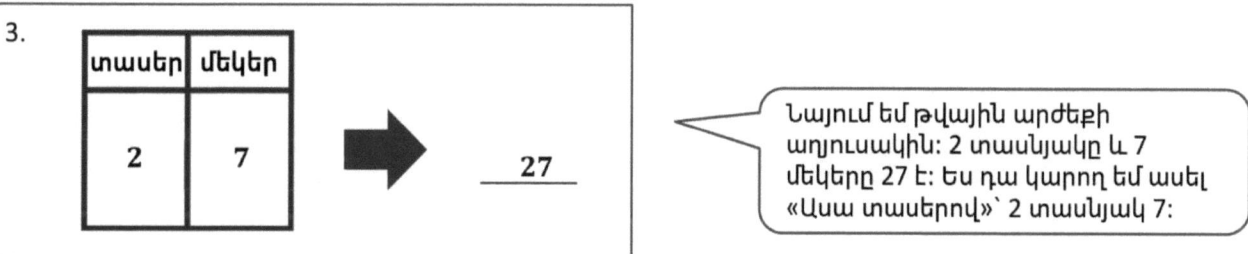

4. Ընտրեք թիվ,, որը պակաս է 40-ից: Մաթեմատիկական գծագիր գծե՛ք՝այն ներկայացնելու համար: Լրացրե՛ք թվային զույգը և տեղադրեք արժեքը աղյուսակում:

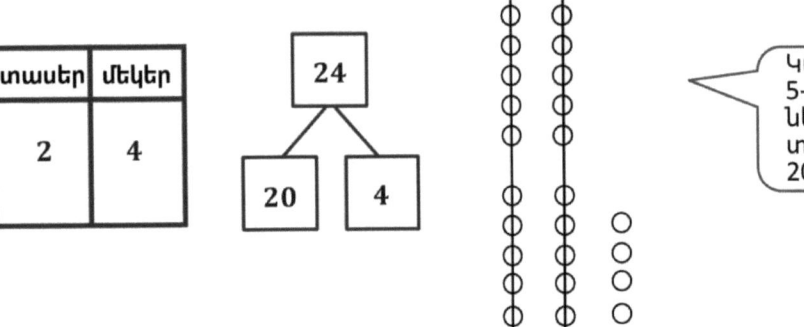

տասեր	մեկեր
2	4

Կարող եմ ստանալ 5-խմբակային սյունակի նկար: Ես նկարում եմ 2 տասնյակ և 4 մեկեր: 24-ը 20-ն է և 4-ը:

EUREKA MATH

Անուն ______________________________ Ամսաթիվ ______________

Գրեք տասնյակներն ու միավորները և ավարտե՛ք արտահայտությունը:

1.

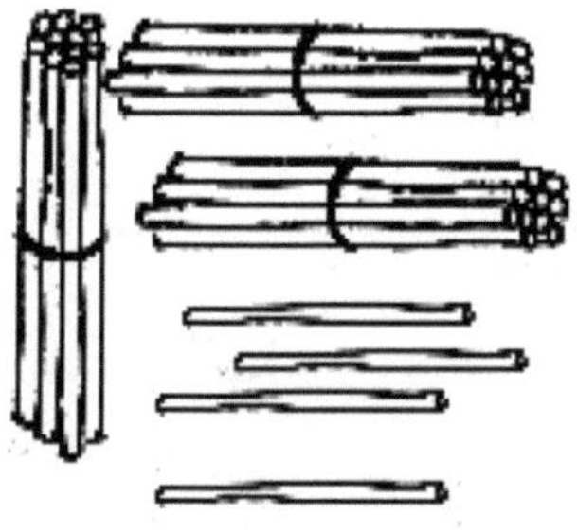

տասեր	մեկեր

Կա ______________ ձողիկ:

2.

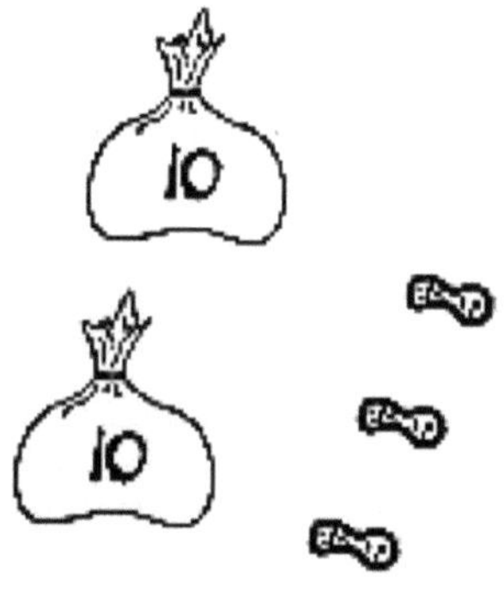

տասեր	մեկեր

Կա ______________ գետնընկույզ:

3.

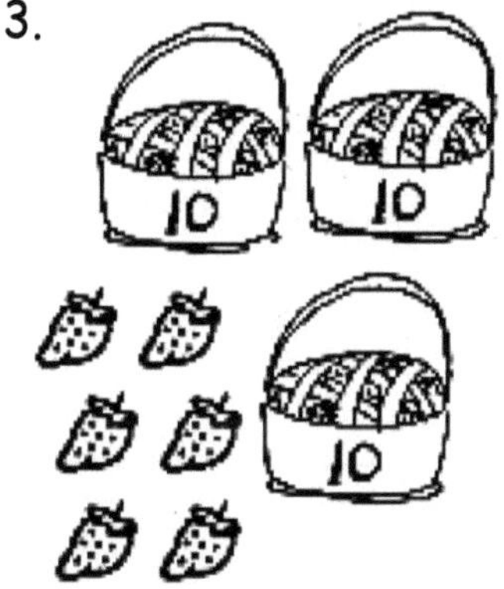

տասեր	մեկեր

Կա ______________ ելակ:

4.

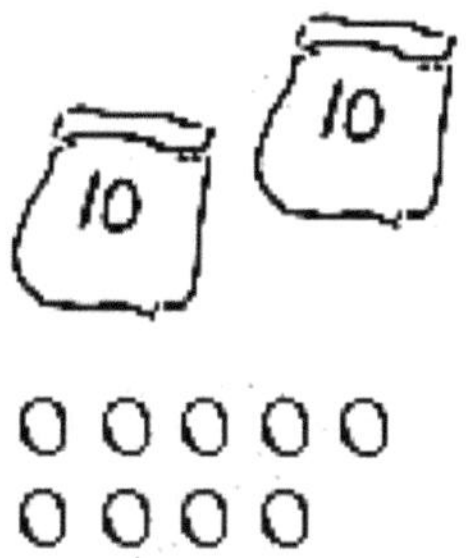

տասեր	մեկեր

Կա ______________ ուլունք:

5.

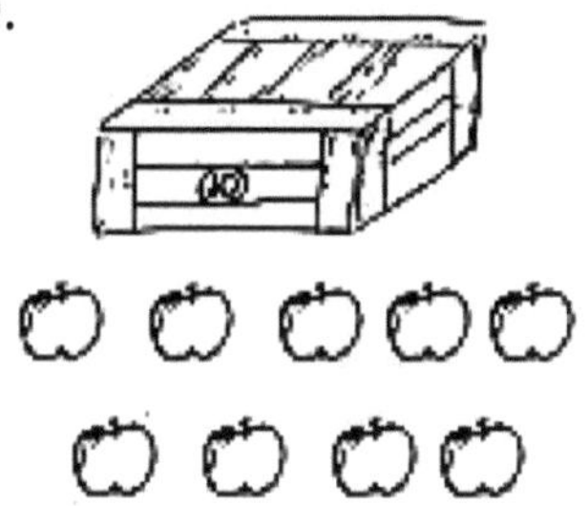

տասեր	մեկեր

Կա ______________ խնձոր:

6.

տասեր	մեկեր

Կա ______________ գազար:

Դաս 2. Օգտագործե՛ք թվային արժեքների աղյուսակը՝ երկնիշ թվերի տասնյակներն ու միավորները նշելու և անվանելու համար: 9

Գրե՛ք տասնյակներն ու միավորները: Լրացրեք արտահայտությունը:

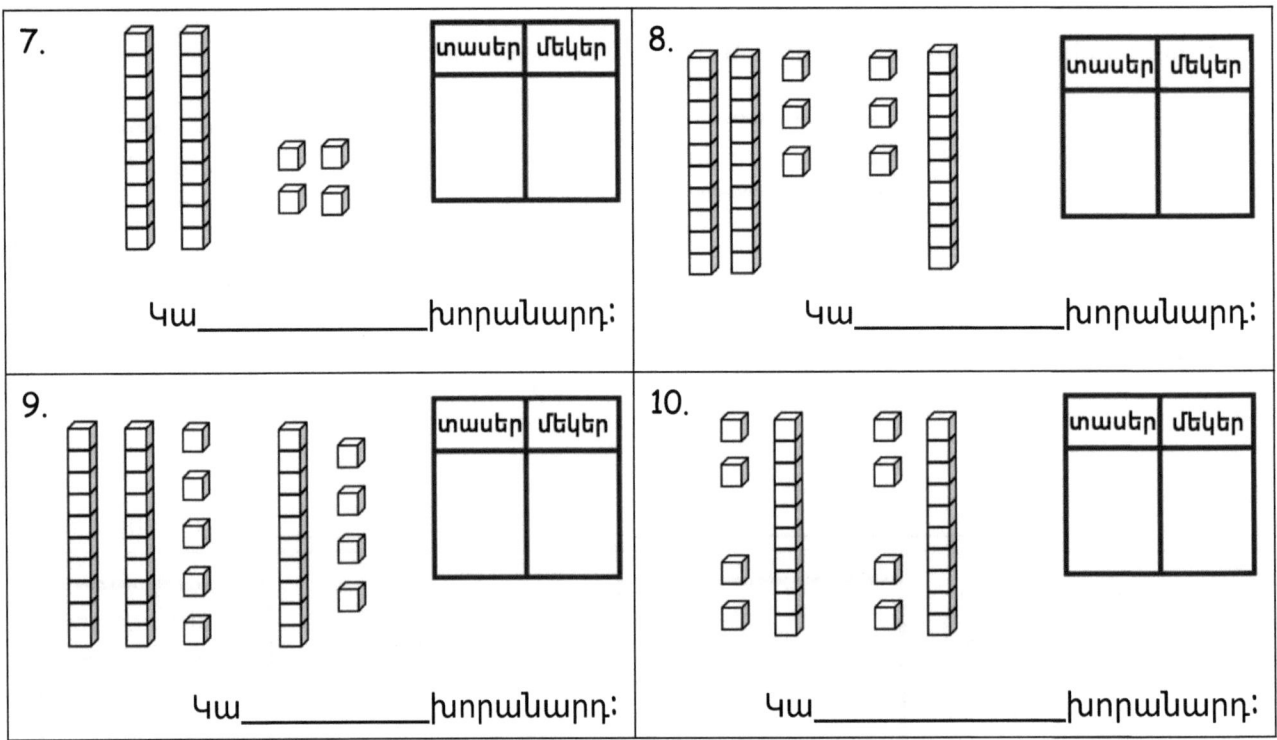

7.

տասեր	մեկեր

Կա___________խորանարդ:

8.

տասեր	մեկեր

Կա___________խորանարդ:

9.

տասեր	մեկեր

Կա___________խորանարդ:

10.

տասեր	մեկեր

Կա___________խորանարդ:

Գրեք բացակայող թվերը: Աշխատելու ընթացքում սկզբում արտասանեք թվերը սովորական տարբերակով, այնուհետև՝ «Տասերով»:

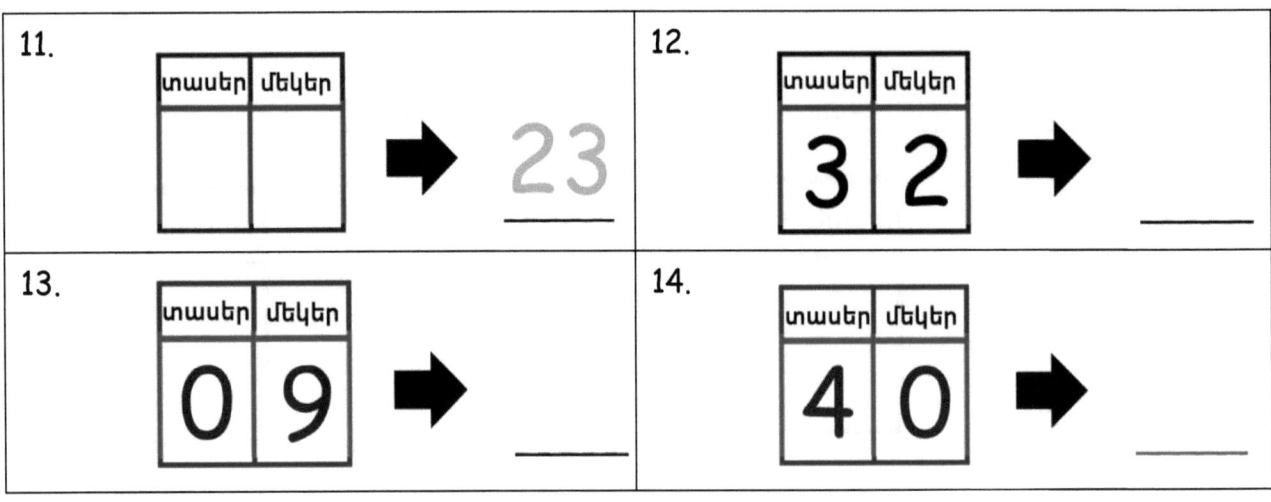

11.

տասեր	մեկեր

→ 23

12.

տասեր	մեկեր
3	2

→ ____

13.

տասեր	մեկեր
0	9

→ ____

14.

տասեր	մեկեր
4	0

→ ____

15. Ընտրեք թիվ, որը պակաս է 40-ից: Պատրաստե՛ք մաթեմատիկական գծագիր այն արտահայտելու համար և լրացրե՛ք թվային կապն ու տեղի արժեքների աղյուսակը:

տասեր	մեկեր

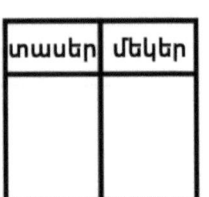

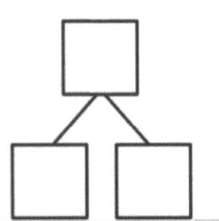

1. Հաշվե՛ք այնքան տասնյակներ, որքան կարող եք: Լրացրեք արտահայտությունը: Ասացե՛ք թվերը և արտահայտությունները:

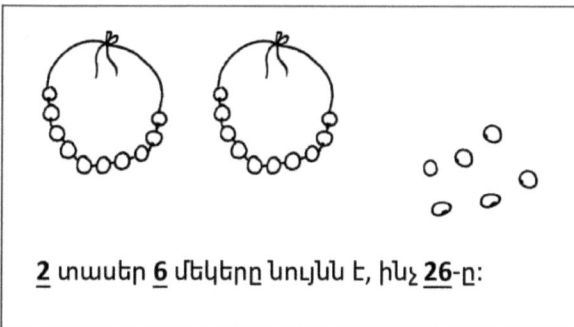

2 տասեր 6 մեկերը նույնն է, ինչ 26-ը:

26-ը տեսնում եմ որպես 2 տասնյակ և 6 լրացուցիչ մեկեր: Նախ հաշվում եմ տասնյակներով: 10, 20 և 6-ը 26-ն է:

Լրացրեք բացակայող թվերը:

27 թիվը չունի 7 մեկեր: Այն ունի 27 մեկեր:

2. 27 ➡

տասեր	մեկեր
2	7

➡ 27 մեկեր

3. 38 ➡ 8 մեկեր 3 տասեր ➡ 38 մեկեր

4. 30 ➡ 0 մեկեր 3 տասեր ➡ 30 մեկեր

38 մեկեր կան: Կամ կարող եմ ասել, որ 38-ն ունի 3 տասեր 8 մեկեր: Յուրաքանչյուր տասը ստացվում է 10 մեկերից: Այսպիսով, ես կարող եմ տասնյակով հաշվել, որ հասնեմ 30-ի, իսկ հետո մեկերով, որ ստանամ 38:

5. Ընտրե՛ք առնվազն մեկ թիվ, որը պակաս է 40-ից: Նկարե՛ք այդ թիվը 3 եղանակով՝

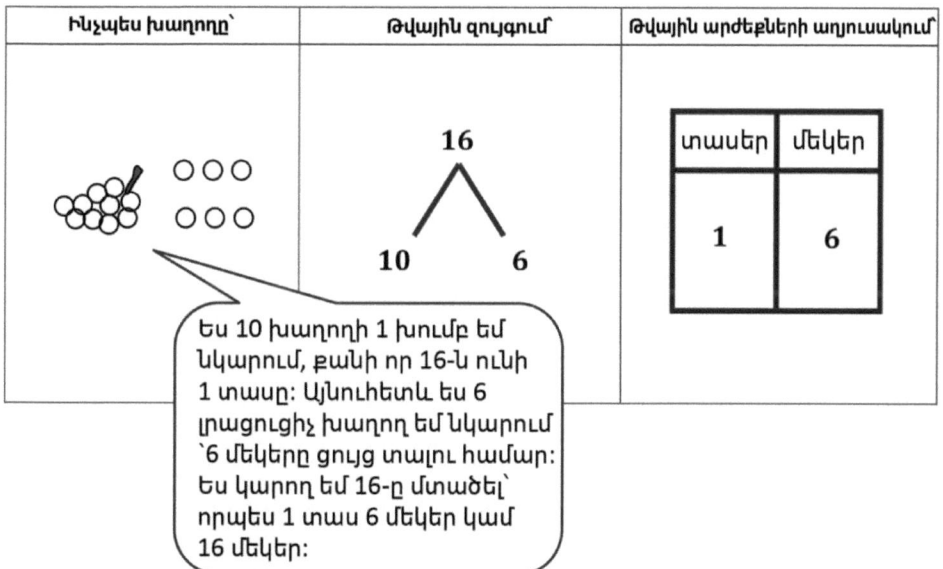

Ինչպես խաղողը՝	Թվային զույգում	Թվային արժեքների աղյուսակում
	16 / 10, 6	տասեր: 1, մեկեր: 6

Ես 10 խաղողի 1 խումբ եմ նկարում, քանի որ 16-ն ունի 1 տասը: Այնուհետև ես 6 լրացուցիչ խաղող եմ նկարում `6 մեկերը ցույց տալու համար: Ես կարող եմ 16-ը մտածել՝ որպես 1 տաս 6 մեկեր կամ 16 մեկեր:

Անուն ______________________________ Ամսաթիվ ______________

Հաշվե՛ք այնքան տասնյակներ, որքան կարող եք: Լրացրե՛ք յուրաքանչյուր արտահայտությունը: Ասացե՛ք թվերը և արտահայտությունները:

1.

տասնյակներ________**միավորներ**

նույնն է ինչ,________________**մեկերը:**

2.

տասնյակներ______**միավորներ**________

նույնն է_ինչ,__________________:

3.

տասնյակներ_____**միավորներ**______

նույնն է, ինչ_______**մեկեր:**

4.

տասնյակներ______**միավորներ** ______

նույնն է, ինչ_________**մեկեր:**

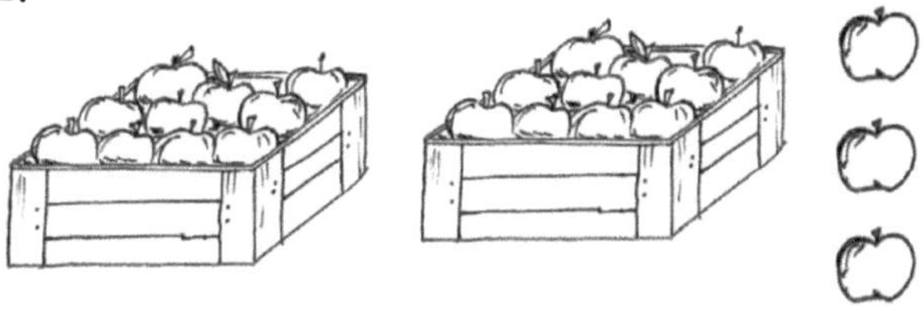

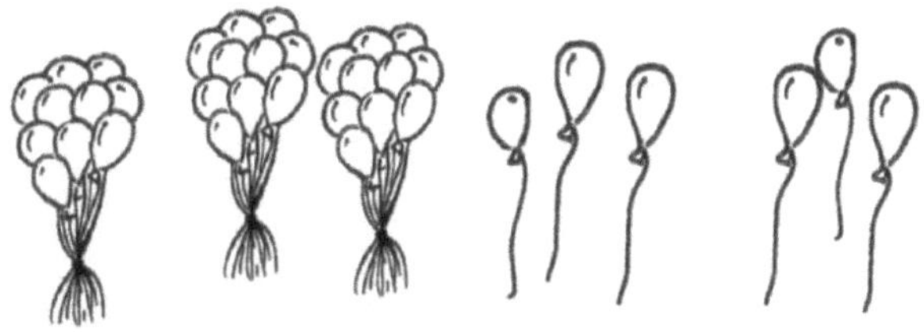

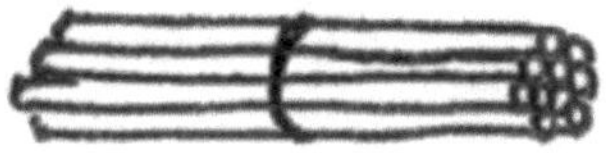

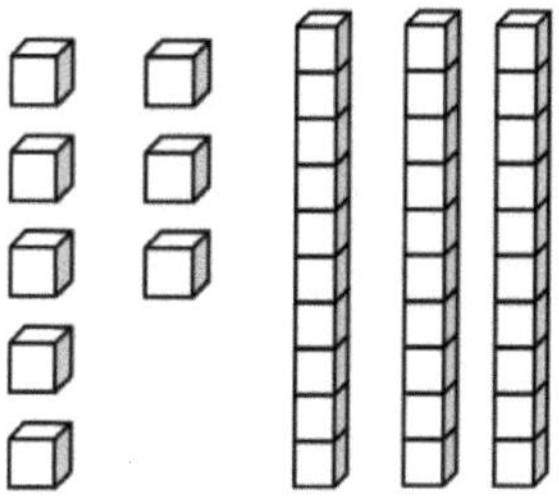

Լրացրեք բացակայող թվերը:

5. ______ ➡

տասեր	մեկեր
2	9

➡ ________մեկեր

EUREKA MATH Դաս 3. Ներկայացրեք երկնիշ թիվը կամ տասերով և որոշ մեկերով կամ ամբողջությամբ մեկերով: 13

6. 34 → _____տասեր_____ մեկեր → _______մեկեր

7. _______ →

տասեր	մեկեր
3	8

→ _______մեկեր

8. _______ → 9 **մեկեր** 3 **տասեր** → _______մեկեր

9. _______ → _____ **մեկեր** _____**տասեր** → 40 **մեկեր**

10. Ընտրե՛ք առնվազն մեկ թիվ, որը պակաս է 40-ից: Նկարե՛ք այդ թիվը 3 եղանակով՝

Ինչպես խաղողը՝	Թվային զույգում՝	Թվային արժեքների աղյուսակում՝
		<table><tr><th>տասեր</th><th>մեկեր</th></tr><tr><td></td><td></td></tr></table>

14 Դաս 3. Ներկայացրեք երկնիշ թիվը կամ տասերով և որոշ մեկերով կամ ամբողջությամբ մեկերով:

EUREKA MATH

1. Լրացրե՛ք թվային կապը կամ գրե՛ք տասնյակները և միավորները: Լրացրեք գումարման արտահայտությունները:

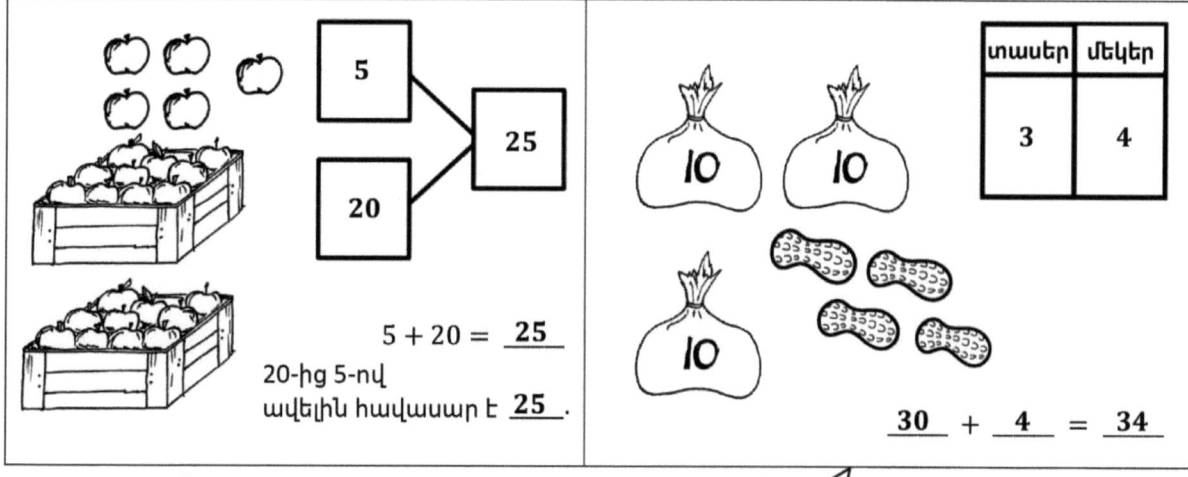

5, 20 → 25

$5 + 20 =$ **25**

20-ից 5-ով ավելին հավասար է **25**.

տասեր	մեկեր
3	4

30 + **4** = **34**

Կարող եմ ստանալ թվային զույգ, որը ցույց կտա տասնյակներն ու մեկերը, ես կարող եմ 25-ը տրոհել 20-ի և 5-ի:

3 տասնյակ 4 մեկերը նույնն է, ինչ 34-ը: 3-ը տասերի տեղում գտնվող նիշն է, իսկ 4-ը՝ մեկերի նիշում:

2. Նկարները համապատասխանեցրե՛ք բառերին:

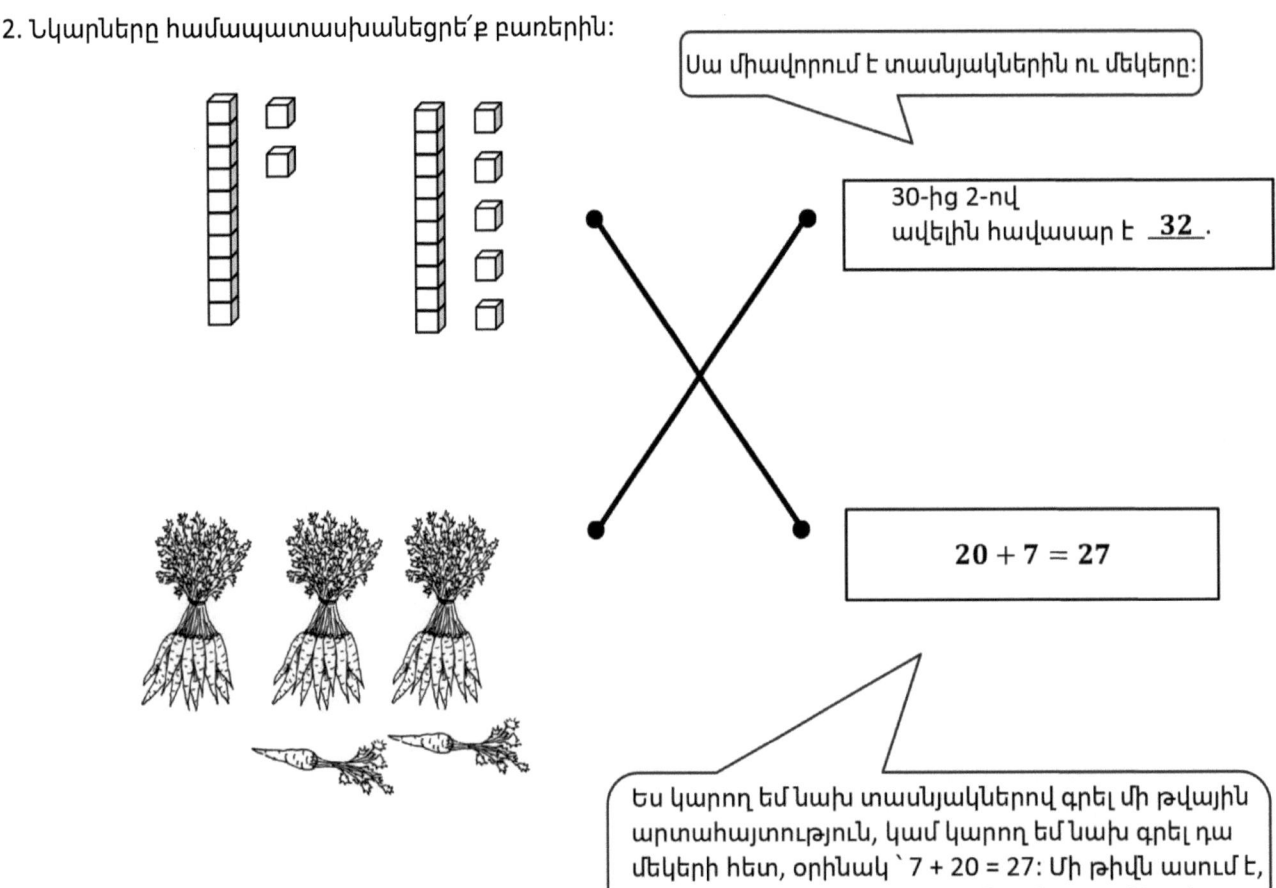

Սա միավորում է տասնյակներին ու մեկերը:

30-ից 2-ով ավելին հավասար է 32.

$20 + 7 = 27$

Ես կարող եմ նախ տասնյակներով գրել մի թվային արտահայտություն, կամ կարող եմ նախ գրել դա մեկերի հետ, օրինակ՝ 7 + 20 = 27: Մի թիվն ասում է, թե քանի տասնյակ կա, իսկ մյուսն ասում է, թե քանի մեկեր կան:

EUREKA MATH

Անուն ______________________________ Ամսաթիվ ______________

Լրացրե՛ք թվային կապը կամ գրե՛ք տասնյակները և միավորները: Լրացրեք գումարման արտահայտությունները:

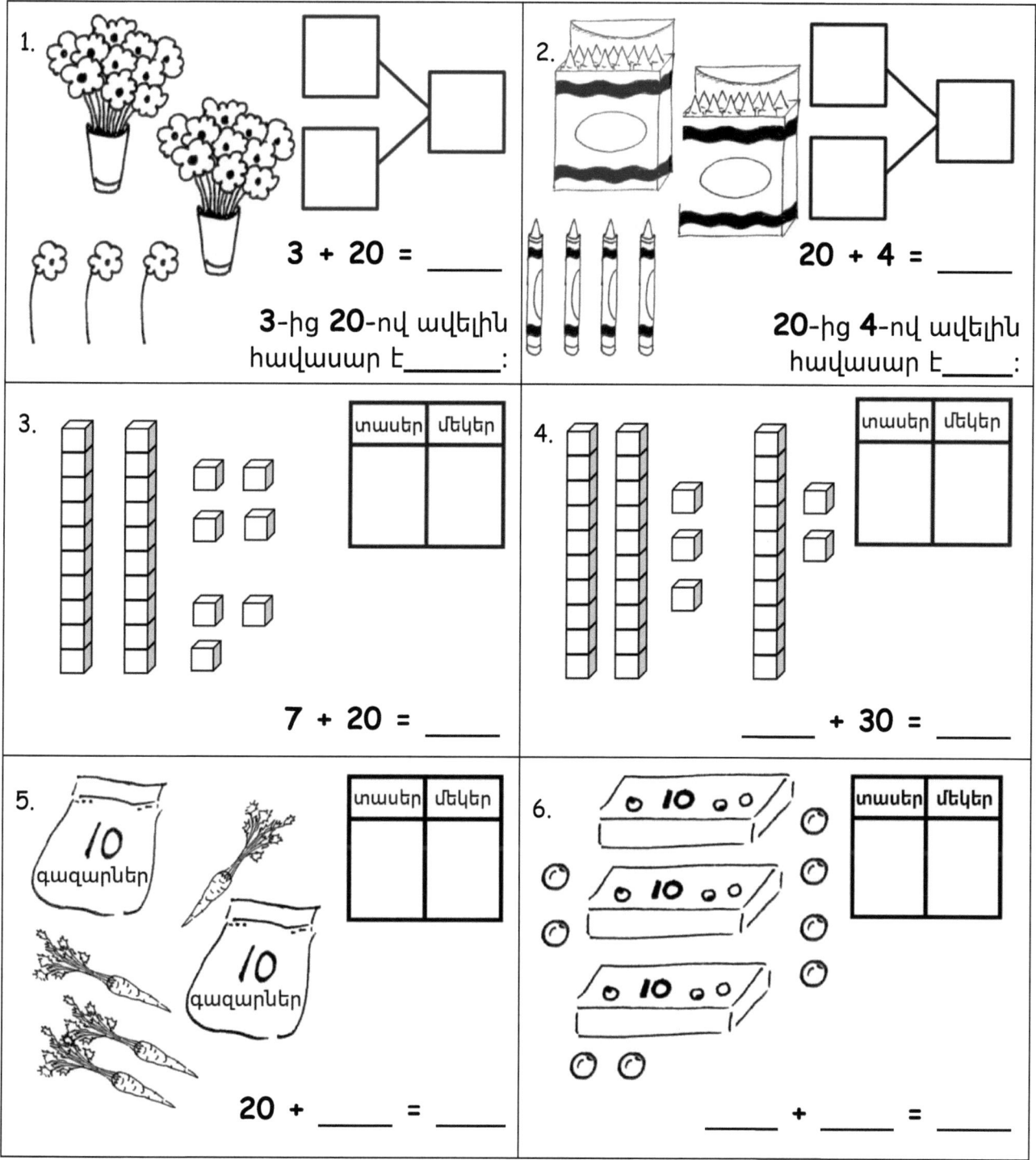

1.

3 + 20 = ___

3-ից **20**-ով ավելին հավասար է___:

2.

20 + 4 = ___

20-ից **4**-ով ավելին հավասար է___:

3.

տասեր	մեկեր

7 + 20 = ___

4.

տասեր	մեկեր

___ + 30 = ___

5.

տասեր	մեկեր

20 + ___ = ___

6.

տասեր	մեկեր

___ + ___ = ___

Նկարները համապատասխանեցրե՛ք բառերին:

7.     •   •   1-ին գումարած 30 հավասար է _____ .

8.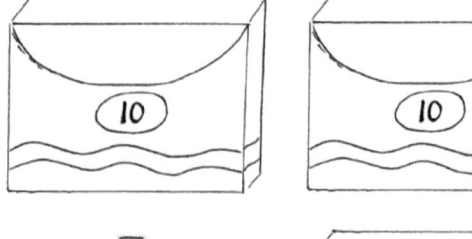

 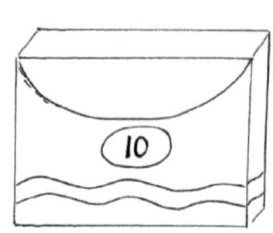   •   • $8 + 30 =$ _____ .

9. 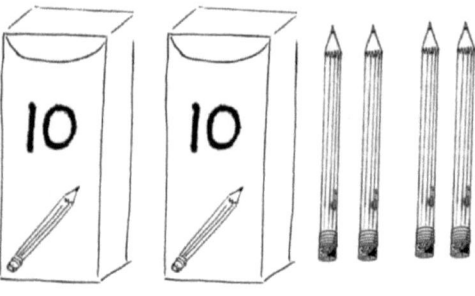   •   •   10-ից 2-ով ավելին հավասար է _____ .

10. 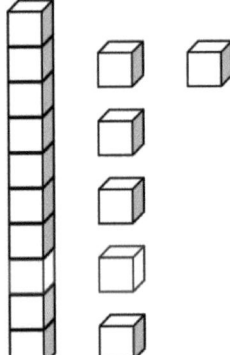 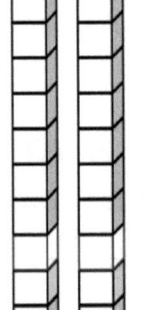   •   • $20 + 4 =$ _____ .

Գրե՛ք արագ տասնյակները և միավորները՝ թիվը ցույց տալու համար: Ապա գծե՛ք 1-ով ավելին կամ 10-ով ավելին:

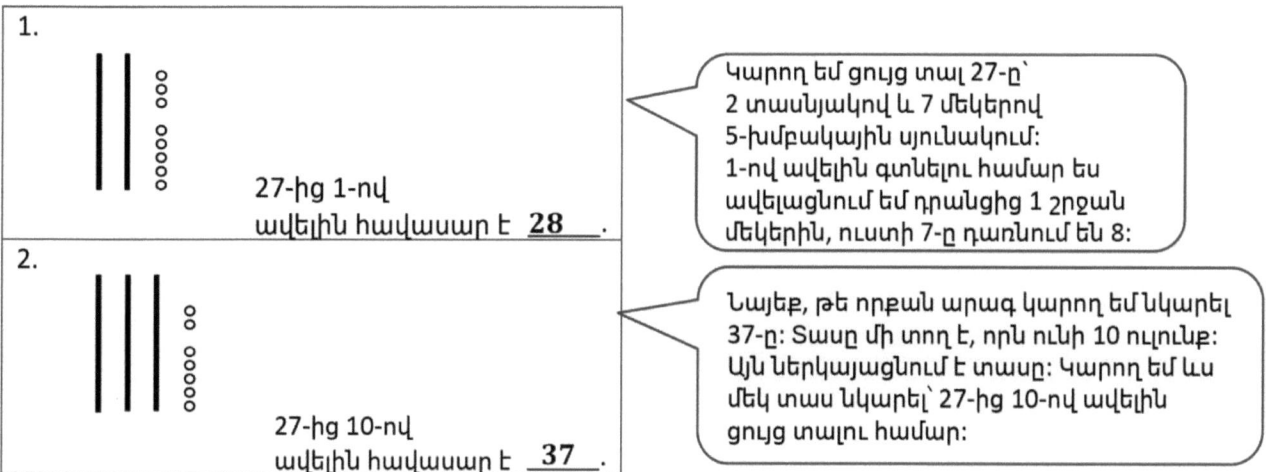

1.

27-ից 1-ով
ավելին հավասար է **28**.

Կարող եմ ցույց տալ 27-ը՝ 2 տասնյակով և 7 մեկերով 5-խմբակային սյունակում: 1-ով ավելին գտնելու համար ես ավելացնում եմ դրանցից 1 շրջան մեկերին, ուստի 7-ը դառնում են 8:

2.

27-ից 10-ով
ավելին հավասար է **37**.

Նայեք, թե որքան արագ կարող եմ նկարել 37-ը: Տասը մի տող է, որն ունի 10 ոլլունք: Այն ներկայացնում է տասը: Կարող եմ ևս մեկ տաս նկարել՝ 27-ից 10-ով ավելին ցույց տալու համար:

Գրե՛ք արագ տասնյակները և միավորները՝ թիվը ցույց տալու համար: Խաչ դրեք (x)՝ ցույց տալու 1-ով կամ 10-ով պակասը:

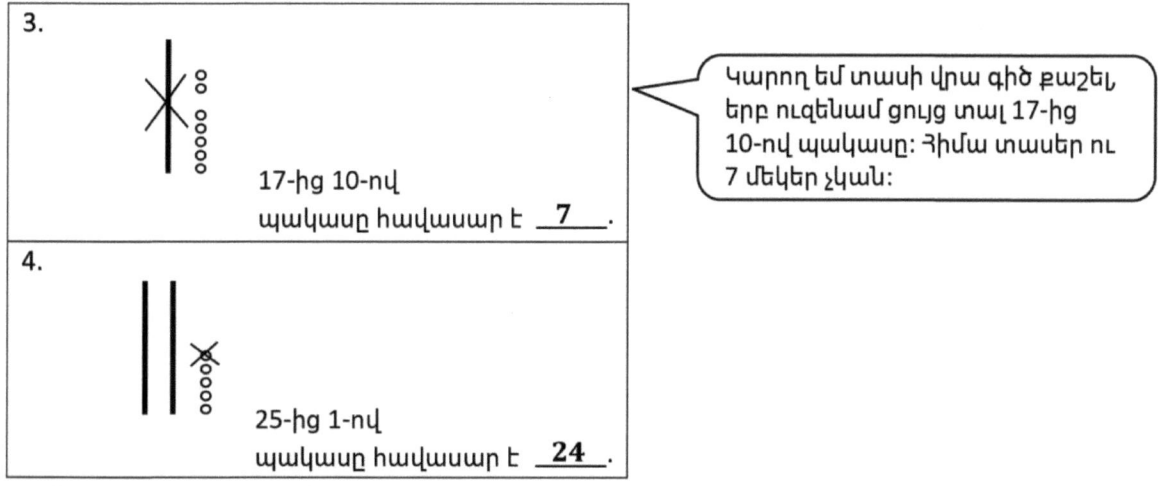

3.

17-ից 10-ով
պակասը հավասար է **7**.

Կարող եմ տասի վրա գիծ քաշել, երբ ուզենամ ցույց տալ 17-ից 10-ով պակասը: Հիմա տասեր ու 7 մեկեր չկան:

4.

25-ից 1-ով
պակասը հավասար է **24**.

Համապատասխանեցրե՛ք բառերը նկարին, որը ճիշտ քանակն է ցույց տալիս:

5.

6.

23-ից 10-ով պակաս

16-ից 10-ով ավելին

Տասնյակում տեղ գտած նիշը փոխվում է, երբ ես մտածում եմ 16-ից 10-ով ավելի մասին: Նոր թիվը 26-ն է: 6 տասեր 2 մեկեր են:

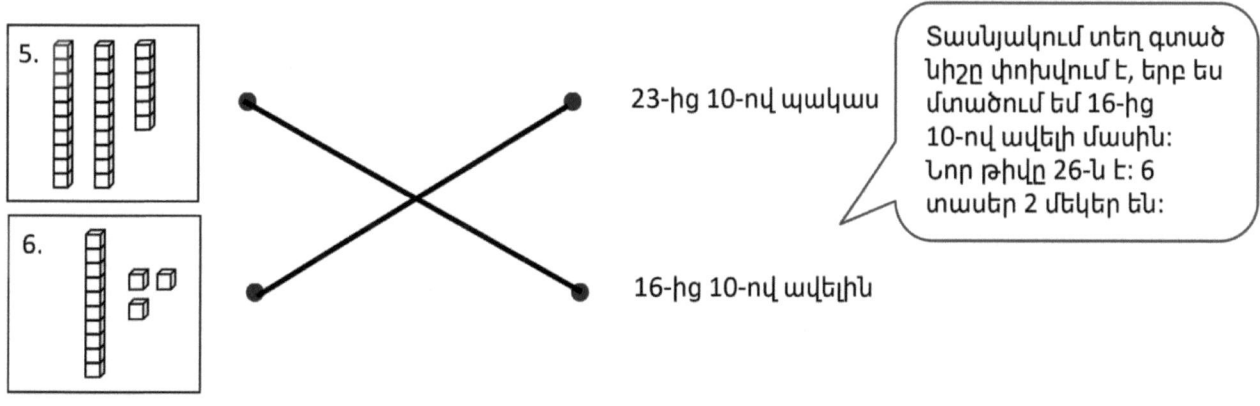

Անուն ________________________________ Ամսաթիվ ______________

Գրե՛ք արագ տասնյակները և միավորները՝ թիվը ցույց տալու համար: Ապա, գծե՛ք 1-ով կամ 10-ով ավելին:

1. 38-ից 1-ով ավելին հավասար է__________:	2. 38-ից 10-ով ավելին հավասար է___________:
3. 35-ից 1-ով ավելին հավասար է__________:	4. 35-ից 10-ով ավելին հավասար է___________:

Գրե՛ք արագ տասնյակները և միավորները՝ թիվը ցույց տալու համար: Խաչ դրեք (x)՝ ցույց տալու 1-ով կամ 10-ով պակասը:

5. 23-ից 10-ով պակասը հավասար է__________:	6. 23-ից 1-ով պակասը հավասար է__________:
7. 31-ից 10-ով պակասը հավասար է__________:	8. 31-ից 1-ով պակասը հավասար է՝_________:

EUREKA MATH Դաս 5. Գտե՛ք երկնիշ թվից 10-ով ավելի, 10-ով պակաս , 1-ով ավելի և 1-ով պակաս թվերը: 21

Համապատասխանեցրե՛ք բառերը նկարին, որը ճիշտ չափն է ցույց տալիս։

9. 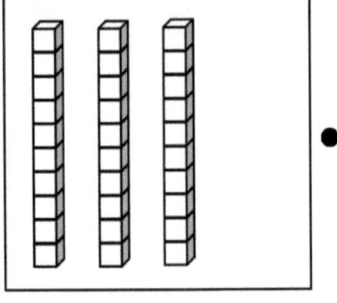 ● ● 1-ով պակաս 30-ից։

10. 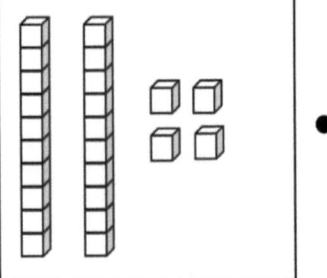 ● ● 1-ով պակաս 23-ից։

11. 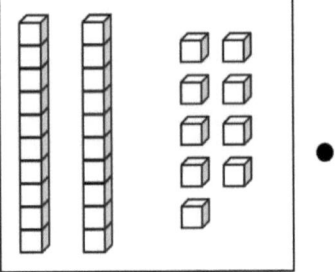 ● ● 10-ով ավելի 36-ից։

12. 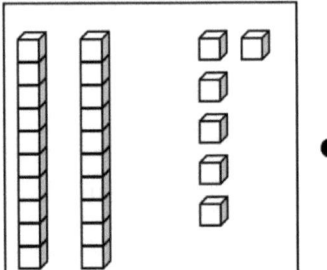 ● ● 10-ով ավելի 20-ից։

Լրացրե՛ք տեղի արժեքների աղյուսակը և դատարկ տեղերը:

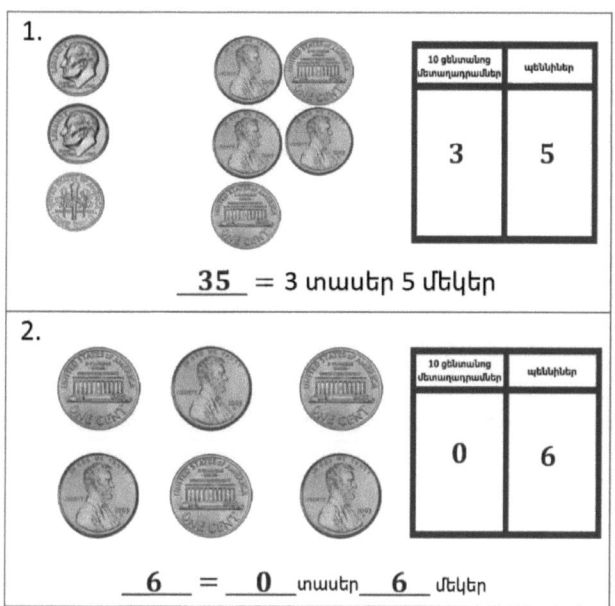

1.

10 ցենտանոց մետաղադրամներ	պեննիներ
3	5

35 = 3 տասեր 5 մեկեր

1 պիկն ունի նույն արժեքը, ինչ 10 կոպեկ, բայց դա ընդամենը 1 մետաղադրամ է: 3 տասցենտանոց և 5 պեննին հավասար է 3 տասեր 5 մեկեր: Դա 35 ցենտ է:

2.

10 ցենտանոց մետաղադրամներ	պեննիներ
0	6

6 = 0 տասեր 6 մեկեր

Ես տասնյակ չեմ տեսնում, քանի որ չկան տաս ցենտանոց մետաղադրամներ: 6 պեննի արժեքը 6 ցենտ է:

Լրացրե՛ք դատարկ տեղը: Գծե՛ք կամ խաչ դրե՛ք տասնյակների կամ միավորների մոտ՝ ըստ անհրաժեշտության:

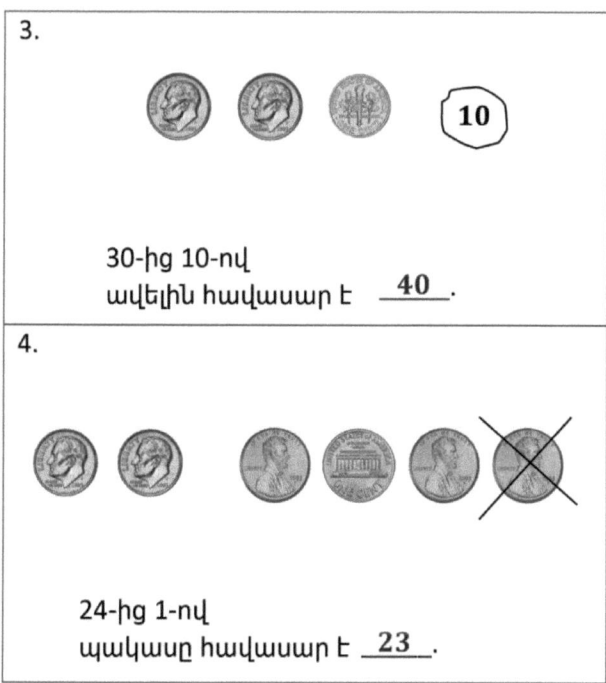

3.

30-ից 10-ով ավելին հավասար է 40.

Ես կարող եմ ևս 1 տաս ցենտանոց նկարել, քանի որ ուզում եմ ցույց տալ 10-ով ավելին: Այսպիսով, 3 տասնյակը փոխվում է 4 տասնյակի: 30 ցենտ + 10 ցենտ = 40 ցենտ:

4.

24-ից 1-ով պակասը հավասար է 23.

Երբ գիծ եմ քաշում 1 պեննիի վրա, ապա 1-ով պակաս ունեմ կամ 23 ցենտ: Ես կարող էի սա գրել իմ թվային արժեքի աղյուսակում՝ որպես 2 տասեր 3 մեկեր:

Անուն ________________________________ Ամսաթիվ ______________

Լրացրե՛ք թվային արժեքների աղյուսակը և դատարկ տեղերը:

1.

տասեր	մեկեր

30 =_______տասնյակ

2.

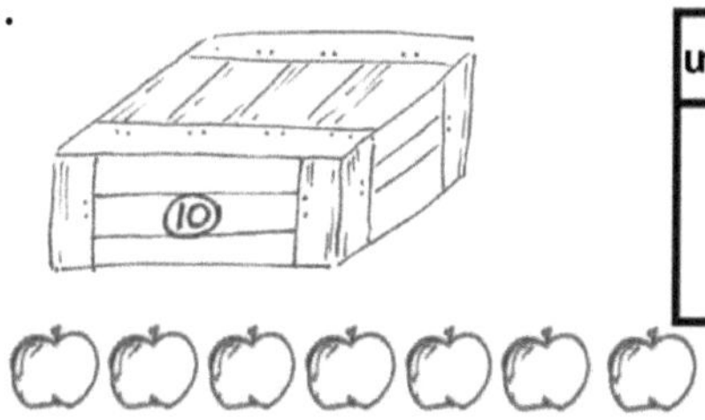

տասեր	մեկեր

17 =_______տասնյակ և_______միավոր

3.

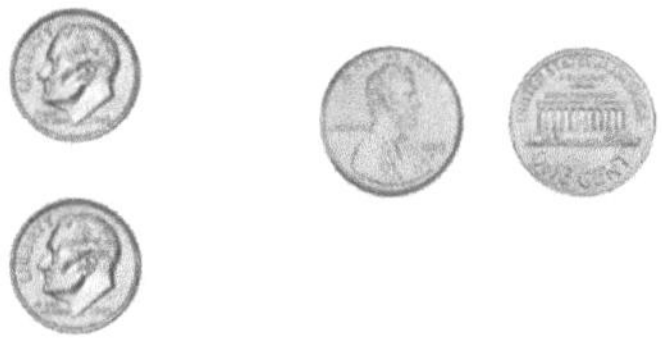

10 ցենտանոց մետաղադրամներ	պեննիներ

_______= 2 տասնյակ 2 միավոր

4.

10 ցենտանոց մետաղադրամներ	պեննիներ

_______= 3 տասնյակ 3 միավոր

5.

10 ցենտանոց մետաղադրամներ	պեննիներ

______=______տասնյակ______միավոր

6.

10 ցենտանոց մետաղադրամներ	պեննիներ

______=______տասնյակ______միավոր

7.

տասեր	մեկեր

______=_______տասնյակ______միավոր

8.

տասեր	մեկեր

______տասնյակ______միավոր=______

EUREKA MATH Դաս 6. Օգտագործե՛ք տասցենտանոցներ և պենիներ՝ տասնյակները և միավորները ներկայացնելու համար: 25

Լրացրե՛ք դատարկ տեղը։ Գծե՛ք կամ խաչ դրե՛ք տասնյակների անհրաժեշտության։

25-ից 10-ով ավելը հավասար է 35-ի __35__

9. 12-ից 1-ով ավելը հավասար է _____ ։

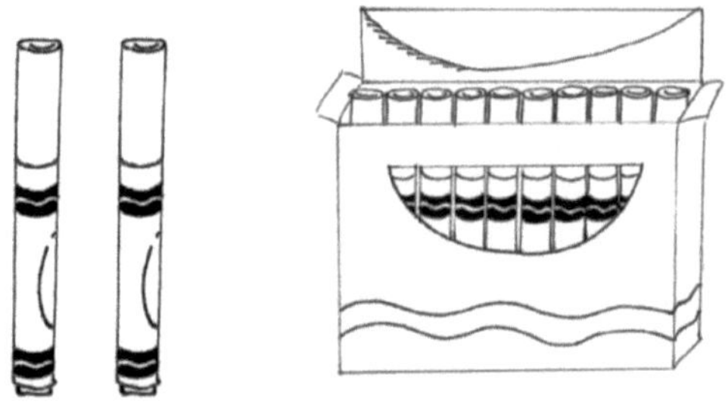

10. 3-ից 10-ով ավելին հավասար է _____ ։

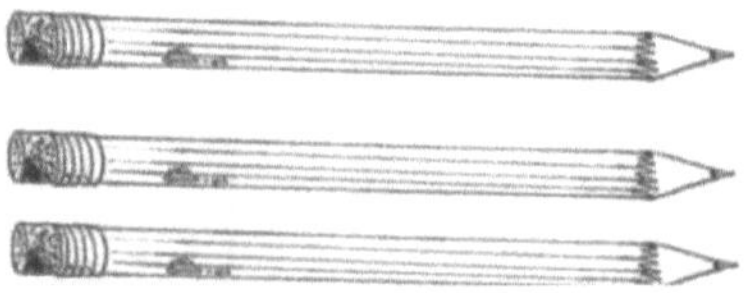

11. 22-ից 10-ով ավելին հավասար է _____ ։

12. 22-ից 1-ով ավելին հավասար է _____ ։

13. 39-ից 1-ով պակասը հավասար է _____ ։

14. 39-ից 10-ով պակասը հավասար է _____ ։

15. 33-ից 10-ով պակասը հավասար է _____ ։

16. 33-ից 1-ով պակասը հավասար է _____ ։

Գրե՛ք թիվը և յուրաքանչյուր զույգում շրջանակի մեջ առե՛ք *ավելի մեծ* բազմությունը: Ասե՛ք արտահայտություն, որ համեմատում է երկու բազմություններ:

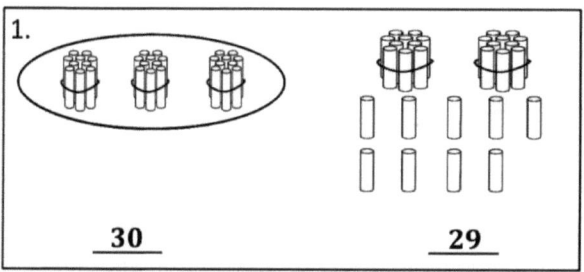

1.

30 **29**

Ես նայում եմ տասնյակներին՝ նախ գտնելու թիվը, որն ավելի մեծ է: 3 տասնյակն ավելի շատ է, քան 2 տասնյակը: Ուրեմն, 30-ը 29-ից մեծ է:

Շրջանակի մեջ առե՛ք թիվը, որն *ավելի մեծ է* յուրաքանչյուր խմբի համար:

2.

3 տասեր 9 մեկեր   (4 տասեր 8 մեկեր)

4 տասնյակն ավելի մեծ է, քան 3 տասնյակը, ուրեմն 48-ը 39-ից մեծ է:

Գրե՛ք թիվը և յուրաքանչյուր զույգում շրջանակի մեջ առե՛ք *ավելի փոքր* բազմությունը: Ասե՛ք արտահայտություն, որ համեմատում է երկու բազմություններ:

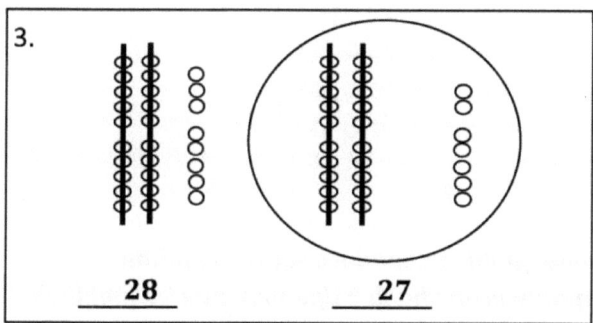

3.

28 **27**

Նախ, ես նայում եմ տասնյակների տեղին, և երկու թվերն էլ ունեն 2 տասնյակ: Հաջորդը, ես նայում եմ մեկերի տեղին, և 7 մեկերը 8 մեկերից պակաս է: Ուստի 27-ը 28-ից փոքր է:

Դաս 7. Համեմատե՛ք երկու քանակները և գտե՛ք երկու տրված թվերից ավելի մեծը կամ ավելի փոքրը: 27

4. Գրե՛ք արժեքը և շրջանակի մեջ առե՛ք այն կոպեկների խումբը, որն *ավելի փոքր* արժեք ունի:

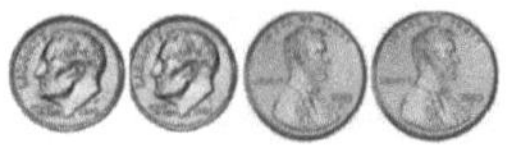

14 ցենտ

14 ցենտ

Առաջին հավաքածուն ունի 5 մետաղադրամ, իսկ երկրորդ հավաքածուն ունի 4 մետաղադրամ, բայց պետք է նայել արժեքներին: Տասցենտանոցները և պեննիները նման են տասնյակների և մեկերի: Այսպիսով, 1 տասը 4 մեկերը պակաս է 2 տասեր 2 մեկերից:

5. Մեղոքսը և Կարոլինան խաղաքարտ են խաղում: Եթե Կարոլինայի ընդհանուր թիվը 29 է, իսկ Մեղոքսինը՝ 26, ու՞մ ընդհանուր թիվն է ավելի փոքր: Նկարե՛ք մաթեմատիկական գծագիր՝ բացատրելու համար, թե ինչ գիտեք:

Հե՛յ, 29 մեկերը նույնն է, ինչ 2 տասնյակ 9 մեկերը: Ես կարող եմ նկար նկարել և պարզապես համեմատել մեկերը:

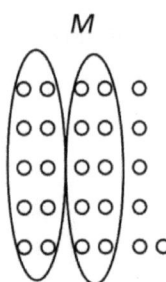

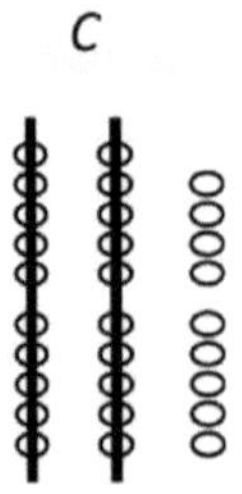

Մեղոքսի ընդհանուր թիվն ավելի փոքր է: Ես գիտեմ, քանի որ նրանք երկուսն էլ ունեն 2 տասնյակ, ուստի ես նայեցի միավորներին: Մեղոքսն ունի միայն 6 միավոր, իսկ Կարոլինան ունի 9 միավոր: Այսպիսով, Մեղոքսն ավելի քիչ ունի:

EUREKA MATH

ՄԻԱՎՈՐՆԵՐԻ ՊԱՏՄՈՒԹՅՈՒՆ   Դաս 7 Տնային աշխատանք   1•4

Անուն _____   Ամսաթիվ _____

Գրե՛ք թիվը և յուրաքանչյուր զույգում շրջանակի մեջ առե՛ք *ավելի մեծ* բազմությունը: Ասե՛ք արտահայտություն, որը համեմատում է երկու բազմությունները:

1.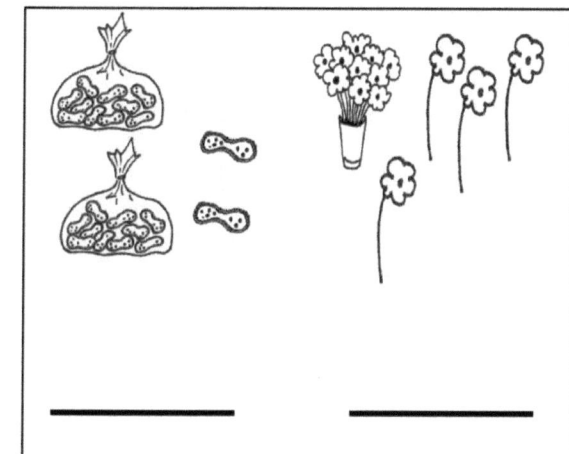

2.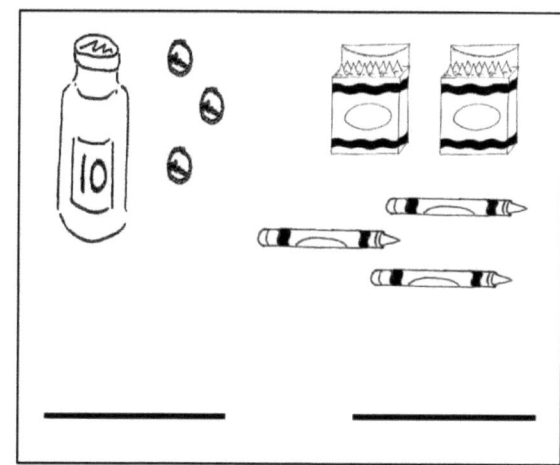

Շրջանակի մեջ առե՛ք թիվը, որն *ավելի մեծ է* յուրաքանչյուր խմբի համար:

3.

3 տասնյակ 8 միավոր	3 տասնյակ 9 միավոր

4.

25	35

5. Գրե՛ք արժեքը և շրջանակի մեջ առե՛ք այն կոպեկների խումբը, որն *ավելի մեծ* արժեք ունի:

_____   _____

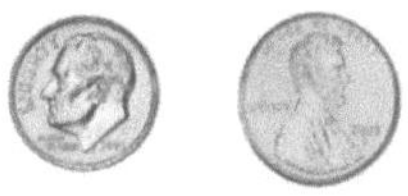

ՄԻԿՎՈՐՆԵՐԻ ՊԱՏՄՈՒԹՅՈՒՆ

Դաս 7 Տնային աշխատանք 1•4

Գրե՛ք թիվը և յուրաքանչյուր զույգում շրջանակի մեջ առե՛ք *ավելի փոքր* բազմությունը։ Ասե՛ք արտահայտություն, որը համեմատում է երկու բազմությունները։

6.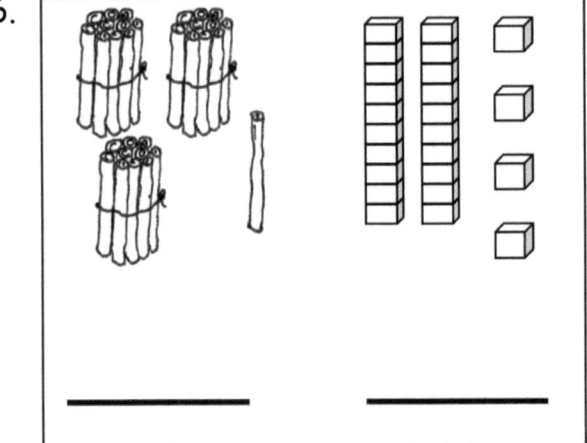

7.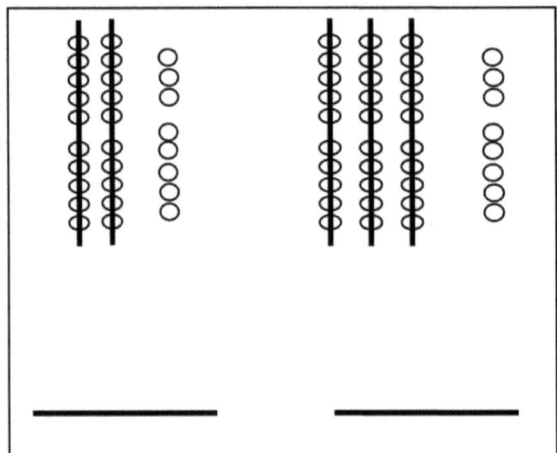

Շրջանակի մեջ առե՛ք թիվը, որն *ավելի փոքր է* յուրաքանչյուր խմբի համար։

8. 2 տասնյակ 3 տասնյակ
   7 միավոր 7 միավոր

9. 22   29

10. Գրե՛ք արժեքը և շրջանակի մեջ առե՛ք այն կոպեկների խումբը, որն *ավելի փոքր* արժեք ունի։

11. Քեթլին և Ջոնին համեմատություն են խաղում խաղաքարտերով։ Նրանք յուրաքանչյուր ռաունդի համար գրանցել են ընդհանուր թվերը։ Յուրաքանչյուր ռաունդի համար շրջանակի մեջ առե՛ք այն ընդհանուր թիվը, որը հաղթական է եղել և գրե՛ք արտահայտությունը։ Առաջինն արված է։

ՌԱՈՒՆԴ 1՝ **Ավելի մեծ** ընդհանուր թիվը հաղթում է։

Քեթլինի ընդհանուր թիվը	Ջոնիի ընդհանուր թիվը
16	19

<u>19-ը 16-ից մեծ է։</u>

a. ՌԱՈՒՆԴ 2՝ **Ավելի փոքր** ընդհանուր թիվը հաղթում է։

Քեթլինի ընդհանուր թիվը	Ջոնիի ընդհանուր թիվը
27	24

_____

b. ՌԱՈՒՆԴ 3՝ **Ավելի մեծ** ընդհանուր թիվը հաղթում է։

Քեթլինի ընդհանուր թիվը	Ջոնիի ընդհանուր թիվը
32	22

_____

c. ՌԱՈՒՆԴ 4՝ **Ավելի փոքր** ընդհանուր թիվը հաղթում է։

Քեթլինի ընդհանուր թիվը	Ջոնիի ընդհանուր թիվը
29	26

_____

d. Եթե Քեթլինի ընդհանուր թիվը 39 է, իսկ Ջոնիի ընդհանուր թվում կա 3 տասնյակ և 3 միավոր, ապա նրանց երկուսի ընդհանուր թիվը որքա՞ն կլինի։ Նկարե՛ք մաթեմատիկական գծագիր՝ բացատրելու համար, թե ինչ գիտեք։

Բառերի բանկ

մեծ է, քան
փոքր է, քան
հավասար է

1. Գծե՛ք թվերն՝ օգտագործելով տասնյակներ և շրջաններ: Օգտագործե՛ք բառային դարձվածքներ՝ արտահայտությունների շրջանակները լրացնելու համար՝ թվերը համեմատելու նպատակով:

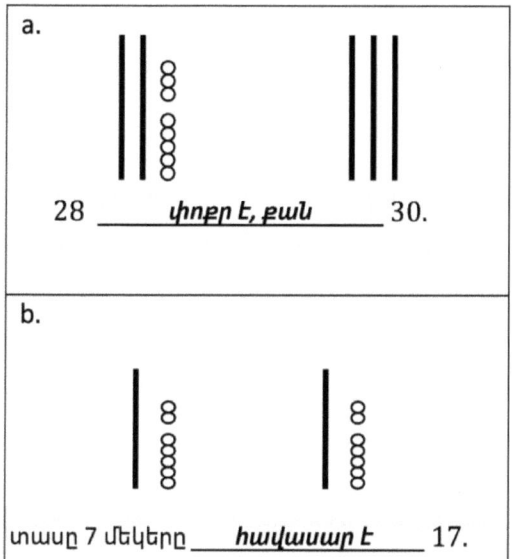

a.

28 ***փոքր է, քան*** 30.

Ես նայում եմ տասերի տեղում թվանշանին՝ նախ թվերը համեմատելու համար: Թեև 28-ում կա 8 մեկեր, այնուհանդերձ դա տասից պակաս է: Ձախից աջ կարդում եմ. 28-ը 30-ից փոքր է:

b.

տասը 7 մեկերը ***հավասար է*** 17.

3 տասնյակ 3 մեկերը 33-ն է: Երկու թվերն էլ ունեն 3 տասնյակ, բայց 3 մեկերը 4 մեկերից քիչ է: Այսպիսով, 3 տասնյակ 3 մեկերը 34-ից փոքր է:

2. Շրջանակի մեջ առե՛ք թվերը, որոնք *փոքր են* 34-ից:

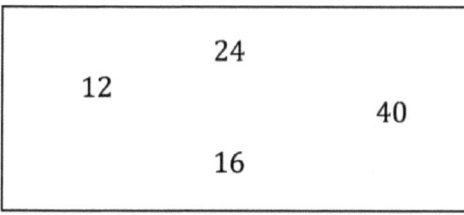

(29) 3 տասեր 5 մեկեր 4 տասեր (31) (3 տասեր 3 մեկեր)

3. Գրե՛ք թվերը *նվազման* կարգով:

	24	
12		40
	16	

Կարդում եմ թվերը ձախից աջ: 40-ը 24-ից մեծ է: 24-ը 16-ից մեծ է...

40 **24** **16** **12**

Այս կարգով որտե՞ղ կլինի 38 թիվը: Օգտագործե՛ք բառեր կամ վերաձևակերպե՛ք թվերը՝ բացատրելու համար:

40 38 24 16 12

38-ը դնում եմ 40-ի և 24-ի մեջտեղում: 38-ը 40-ից փոքր է, իսկ 38-ը 24-ից մեծ է: Նայեք տասնյակներին՝ 4 տասնյակ, 3 տասնյակ, 2 տասնյակ:

EUREKA MATH Դաս 8. Համեմատե՛ք քանակները և թվերը ձախից աջ: 33

ՄԻԱՎՈՐՆԵՐԻ ՊԱՏՈՒԹՅՈՒՆ Դաս 8 Տնային աշխատանք 1•4

Անուն _____ Ամսաթիվ _____

1. Գծե՛ք թվերն՝ օգտագործելով տասնյակներ և շրջաններ։
   Օգտագործե՛ք բառային դարձվածքներ՝ արտահայտությունների
   շրջանակները լրացնելու համար՝ թվերը համեմատելու նպատակով։
   Առաջինը կատարված է ձեզ համար։

   Բառերի բանկ
   մեծ է, քան
   փոքր է, քան
   հավասար է

a. 20  ‖ 30  ‖‖‖ 20 ___փոքր է, քան___ 30	b. 14 22 14 _____ 22
c. 15 1 տասնյակ 5 միավորներ 15 _____ 1 տասնյակ 5 միավորներ	d. 39 29 39 _____ 29
e. 31 13 31 _____ 13	f. 23 33 23 _____ 33

2. Շրջանակի մեջ առե՛ք թվերը, որոնք *մեծ են* 28-ից․

   32   29   2 տասնյակ 8 միավոր   4 տասնյակ   18

3. Շրջանակի մեջ առե՛ք 31-ից *փոքր թվերը*։

   29   3 տասնյակ   6 միավոր 3 տասնյակ   13   3 տասնյակ
                                                          9 միավոր

Դաս 8 ․   Համեմատե՛ք քանակները և թվերը ձախից աջ։   35

Copyright © Great Minds PBC

ՄԻԱՎՈՐՆԵՐԻ ՊԱՏՈՒԹՅՈՒՆ   Դաս 8 Տնային աշխատանք   1•4

4. Գրե՛ք թվերը *աճման կարգով*:

```
        23
32              30
        29
```
_____ _____ _____ _____

Այս կարգով որտե՞ղ կլինի 27 թիվը: Օգտագործե՛ք բառեր կամ վերաձևակերպե՛ք թվերը՝ բացատրելու համար:

5. Գրե՛ք թվերը *նվազման կարգով*:

```
        40
13              30
        31
```
_____ _____ _____ _____

Այս կարգով որտե՞ղ կլինի 23 թիվը: Օգտագործե՛ք բառեր կամ վերաձևակերպե՛ք թվերը՝ բացատրելու համար:

6. Օգտագործե՛ք 9,4,3 և 2 թվանշանները 40-ից պակաս 4 տարբեր երկնիշ թվեր ստանալու համար: Գրե՛ք դրանք *աճման կարգով*:

9	3	4	2

Օրինակներ՝ 34,29,...

1. Գրե՛ք թվերը դատարկ տեղերում, այնպես որ ալիգատորն ուտի ամենամեծ թիվը: *Կարդացե՛ք թվային արտահայտությունն՝ օգտագործելով մեծ է քան, փոքր է քան կամ հավասար է:* Հիշե՛ք, որ սկսեք ձախ կողմի թվից:

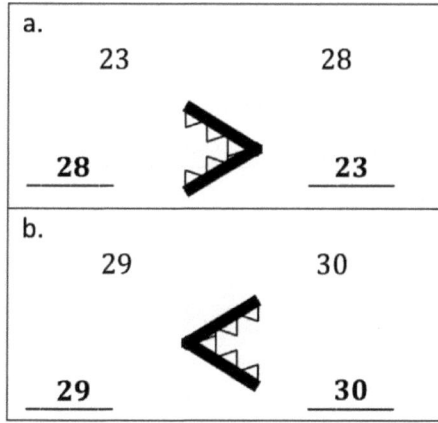

a.

23 28

28 > **23**

Ես հիշում եմ, որ պետք է կարդամ՝ սկսելով ձախ կողմի թվից: Այսպիսով, 28-ը 23-ից մեծ է: Գիտեմ, քանի որ 2 տասնյակ 8 մեկերը ավելի մեծ է, քան 2 տասնյակ 3 մեկերը:

b.

29 30

29 < **30**

29-ը 30-ից փոքր է: 30-ը 3 տասնյակ է: Ալիգատորը ցանկանում է ավելի մեծ թիվն ուտել:

2. Լրացրե՛ք աղյուսակներն այնպես, որ ալիգատորն *ուտի ավելի մեծ թիվը:*

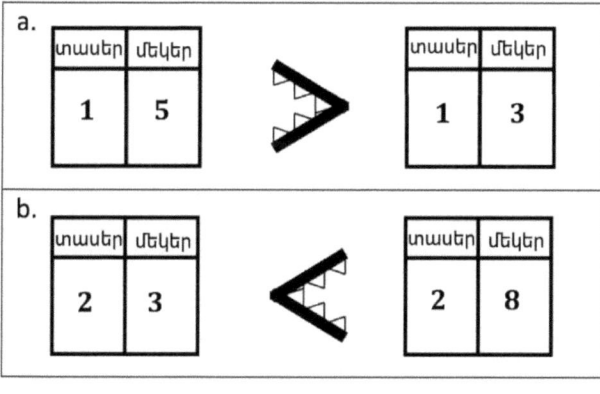

a.

տասեր	մեկեր
1	**5**

>

տասեր	մեկեր
1	**3**

Կարդում եմ թվային արտահայտությունը, քանի որ 15-ն ավելի մեծ է, քան 13-ը: Երկու թվերն էլ ունեն 1 տասը, բայց 5-ը 3-ից մեծ է, ուստի ալիգատորը ուտում է 15 թիվը:

b.

տասեր	մեկեր
2	**3**

<

տասեր	մեկեր
2	**8**

8-ը գրում եմ մեկերի տեղում, ուստի ալիգատորն ուտում է 28 թիվը: Ես կարող եմ կարդալ թվային արտահայտությունը, քանի որ 23-ը 28-ից փոքր է: Ես կարող էի նաև գրել 4, 5, 6, 7, 8 կամ 9 մեկեր, նույնպես:

Դաս 9. Օգտագործե՛ք >, = և < նշանները՝ քանակները և թվերը համեմատելու համար:

3. Համեմատե՛ք թվերի յուրաքանչյուր խումբը՝ համապատասխանեցնելով ճիշտ ալիգատորին կամ արտահայտությանը՝ իսկական թվային արտահայտություն ստանալու համար։ Ստուգե՛ք Ձեր աշխատանքը՝ կարդալով արտահայտությունը ձախից աջ։

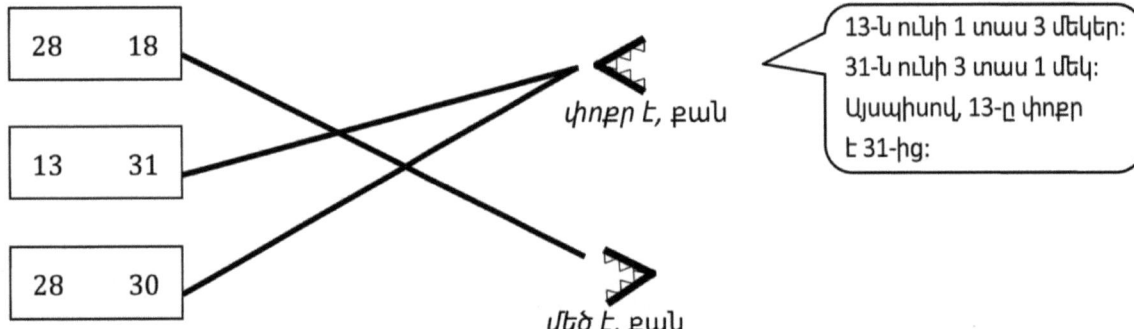

13-ն ունի 1 տաս 3 մեկեր։
31-ն ունի 3 տաս 1 մեկ։
Այսպիսով, 13-ը փոքր է 31-ից։

Անուն ______________________________ Ամսաթիվ ______________

1. Գրե՛ք թվերը դատարկ տեղերում, այնպես որ ալիգատորն ուտի ամենամեծ թիվը: Կարդացե՛ք թվային արտահայտությունն՝ օգտագործելով *մեծ է քան*, փոքր է քան կամ *հավասար է*: Հիշե՛ք, որ սկսեք ձախ կողմի թվից:

a. 10 20 ____ > ____	b. 15 17 ____ < ____	c. 24 22 ____ > ____
d. 29 30 ____ > ____	e. 39 38 ____ < ____	f. 39 40 ____ < ____

2. *Լրացրե՛ք աղյուսակներն այնպես, որ ալիգատորն ուտի ավելի մեծ թիվը:*

a.

տասներ	մեկեր		տասներ	մեկեր
1	8	>	1	

b.

տասներ	մեկեր		տասներ	մեկեր
2	4	<		3

c.

տասներ	մեկեր		տասներ	մեկեր
		>		

d.

տասներ	մեկեր		տասներ	մեկեր
2	3	>	2	

e.

տասներ	մեկեր		տասներ	մեկեր
		<		

f.

տասներ	մեկեր		տասներ	մեկեր
1	7	>		7

Համեմատե՛ք թվերի յուրաքանչյուր խումբը՝ ոհամապատասխանեցնելով ճիշտ ալիգատորին կամ արտահայտությանը՝ ճիշտ թվային արտահայտություն ստանալու համար: Ստուգե՛ք Ձեր աշխատանքը՝ կարդալով արտահայտությունը ձախից աջ:

3.

16	17
31	23
35	25
12	21
22	32
29	30
39	40

փոքր է, քան

մեծ է, քան

ՄԻԱՎՈՐՆԵՐԻ ՊԱՏՄՈՒԹՅՈՒՆ Դաս 10 Տնային աշխատանքների օգնական 1•4

Օգտագործեք նշանները՝ թվերը համեմատելու համար: Լրացրեք բաց թողնված տեղը <, > կամ = նշաններով՝ իրական թվային արտահայտություն կազմելու համար: Լրացրե՛ք թվային արտահայտությունը բառային դարձվածքով:

Բառերի բանկ
մեծ է, քան
փոքր է, քան
հավասար է

a.
21 (>) 12

21 __մեծ է, քան__ 12.

Այս թվերից երկուսն էլ ունեն նույն թվանշանները, բայց դրանք գտնվում են տարբեր դիրքերում: Դա նշանակում է, որ նրանք ունեն այլ արժեք: 2 տասնյակ 1 մեկն ավելի մեծ է, քան 1 տասը 2 մեկերը:

b.
3 տասեր (<) 32

3 տասեր __փոքր է, քան__ 32.

Փոքրի նշանը դնում եմ 3 տասնյակի և 32-ի միջև: 3 տասնյակը 30-ն է: Փոքր կետերը նշանակում է ավելի փոքր թիվ:

c.
2 տասեր 8 մեկեր (<) 29

2 տասեր 8 մեկեր __փոքր է, քան__ 29.

29-ում ավելի շատ մեկեր կան, քան 2 տասնյակ 8 մեկեր, կամ 28: Նշանը բաց է այն կողմում, որով ալիգատորը սիրում է ուտել: Բայց ես այն դեռ կարդում եմ ձախից աջ:

d.
19 (=) 1 տաս 9մեկերի:

19 __ը հավասար է__ 1 տաս 9մեկերի:

Դաս 10. Օգտագործե՛ք >, = և < նշանները՝ քանակները և թվերը համեմատելու համար:

41

ՄԻԱՎՈՐՆԵՐԻ ՊԱՏՄՈՒԹՅՈՒՆ Դաս 10 Տնային աշխատանք 1•4

Անուն _____ Ամսաթիվ _____

Օգտագործեք նշանները՝ թվերը համեմատելու համար: Լրացրեք բաց թողնված տեղը <, > կամ = նշաններով՝ իրական թվային արտահայտություն կազմելու համար: Լրացրե՛ք թվային արտահայտություն բառային դարձվածքներով:

Բառերի բանկ

մեծ է, քան

փոքր է, քան

հավասար է

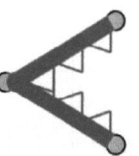

40 (>) 20
40-ն ավելի մեծ է, քան 20-ը:

18 (<) 20
18-ն ավելի փոքր է, քան 20-ը:

a.
17 ◯ 13

17 _____ 13

b.
23 ◯ 33

23 _____ 33

c.
36 ◯ 36

36 _____ 36

d.
25 ◯ 32

25 _____ 32

e.
38 ◯ 28

38 _____ 28

f.
32 ◯ 23

32 _____ 23

Դաս 10. Օգտագործե՛ք >, = և < նշանները՝ քանակները և թվերը համեմատելու համար:

գ. 1 տասնյակ 5 միավոր ◯ 14

1 տասնյակ 5 միավոր__________14

ը. 3 տասնյակ ◯ 30

3 տասնյակ________________30

i 29 ◯ 2 տասնյակ 7 միավոր

29__________2 տասնյակ 7 միավոր

ժ. 19 ◯ 2 տասնյակ 3 միավոր

19__________2 տասնյակ 3 միավոր

ի. 3 տասնյակ 1 միավոր ◯ 13

3 տասնյակ 1 միավոր__________13

լ. 35 ◯ 3 տասնյակ 5 միավոր

35__________3 տասնյակ 5 միավոր

մ. 2 տասնյակ 3 միավոր ◯ 32

2 տասնյակ 3 միավոր__________32

ո. 3 տասնյակ ◯ 36

3 տասնյակ_______________36

օ. 29 ◯ 3 տասնյակ 9 միավոր

29__________3 տասնյակ 9 միավոր

թ. 4 տասնյակ ◯ 39

4 տասնյակ_____________39

Նկարե՛ք թվային կապ և ավարտե՛ք թվային արտահայտությունները՝ նկարներին համապատասխանեցնելու համար:

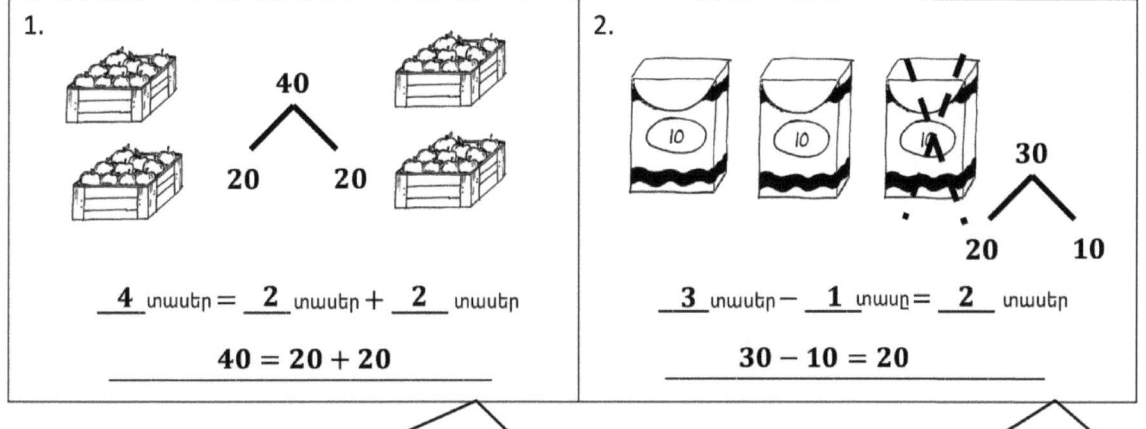

1.

40 / 20 20

__4__ տասեր = __2__ տասեր + __2__ տասեր

40 = 20 + 20

2.

30 / 20 10

__3__ տասեր – __1__ տասը = __2__ տասեր

30 – 10 = 20

Կարող եմ ասել տեղի արժեքի միավորներով թվային արտահայտությունը, այսպիսով՝ 4 տասեր = 2 տասեր + 2 տասեր: Դա միավորի ձևն է: Կամ ես պարզապես կարող եմ սովորական ձևով գրել թվերը, այնպես՝ 40 = 20 + 20:

Թվային զույգը ցույց է տալիս 3 տասեր վերևի մասում 2 տասերով և 1 տասով՝ որպես բաղադրիչ մասեր: X-ը ցույց է տալիս, որ ես հանում եմ 1 տասը: Հանման արտահայտությունները համընկնում են:

Նկարե՛ք տասնյակներ և թվային զույգ, որը կօգնի Ձեզ լուծել թվային արտահայտությունները:

3.

30 / 20 10

20 + 10 = __30__

4.

40 / 30 10

40 – 10 = __30__

Կարող եմ նկարել 4 տասեր, որ ցույց տամ 40: Գիծ եմ քաշում 1 տասի վրա: Մնում են 3 տասեր կամ 30:

2 տասեր +1 տաս = 3 տասեր: Դա նման է 2 + 1 = 3-ի, բացառությամբ նրա, որ հիմա տասերով: Միավորները փոխվում են:

EUREKA MATH

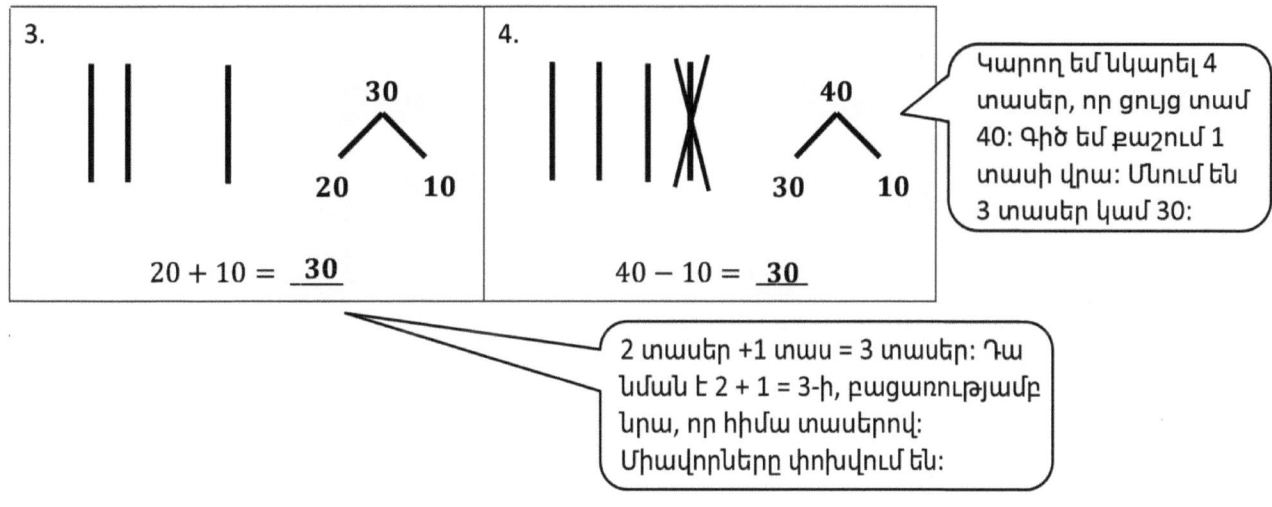

ՄԻԱՎՈՐՆԵՐԻ ՊԱՏՄՈՒԹՅՈՒՆ   Դաս 11 Տնային աշխատանքների օգնական   1•4

Գումարեք կամ հանեք:

5. 4 տասնյակ − 3 տասնյակ = **1 տասնյակ**

6. **40** = 10 + 30

> Ես կարող եմ մտածել ավելի պարզ խնդրի մասին՝ 4 = 1 + 3, որը կօգնի ինձ լուծել:

7. **20** − 20 = **0**

Դաս 11. Գումարե՛ք և հանե՛ք տասնյակներ տասնապատիկ թվից:

Անուն _____ Ամսաթիվ _____

Նկարե՛ք թվային զույգ և ավարտե՛ք թվային արտահայտությունները՝ նկարներին համապատասխանեցնելու համար:

1.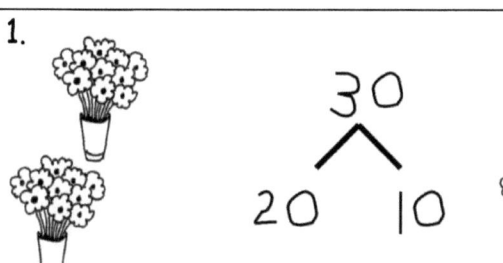

___2___ տասեր + ___1___ տասը = ___3___ տասեր

$20 + 10 = 30$

2.

_____ տասնյակ = _____ տասնյակ + _____ տասնյակ

_____

3.

_____ տասնյակ - _____ տասնյակ = _____ տասնյակ

_____

4.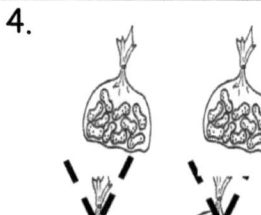

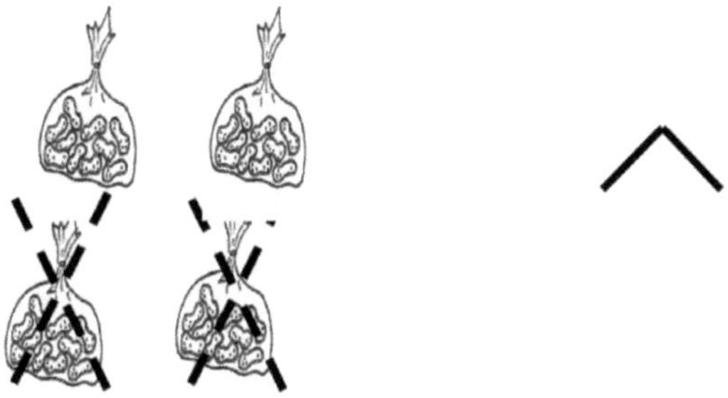

_____ տասնյակ - _____ տասնյակ = _____ տասնյակ

_____

5.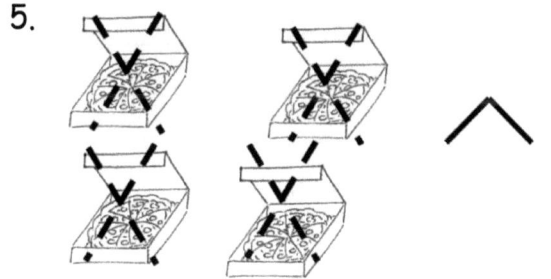

_____ տասնյակ - _____ տասնյակ = _____ տասնյակ

_____

6.

_____ տասնյակ + _____ տասնյակ = _____ տասնյակ

_____

ՄԻԱՎՈՐՆԵՐԻ ՊԱՏՄՈՒԹՅՈՒՆ　　　　Դաս 11 Տնային աշխատանք　1•4

Նկարե՛ք տասնյակներ և թվային զույգ, որը կօգնի լուծել թվային արտահայտությունները:

7. ∧ 10 + 20 = _____	8. ∧ 30 – 10 = _____
9. ∧ 20 – 10 = _____	10. ∧ 30 + 10 = _____

Գումարե՛ք կամ հանե՛ք:

11. 2 տասնյակ + 1 տասնյակ = _____

12. 20 + 20 = _____

13. 40 – 10 = _____

14. _____ = 20 + 10

15. 3 տասնյակ – 2 տասնյակ = _____

16. 20 – 10 = _____

17. 10 – 10 = _____

18. _____ = 30 + 10

19. 40 – 30 = _____

1. Լրացրե՛ք բաց թողնված թվերը՝ նկարին համապատասխանեցնելու համար: Գրե՛ք համապատասխան թվային զույգը:

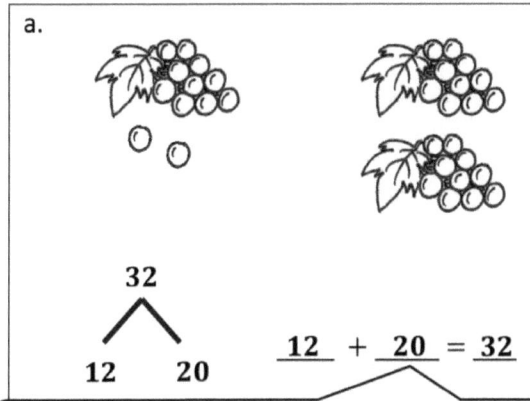

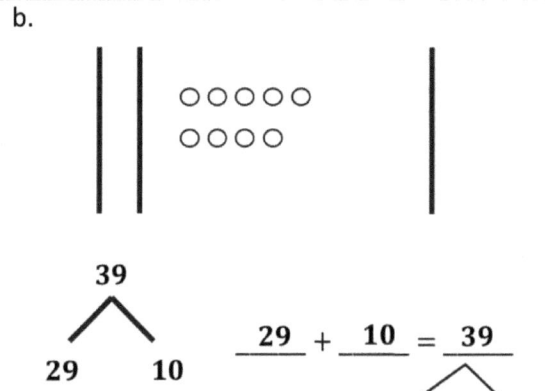

a.

32

12 20

12 + 20 = 32

1 տասը 2 մեկեր + 2 տասեր = 3 տասեր 2 մեկեր: Տասների տեղում գտնվող նիշը փոխվում է, քանի որ ես ավելացնում եմ 2 տասնյակ: Մեկերը մնում են նույնը:

b.

39

29 10

29 + 10 = 39

2-ից 1 տասով ավելին ստացվում է 3 տասնյակ: Ահա թե ինչու տասնյակների տեղում կա 3: Դեռ 9 մեկեր կան:

2. Նկարե՛ք՝ օգտագործելով տասնյակներ և միավորներ: Լրացրե՛ք թվային զույգը և թվային արտահայտությունը:

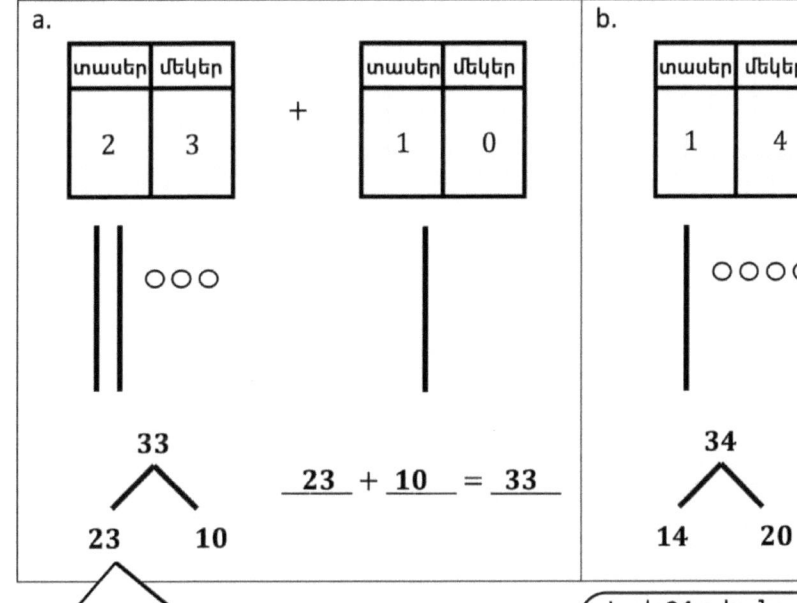

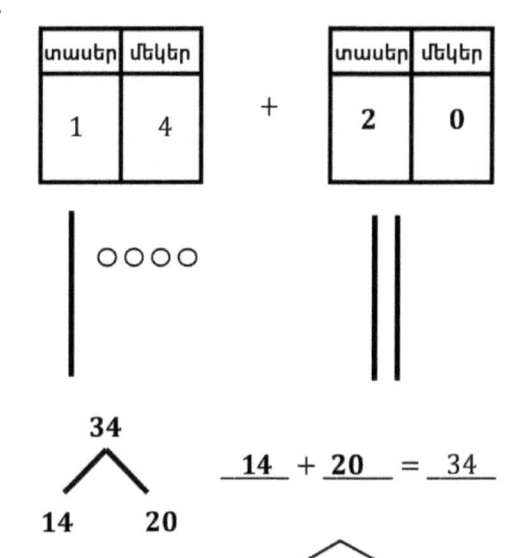

a.

տասեր	մեկեր
2	3

+

տասեր	մեկեր
1	0

33

23 10

23 + 10 = 33

Թվային զույգը ցույց է տալիս, թե ինչպես 23-ից ստանալ 33: Ավելացնում եմ 1 տասը:

b.

տասեր	մեկեր
1	4

+

տասեր	մեկեր
2	0

34

14 20

14 + 20 = 34

Եթե 34-ը հանրագումարն է, իսկ 14-ը՝ մեկ բաղադրիչ մասը, 34 ստանալու համար կարող եմ ավելացնել 2 տասեր: 2 տասը նույնն է, ինչ 20-ը: 14 գումարած 20-ը հավասար է 34-ի:

3. Օգտագործե՛ք սլաքների նշանները լուծման համար:

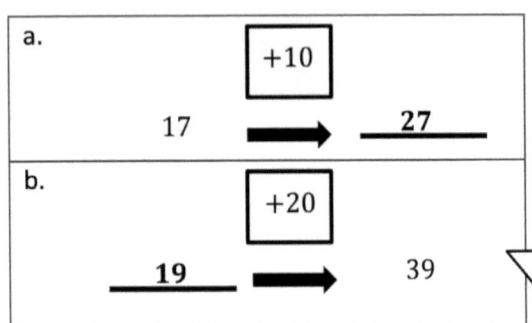

a.

+10

17 → **27**

b.

+20

19 → 39

Կարող եմ մտածել. Ո՞ր թիվն է գումարած 2 տասը դառնում 3 տասեր 9 մեկեր: 1 տասը 9 մեկեր գումարած 2 տասեր հավասար է 3 տասեր 9 մեկեր: Այսպիսով, թիվը 19-ն է:

4. Օգտագործե՛ք տասցենտանոցներ և պենիներ՝ թվային արժեքների աղյուսակները լրացնելու համար:

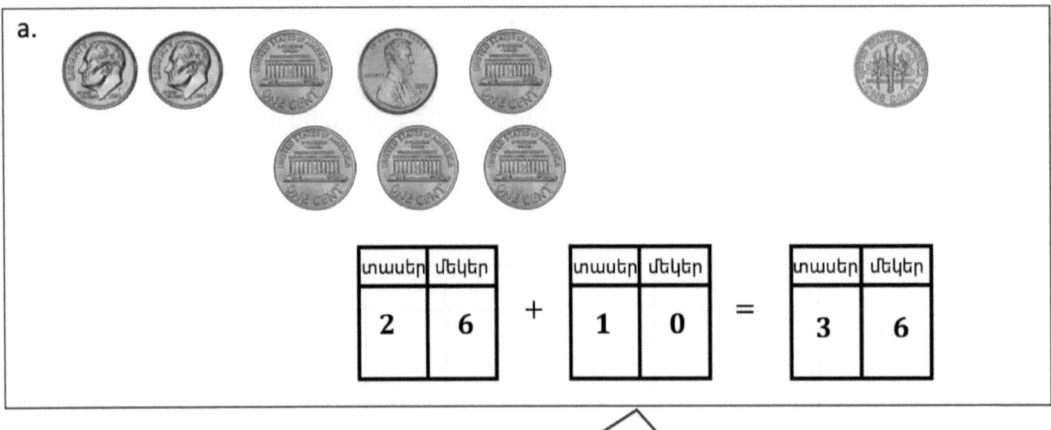

a.

տասեր	մեկեր
2	**6**

\+

տասեր	մեկեր
1	**0**

=

տասեր	մեկեր
3	**6**

2 տաս ցենտանոցը և 6 պենին կազմում է 2 տասեր 6 մեկեր: Երբ ավելացնում եմ 1 տասցենտանոց, ավելացնում եմ 1 տասը: Այժմ միասին 3 տասեր կան: Թվային արտահայտությունն է՝ 26 + 10 = 36:

EUREKA MATH

ՄԻԱՎՈՐՆԵՐԻ ՊԱՏՄՈՒԹՅՈՒՆ　　　　Դաս 12 Տնային աշխատանք　1•4

Անուն _____　Ամսաթիվ _____

Լրացրե՛ք բաց թողնված թվերը՝ նկարին համապատասխանեցնելու համար։ Լրացրեք թվային զույգը՝ համապատասխանեցնելու համար։

1.

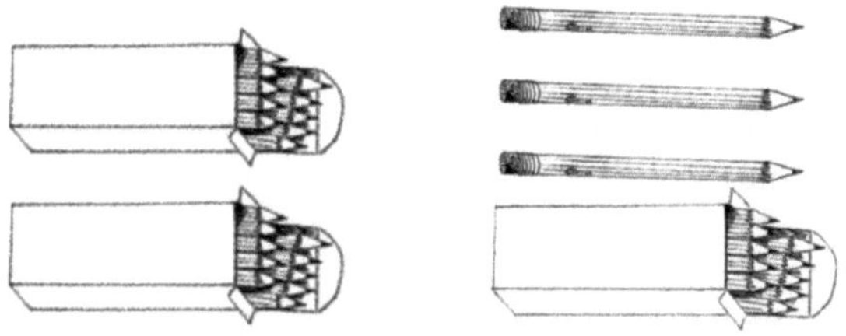

20 + 13 = ____

2.

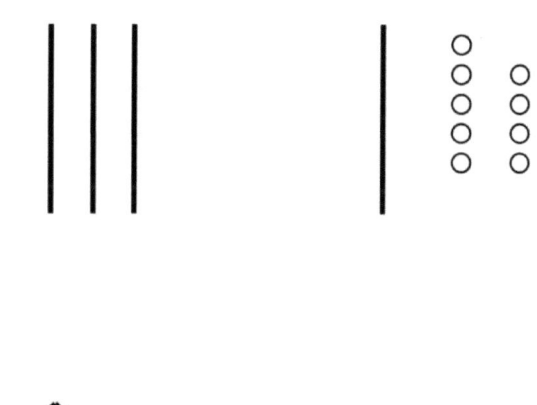

17 + ____ = ____

3.

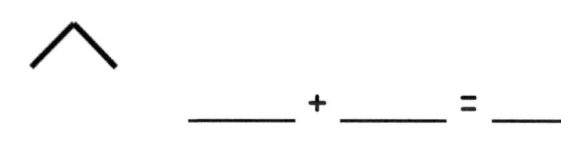

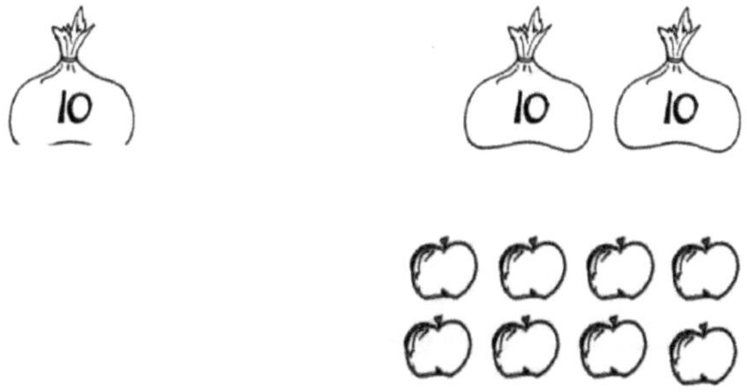

4.

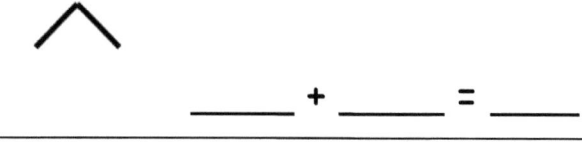

Դաս 12.　　Երկնիշ թվին ավելացրե՛ք տասնյակներ։

Նկարե՛ք՝ օգտագործելով տասնյակներ և միավորներ: Լրացրե՛ք թվային զույգը և թվային արտահայտությունը:

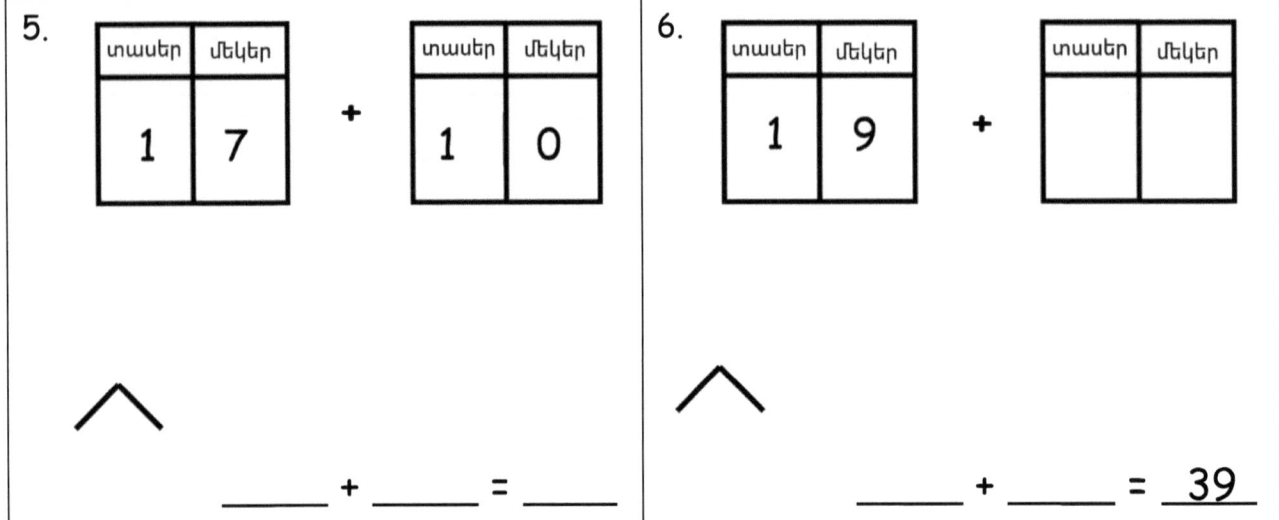

5.

տասեր	մեկեր
1	7

\+

տասեր	մեկեր
1	0

____ + ____ = ____

6.

տասեր	մեկեր
1	9

\+

տասեր	մեկեր

____ + ____ = 39

Օգտագործե՛ք սլաքների նշանները լուծման համար:

7. 19 → +10 → ____

8. 9 → +30 → ____

9. ____ → +10 → 38

10. ____ → +20 → 31

Օգտագործե՛ք տաս ցենտանոցներ և պենիներ՝ թվային արժեքների աղյուսակները լրացնելու համար:

11.

տասեր	մեկեր

\+

տասեր	մեկեր

=

տասեր	մեկեր

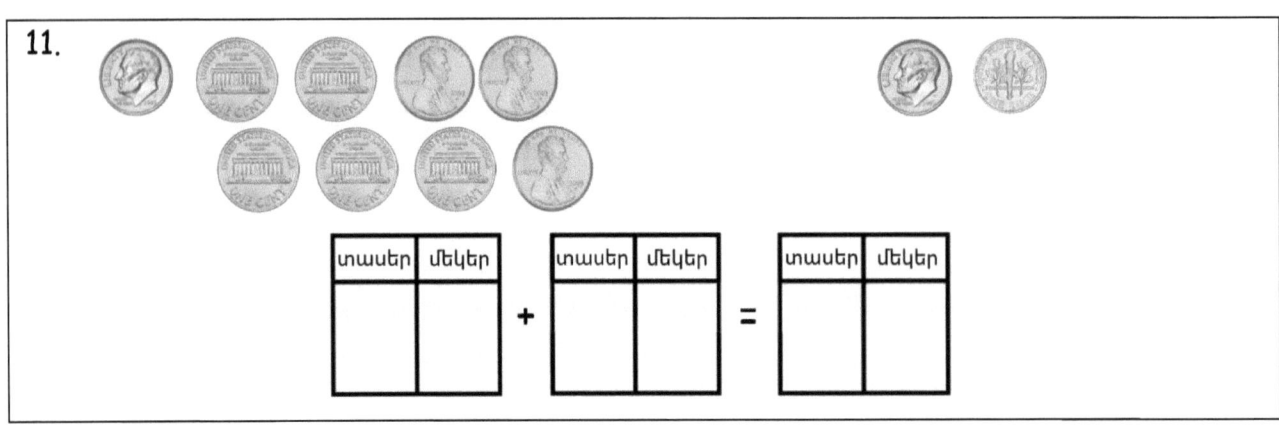

1. Օգտագործե՛ք տասնյակները և միավորները թվային արժեքների աղյուսակը և թվային արտահայտությունը լրացնելու համար:

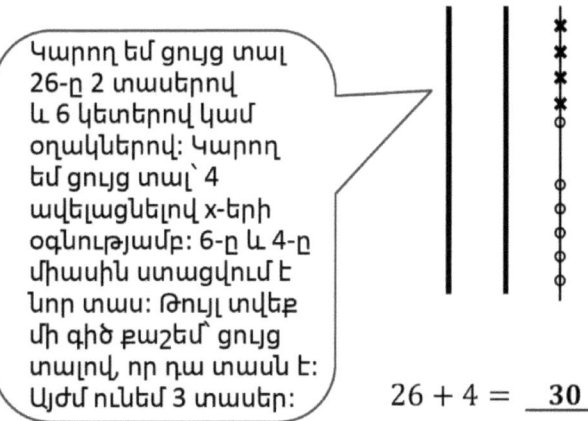

Կարող եմ ցույց տալ 26-ը 2 տասերով և 6 կետերով կամ օղակներով: Կարող եմ ցույց տալ՝ 4 ավելացնելով x-երի օգնությամբ: 6-ը և 4-ը միասին ստացվում է նոր տաս: Թույլ տվեք մի գիծ քաշեմ՝ ցույց տալով, որ դա տասն է: Այժմ ունեմ 3 տասեր:

$26 + 4 =$ **30**

տասեր	մեկեր
3	0

2. Գծե՛ք տասնյակները, միավորները և թվային զույգերը լուծման համար: Լրացրե՛ք թվային արժեքների աղյուսակը:

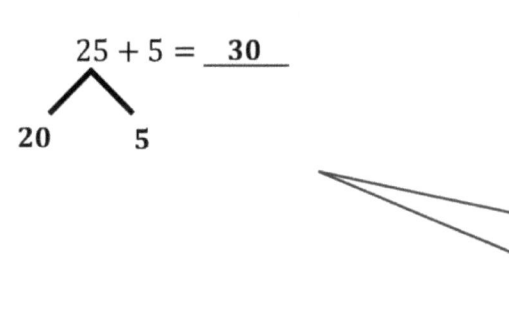

$25 + 5 =$ **30**

20 5

տասեր	մեկեր
3	0

25-ը ստացվում է 20-ից և 5-ից: Կարող եմ ավելացնել 5 և 5՝ 10 ստանալու համար: Հետո գիտեմ, որ 20 + 10 = 30: Դա 3 տասեր են:

3. Լուծեք: Կարող եք գծել տասնյակները և միավորները կամ թվային զույգերը՝ օգնելու համար:

$37 + 3 =$ **40**

Ես սա գիտեմ իմ մտքում: 37-ին գումարելով 3 ստացվում է 40: Ստանում եմ հաջորդ տասը, երբ 3 եմ ավելացնում 37-ին:

ՄԻԱՎՈՐՆԵՐԻ ՊԱՏՄՈՒԹՅՈՒՆ   Դաս 13 Տնային աշխատանք   1•4

Անուն _____   Ամսաթիվ _____

Օգտագործե՛ք տասնյակները և միավորները թվային արժեքների աղյուսակը և թվային արտահայտությունը լրացնելու համար:

1.

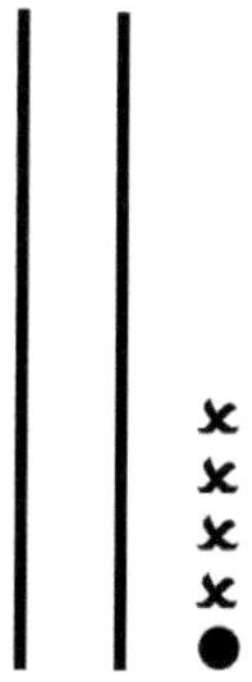

տասեր	մեկեր

21 + 4 = _____

2.

տասեր	մեկեր

21 + 8 = _____

3.

տասեր	մեկեր

25 + 4 = _____

4.

տասեր	մեկեր

25 + 5 = _____

5.

տասեր	մեկեր

33 + 3 = _____

6.

տասեր	մեկեր

33 + 7 = _____

Դաս 13.   Օգտագործե՛ք հաշվելու և տասը կազմելու ռազմավարությունը՝ տասի անցումով գումարելիս:

Գծե՛ք տասնյակները, միավորները և թվային զույգերը լուծման համար: Լրացրե՛ք թվային արժեքների աղյուսակը:

7.

26 + 2 = ______

տասեր	մեկեր

8.

36 + 3 = ______

տասեր	մեկեր

9.

26 + 4 = ______

տասեր	մեկեր

10.

24 + 6 = ______

տասեր	մեկեր

11. Լուծեք: Կարող եք գծել տասնյակները և միավորները կամ թվային զույգերը՝ օգնելու համար:

a. 22 + 7 = ______   b. 22 + 8 = ______   c. 32 + 8 = ______

1. Օգտագործե՛ք նկարներ կամ նկարե՛ք տասնյակներ և միավորներ: Լրացրե՛ք թվային արտահայտությունը և թվային արժեքների աղյուսակը:

29-ը ցույց տալու համար կարող եմ օգտագործել 2 տասեր և 9 կետ կամ օղակ: Ինձ միայն մեկ տաս է պետք՝ նոր տասը կազմելու համար: Քանի որ ես ավելացնում եմ 5-ը, առաջին x- ը նոր տաս է կազմում: Ես սկսում եմ նոր սյունակ, քանի որ նկարում եմ ևս 4 x: Ես կարող եմ մի գիծ քաշել իմ ստեղծած նոր տասի միջով: Հիմա ես հեշտությամբ տեսնում եմ, որ ունեմ 3 տասեր և 4 մեկեր:

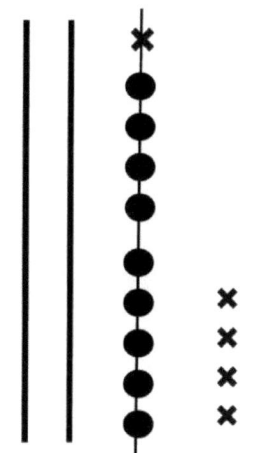

տասեր	մեկեր
3	4

$29 + 5 =$ __34__

2. Լուծման համար կազմե՛ք թվային զույգ: Ցույց տվե՛ք Ձեր մտածելակերպը՝ թվային արտահայտություններով կամ սլաքների ձևով: Լրացրե՛ք թվային արժեքների աղյուսակը:

Ինձ պետք է ևս 2-ը՝ 18-ից 20 ստանալու համար: Ես կարող եմ առանձնացնել 5-ը՝ 2 և 3:
18 + 2 = 20. Հետո 20 + 3 = 23:

$18 + 5 =$ __23__

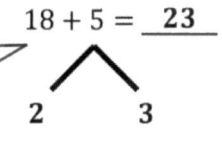

2   3

տասեր	մեկեր
2	3

Ահա իմ թվային արտահայտությունները՝ իմ մտածողությունը ցույց տալու համար:

$$\mathbf{18 + 2 = 20}$$
$$\mathbf{20 + 3 = 23}$$

$$18 \xrightarrow{+2} 20 \xrightarrow{+3} 23$$

Ես կարող եմ օգտագործել սլաքի եղանակը՝ իմ մտածողությունը ցույց տալու համար: Ես սկսում եմ 18-ից: 20 ստանալու համար ավելացնում եմ 2: Հետո, 23 ստանալու համար ավելացնումեմ ևս 3:

Անուն ________________________________ Ամսաթիվ ______________

Օգտագործե՛ք նկարներ կամ նկարե՛ք տասնյակներ և միավորներ: Լրացրե՛ք թվային արտահայտությունը և թվային արժեքների աղյուսակը:

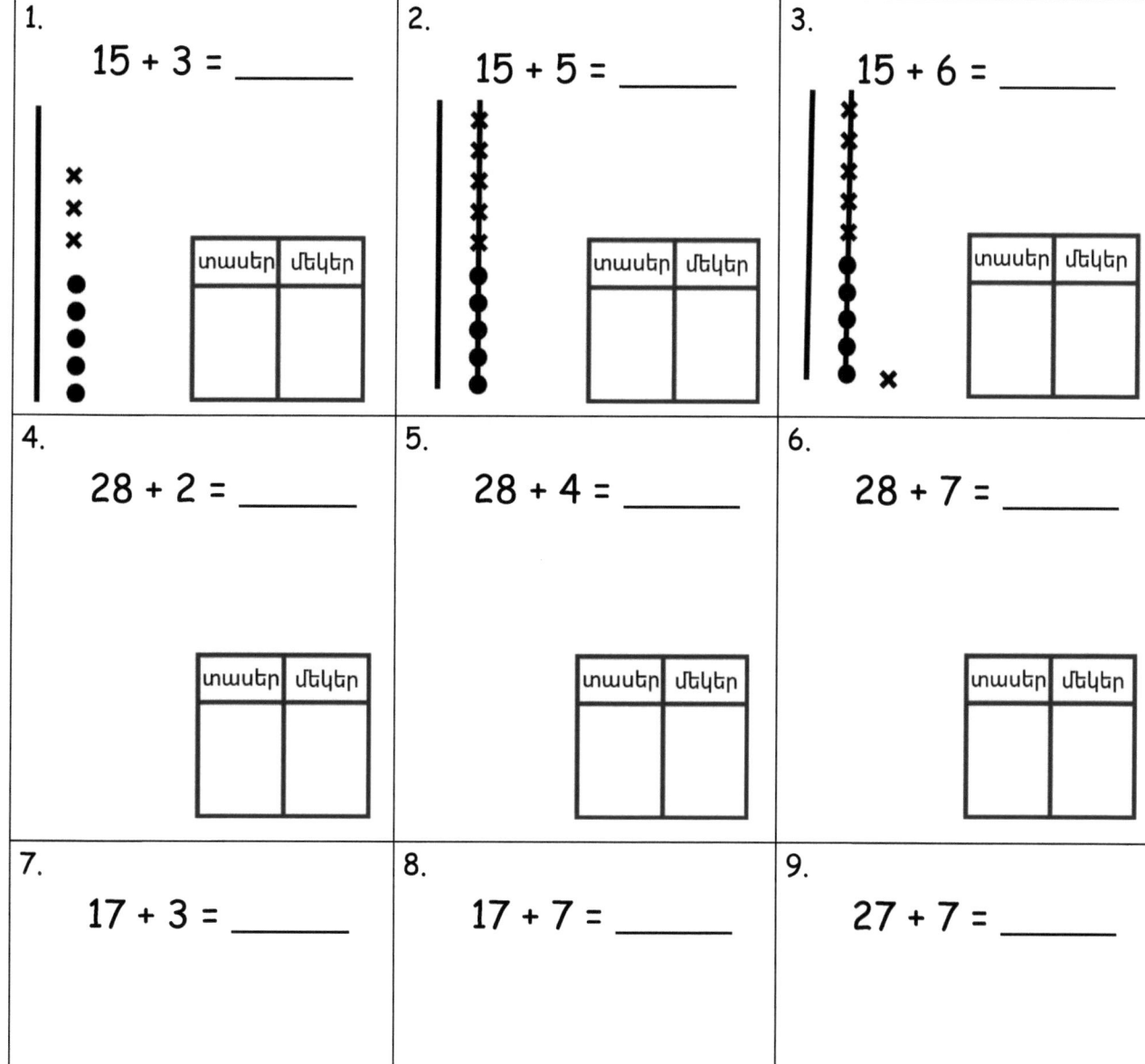

1. 15 + 3 = ______

տասեր	մեկեր

2. 15 + 5 = ______

տասեր	մեկեր

3. 15 + 6 = ______

տասեր	մեկեր

4. 28 + 2 = ______

տասեր	մեկեր

5. 28 + 4 = ______

տասեր	մեկեր

6. 28 + 7 = ______

տասեր	մեկեր

7. 17 + 3 = ______

տասեր	մեկեր

8. 17 + 7 = ______

տասեր	մեկեր

9. 27 + 7 = ______

տասեր	մեկեր

EUREKA MATH Դաս 14. Օգտագործեք հաշվելու և տասը կազմելու ռազմավարությունը՝ տասի անցումով գումարելիս: 59

Լուծման համար կազմե՛ք թվային կապ։ Ցույց տվե՛ք Ձեր մտածելակերպը՝ թվային արտահայտություններով կամ սլաքների ձևով։ Լրացրե՛ք թվային արժեքների աղյուսակը։

10. 13 + 6 = _____

տասեր	մեկեր

11. 13 + 7 = _____

տասեր	մեկեր

12. 25 + 5 = _____

տասեր	մեկեր

13. 25 + 8 = _____

տասեր	մեկեր

14. 24 + 8 = _____

տասեր	մեկեր

15. 23 + 9 = _____

տասեր	մեկեր

ՄԻԱՎՈՐՆԵՐԻ ՊԱՏՄՈՒԹՅՈՒՆ   Դաս 15 Տնային աշխատանքների օգնական   1•4

1. Լուծեք խնդիրները:

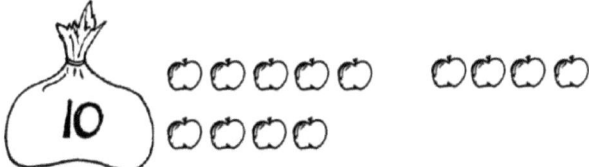 $9 + 5 = \underline{\ 14\ }$ 9 գումարած 5-ը 14-ն է: Այդ մեկը հեշտ է:

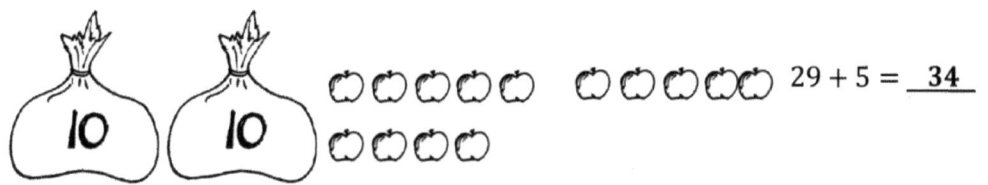 $19 + 5 = \underline{\ 24\ }$ 19 գումարած 5-ը ընդամենը 10-ով ավելի է: Դա 24 է:

$29 + 5 = \underline{\ 34\ }$ 29 գումարած 5-ը կրկին 10-ով ավելին է: Դա 34-ն է:

2. Օգտագործե՛ք յուրաքանչյուր խմբի առաջին թվային արտահայտությունը, որը կօգնի լուծել մյուս խնդիրները:

   a. $3 + 8 = \underline{\ 11\ }$
   b. $13 + 8 = \underline{\ 21\ }$
   c. $23 + 8 = \underline{\ 31\ }$

3. Լուծեք խնդիրները: Ցույց տվե՛ք միանիշ գումարման արտահայտությունը, որն օգնեց Ձեզ լուծել:

$18 + 4 = \underline{\ 22\ }$ $\underline{\ 8 + 4 = 12\ }$

Ես կարող եմ օգտագործել 8 + 4, որը կօգնի ինձ լուծել 18 + 4: Գիտեմ, որ 8 + 4 = 12: 18 + 4-ն ունի ևս մեկ տաս: Դա 22-ն է:

Դաս 15.   Օգտագործե՛ք միանիշ գումարներ՝ 40-ի սահմաններում համանման գումարների լուծումներին օգնելու համար:

ՄԻԱՎՈՐՆԵՐԻ ՊԱՏՄՈՒԹՅՈՒՆ Դաս 15 Տնային աշխատանք 1•4

Անուն ______________________________ Ամսաթիվ ____________

Լուծեք խնդիրները:

1.

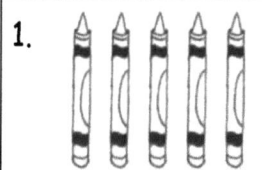

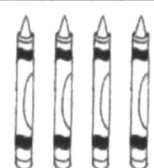

$5 + 4 =$ _____

2.

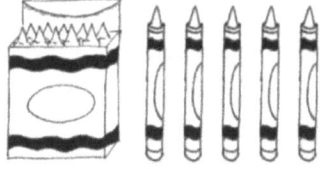

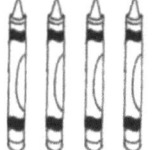

$15 + 4 =$ _____

3.

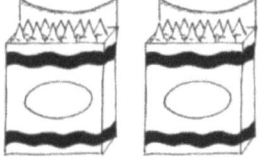

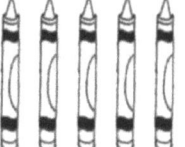

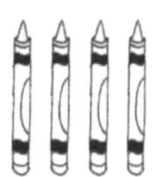

$25 + 4 =$ _____

4.

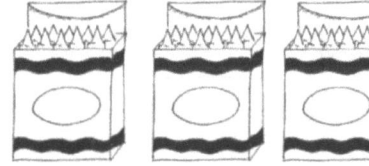

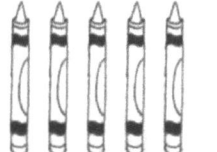

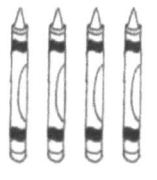

$35 + 4 =$ _____

5.

$8 + 4 =$ _____

6.

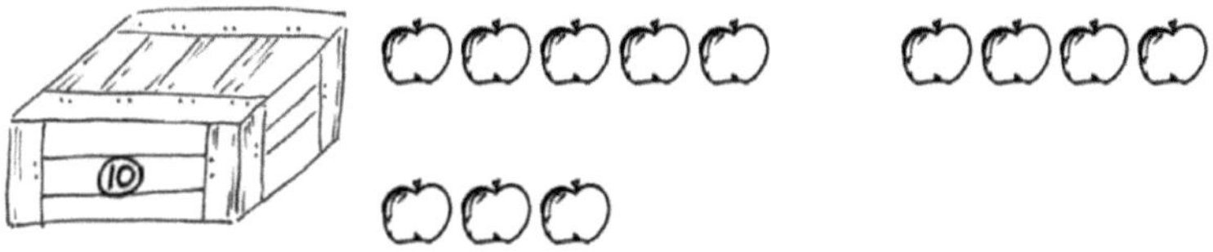

$18 + 4 =$ _____

7.

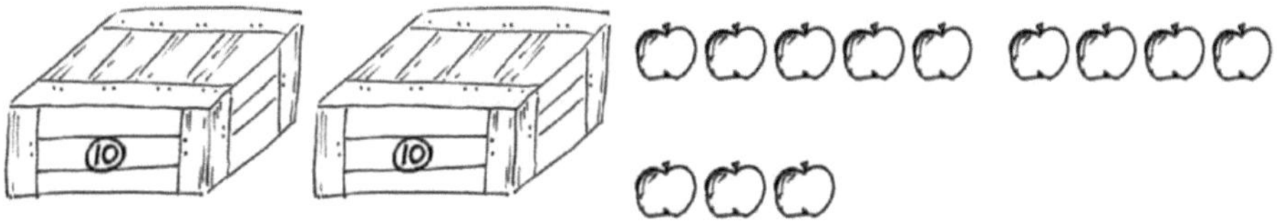

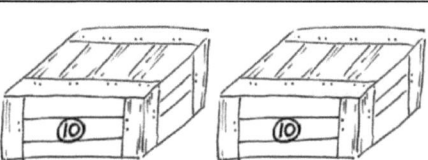

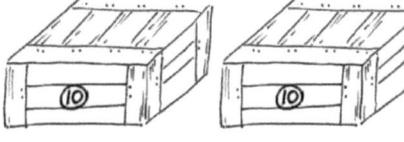

$28 + 4 =$ _____

Դաս 15. Օգտագործե՛ք միանիշ գումարներ՝ 40-ի սահմաններում համանման գումարների լուծումներին օգնելու համար:

Օգտագործե՛ք յուրաքանչյուր խմբի առաջին թվային արտահայտությունը, որը կօգնի լուծել մյուս խնդիրները:

8. a. 5 + 2 = _____ b. 15 + 2 = _____ c. 25 + 2 = _____ d. 35 + 2 = _____	9. a. 5 + 5 = _____ b. 15 + 5 = _____ c. 25 + 5 = _____ d. 35 + 5 = _____
10. a. 2 + 7 = _____ b. 12 + 7 = _____ c. 22 + 7 = _____	11. a. 7 + 4 = _____ b. 17 + 4 = _____ c. 27 + 4 = _____
12. a. 8 + 7 = _____ b. 18 + 7 = _____ c. 28 + 7 = _____	13. a. 3 + 9 = _____ b. 13 + 9 = _____ c. 23 + 9 = _____

Լուծեք խնդիրները: Ցույց տվե՛ք միանիշ գումարման արտահայտությունը, որն օգնեց Ձեզ լուծել:

14. 24 + 5 = _____ ____________________

15. 24 + 7 = _____ ____________________

1. Գծե՛ք տասնյակները և միավորները, որը կօգնի լուծել գումարման խնդիրները:

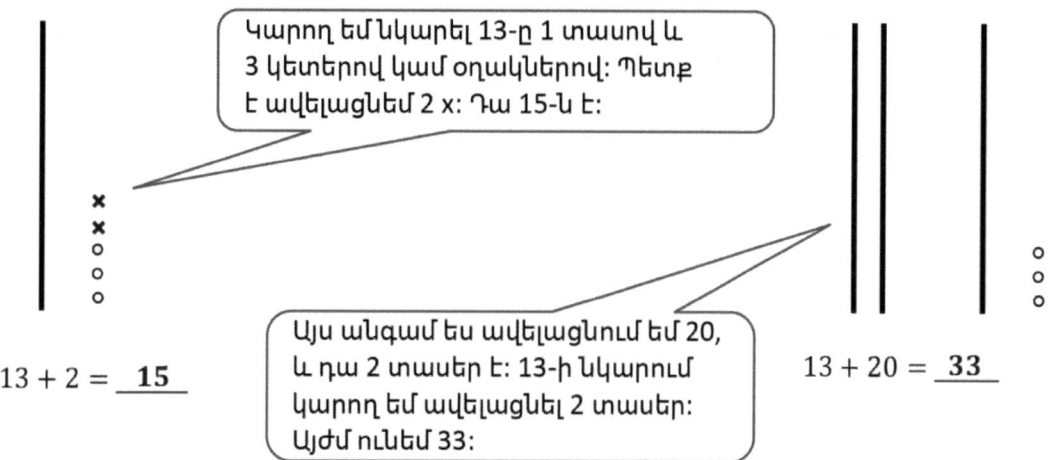

Կարող եմ նկարել 13-ը 1 տասով և 3 կետերով կամ օղակներով: Պետք է ավելացնեմ 2 x: Դա 15-ն է:

$13 + 2 =$ **15**

Այս անգամ ես ավելացնում եմ 20, և դա 2 տասեր է: 13-ի նկարում կարող եմ ավելացնել 2 տասեր: Այժմ ունեմ 33:

$13 + 20 =$ **33**

2. Կազմե՛ք թվային զույգ կամ օգտագործե՛ք սլաքներով ձևը՝ գումարման խնդիրները լուծելու համար:

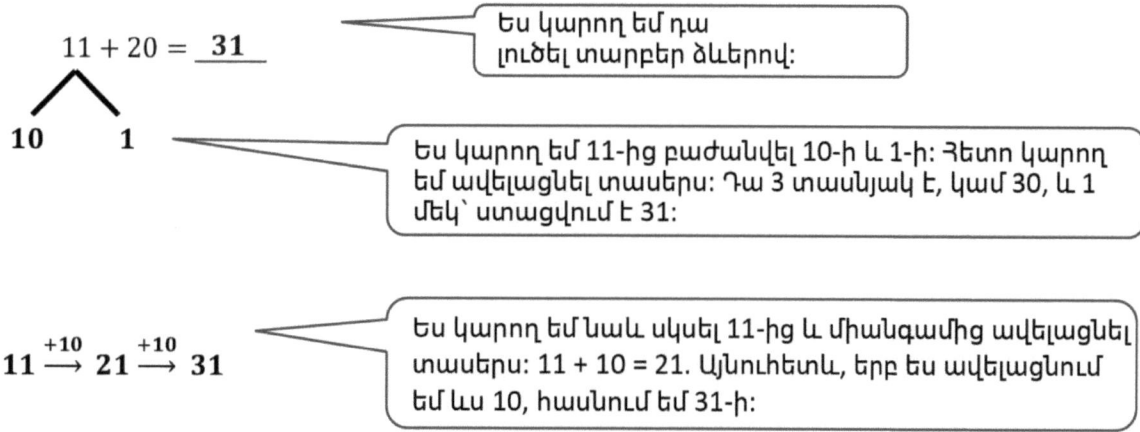

$11 + 20 =$ **31**

10 **1**

Ես կարող եմ դա լուծել տարբեր ձևերով:

Ես կարող եմ 11-ից բաժանվել 10-ի և 1-ի: Հետո կարող եմ ավելացնել տասերս: Դա 3 տասնյակ է, կամ 30, և 1 մեկ՝ ստացվում է 31:

$$\mathbf{11} \xrightarrow{+10} \mathbf{21} \xrightarrow{+10} \mathbf{31}$$

Ես կարող եմ նաև սկսել 11-ից և միանգամից ավելացնել տասերս: 11 + 10 = 21. Այնուհետև, երբ ես ավելացնում եմ ևս 10, հասնում եմ 31-ի:

Անուն ______________________________ Ամսաթիվ ________________

Գծե՛ք տասնյակները և միավորները, որը կօգնի լուծել գումարման խնդիրները:

1. 17 + 2 = ______	2. 17 + 3 = ______
3. 14 + 3 = ______	4. 24 + 10 = ______

Կազմե՛ք թվային զույգ կամ օգտագործե՛ք սլաքներով ձևը՝ գումարման խնդիրները լուծելու համար:

5. 6 + 24 = ______	6. 14 + 20 = ______

Դաս 16 . Գումարե՛ք միավորները միավորներին կամ տասնավորները տասնավորներին: 67

7. Լուծե՛ք յուրաքանչյուր գումարման արտահայտություն և համապատասխանեցրե՛ք:

a.
22 + 1 = _____

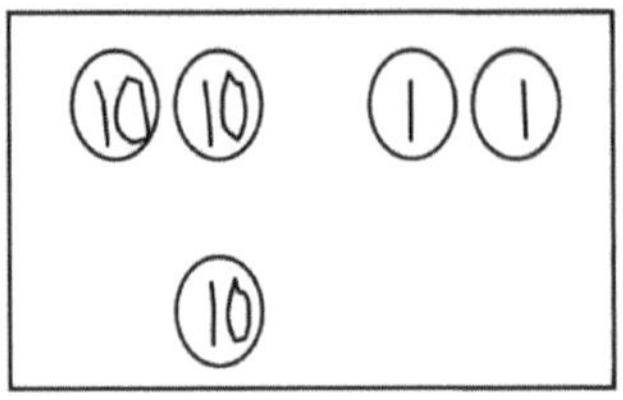

b.
13 + 6 = _____

c.
3 + 26 = _____

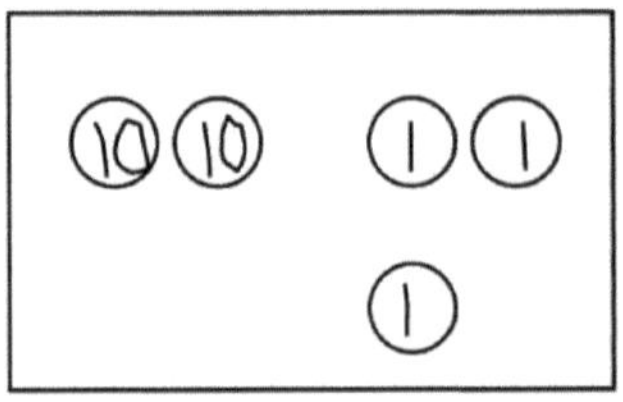

d.
37 + 3 = _____

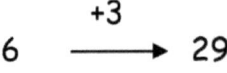

e.
22 + 10 = _____

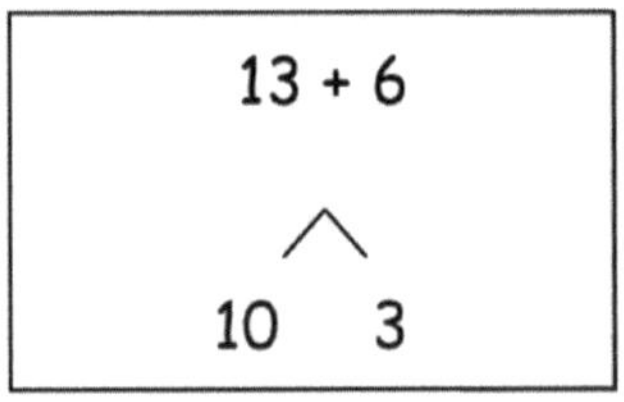

1. Օգտագործեք տասնյակների գծագրերը կամ թվային զույգերը՝ իրական թվային արտահայտություններ կազմելու համար:

a. $13 + 10 =$ **23**

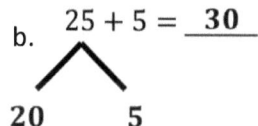

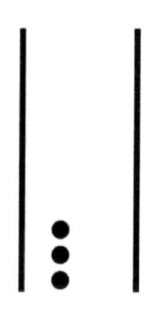

Կարող եմ նկարել 13, իսկ հետո պարզապես ավելացնել ևս մեկ տաս: Թույլ տվեք հաշվել այն, ինչ հիմա ունեմ. 10, 20, ..., 23:

b. $25 + 5 =$ **30**

$\mathbf{5 + 5 = 10}$

$\mathbf{10 + 20 = 30}$

Ես կարող եմ 25-ը բաժանվել 20-ի և 5-ի: Հաջորդ տասնյակը ստանալու համար ես ավելացնում եմ 5 և 5: Հաջորդ տասը ավելացնելուց ստացվում է 30:

2. Ինչպե՞ս եք լուծել խնդիր 1(a)-ն: Ինչու՞ եք նախընտրել այն լուծել այս եղանակով:

Ես նախընտրել եմ օգտագործել տասնյակների գծագիրը, քանի որ ինձ հարկավոր էր գծել միայն 1 տասնյակ ավելի: Դա արագ ձև էր ցույց տալու համար, որ 13 + 10 = **23**:

3. Ինչպե՞ս եք լուծել խնդիր 1(b)-ն: Ինչու՞ եք նախընտրել այն լուծել այս եղանակով:

Ես օգտագործել եմ թվային զույգ, քանի որ ցանկացել եմ տեսնել, թե ինչ մասեր ունեմ: Երբ 25-ը տրոհեցի 20-ի և 5-ի, ես տեսա, որ ես կարող եմ գումարել 5-ը և 5-ը՝ տասնյակ կազմելու համար:

ՄԻԱՎՈՐՆԵՐԻ ՊԱՏՈՒԹՅՈՒՆ   Դաս 17 Տնային աշխատանք   1•4

Անուն _____   Ամսաթիվ _____

Օգտագործեք տասնյակների գծագրերը կամ թվային զույգերը՝ իրական թվային արտահայտություններ կազմելու համար:

1.	13 + 20 = _____	2.	23 + 6 = _____
3.	10 + 23 = _____	4.	28 + 6 = _____
5.	26 + 7 = _____	6.	20 + 17 = _____

7. Ինչպե՞ս եք լուծել խնդիր 5-ը: Ինչու՞ եք նախընտրել այն լուծել այս եղանակով:

ՄԻԱՎՈՐՆԵՐԻ ՊԱՏՄՈՒԹՅՈՒՆ | Դաս 17 Տնային աշխատանք | 1•4

Լուծե՛ք՝ օգտագործելով տասնյակների նկարները կամ թվային զույգերը:

8.	23 + 9 = _____	9.	27 + 7 = _____
10.	24 + 10 = _____	11.	20 + 18 = _____
12.	28 + 9 = _____	13.	29 + 9 = _____

14. Ինչպե՞ս եք լուծել խնդիր 11-ը: Ինչու՞ եք նախընտրել այն լուծել այս եղանակով:

1. Երկու աշակերտն էլ լուծել են գումարման ներքոնշյալ խնդիրն՝ օգտագործելով տարբեր մեթոդներ: Արդյո՞ք երկուսն էլ ճիշտ են: Ինչո՞ւ այո, կամ ոչ:

$28 + 5 = \underline{\ 33\ }$

$28 \xrightarrow{+2} 30 \xrightarrow{+3} 33$

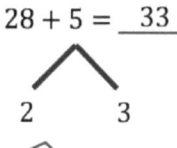

Այս աշակերտը պատասխանը ստանալու համար օգտագործեց սլաքի եղանակը: Նա օգտագործեց 2-ը՝ հասնելով 30-ի, իսկ հետո ավելացրեց ևս 3-ը՝ 33 ստանալու համար: Դա նշանակում է, որ նա ընդհանուր առմամբ ավելացրեց 5-ը, որպեսզի ստանա 33: Ճիշտ է:

$28 + 5 = \underline{\ 33\ }$

Այս ուսանողը 5-ը տրոհեց, որպեսզի կարողանա ստանալ հաջորդ 10-ը: Նրան պետք էր 2, որպեսզի հասնի 30-ի: Այնուհետև նա ավելացրեց մնացածը և ստացավ 33: Ճիշտ է:

Դրանք երկուսն էլ ճիշտ են: 28 գումարած 5 հավասար է 33: Առաջին աշակերտն օգտագործել է սլաքներով ձևն իր մտածելակերպը ցույց տալու համար:
Աշակերտն ավելացրեց 2՝ 30 ստանալու համար և ապա ավելացրեց 3, քանի որ նա ընդամենը պետք է ավելացներ 5: Երկրորդ աշակերտը կիրառել է թվային զույգ՝ ցույց տալու համար, թե ինչպես է ստացել 33:

2. Մյուս երկու աշակերտները նույն խնդիրը լուծել են ստորև բերված եղանակով՝ կիրառելով տասնյակները: Արդյո՞ք երկուսն էլ ճիշտ են: Ինչո՞ւ այո, կամ ոչ:

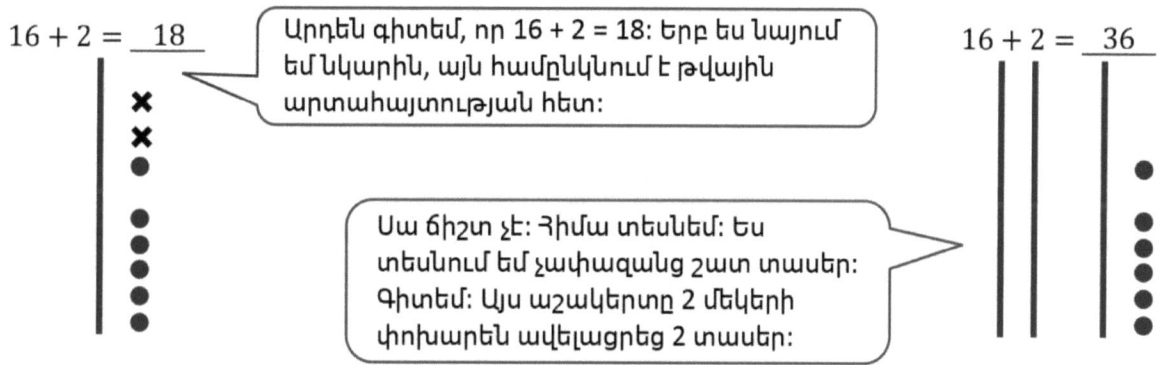

$16 + 2 = \underline{\ 18\ }$

Արդեն գիտեմ, որ 16 + 2 = 18: Երբ ես նայում եմ նկարին, այն համընկնում է թվային արտահայտության հետ:

Սա ճիշտ չէ: Հիմա տեսնեմ: Ես տեսնում եմ չափազանց շատ տասեր: Գիտեմ: Այս աշակերտը 2 մեկերի փոխարեն ավելացրեց 2 տասեր:

$16 + 2 = \underline{\ 36\ }$

Առաջին աշակերտը ճիշտ էր: Երկրորդ աշակերտը ճիշտ չէր: Երկրորդ աշակերտը գումարել է տասնյակներ միավորների փոխարեն: Նա չափազանց մեծ թիվ է ստացել:

3. Շրջանակի մեջ առե՛ք աշակերտների այն աշխատանքները, որոնք ճիշտ են:

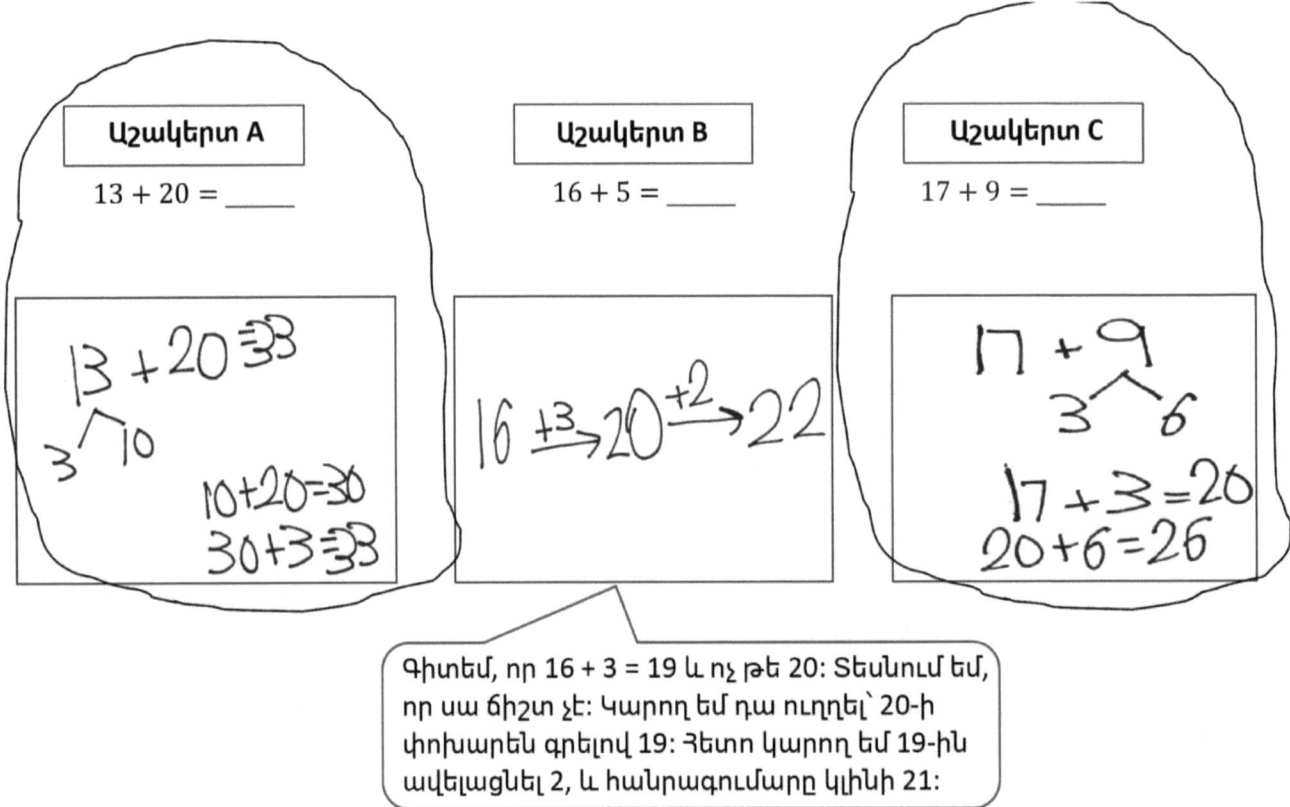

Աշակերտ A

13 + 20 = ____

13 + 20 = 33
3 10
10 + 20 = 30
30 + 3 = 33

Աշակերտ B

16 + 5 = ____

16 +3→ 20 +2→ 22

Աշակերտ C

17 + 9 = ____

17 + 9
3 6
17 + 3 = 20
20 + 6 = 26

Գիտեմ, որ 16 + 3 = 19 և ոչ թե 20: Տեսնում եմ, որ սա ճիշտ չէ: Կարող եմ դա ուղղել՝ 20-ի փոխարեն գրելով 19: Հետո կարող եմ 19-ին ավելացնել 2, և հանրագումարը կլինի 21:

Ուղղե՛ք այն աշակերտի աշխատանքը, որը ճիշտ չէ՝ ստորև հատկացված տեղում նոր գծագիր կամ նոր գծագրեր պատրաստելով:

16 +3→ 19 +2→ 21

Ընտրե՛ք ճիշտ աշակերտական աշխատանք և բարելավման առաջարկ արե՛ք:

A Աշակերտի աշխատանքը կարելի է լուծել առանց 13-ը տրոհելու: Ես կարող եմ պարզապես գումարել 2 տասնյակ 13-ին: Ես կարող եմ դա մտքում կատարել և ստանալ 33 պատասխանը:

Անուն ______________________________ Ամսաթիվ ________________

1. Երկու աշակերտն էլ լուծել են գումարման ներքոնշյալ խնդիրն՝ օգտագործելով տարբեր մեթոդներ:

$$18 + 9$$

$18 + 9 = 27$ 2 7 $18 + 2 = 20$ $20 + 7 = 27$	$18 + 9 = 27$ $18 \xrightarrow{+2} 20 \xrightarrow{+7} 27$ $18 + 2 = 20$ $20 + 7 = 27$

Արդյո՞ք երկուսն էլ ճիշտ են: Ինչո՞ւ այո, կամ ոչ:

2. Մյուս երկու աշակերտները լուծել են նույն խնդիրը՝ կիրառելով տասնյակներ:

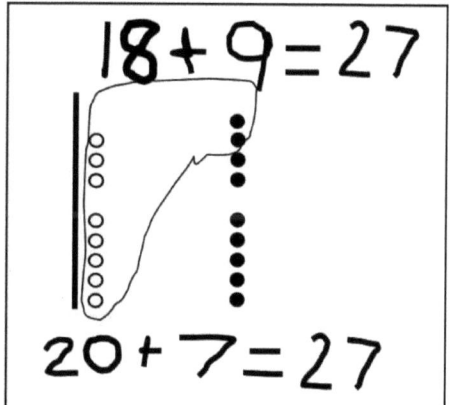

Արդյո՞ք երկուսն էլ ճիշտ են: Ինչո՞ւ այո, կամ ոչ:

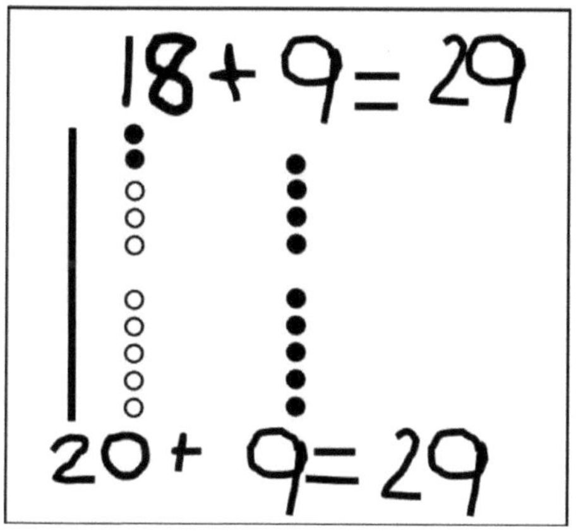

3. Շրջանակի մեջ առե՛ք աշակերտների այն աշխատանքները, որոնք ճիշտ են:

19 + 6

Աշակերտ A	Աշակերտ B	Աշակերտ C

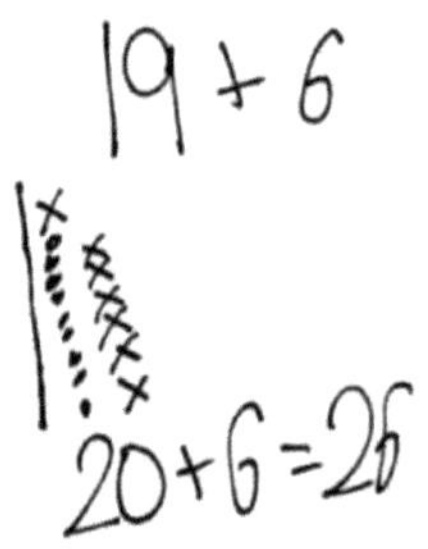

Աշակերտ A:
$19 + 6$
(փնջիկ՝ 10 և 9, ապա 6 x-եր)
$20 + 6 = 26$

Աշակերտ B:
$19 + 6$
      ∧
     1 5
$19 + 1 = 20$
$20 + 5 = 25$

Աշակերտ C:
$19 + 6$
$19 \xrightarrow{+1} 20 \xrightarrow{+5} 25$

Ուղղե՛ք այն աշակերտի աշխատանքը, որը ճիշտ չէ՝ ստորև հատկացված տեղում նոր գծագիր կամ նոր գծագրեր պատրաստելով:

Ընտրե՛ք ճիշտ աշակերտական աշխատանք և բարելավման առաջարկ արե՛ք:

Լուծեք՝ օգտագործելով Կարդալ-Նկարել-Գրել (ԿՆԳ) մեթոդը:

Ջոնն ունի 5 կարմիր մրցավազքի մեքենա և 12 կապույտ մրցավազքի մեքենա: Քանի՞ մրցավազքի մեքենա ունի Ջոնն ընդհանուր:

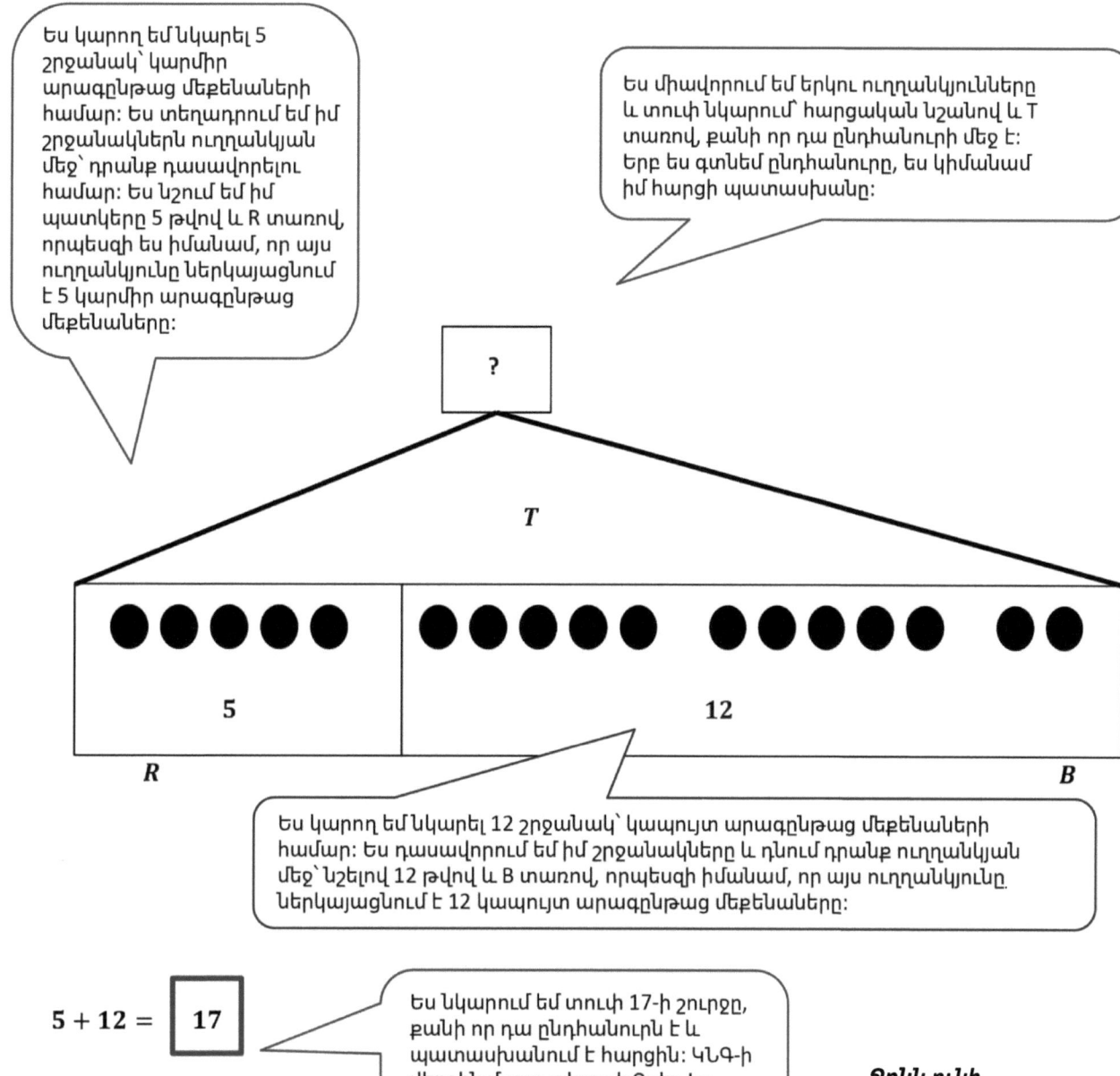

Ես կարող եմ նկարել 5 շրջանակ՝ կարմիր արագընթաց մեքենաների համար: Ես տեղադրում եմ իմ շրջանակներն ուղղանկյան մեջ՝ դրանք դասավորելու համար: Ես նշում եմ իմ պատկերը 5 թվով և R տառով, որպեսզի ես իմանամ, որ այս ուղղանկյունը ներկայացնում է 5 կարմիր արագընթաց մեքենաները:

Ես միավորում եմ երկու ուղղանկյունները և տուփ նկարում՝ հարցական նշանով և T տառով, քանի որ դա ընդհանուրի մեջ է: Երբ ես գտնեմ ընդհանուրը, ես կիմանամ իմ հարցի պատասխանը:

Ես կարող եմ նկարել 12 շրջանակ՝ կապույտ արագընթաց մեքենաների համար: Ես դասավորում եմ իմ շրջանակները և դնում դրանք ուղղանկյան մեջ՝ նշելով 12 թվով և B տառով, որպեսզի իմանամ, որ այս ուղղանկյունը ներկայացնում է 12 կապույտ արագընթաց մեքենաները:

$5 + 12 = \boxed{17}$

Ես նկարում եմ տուփ 17-ի շուրջը, քանի որ դա ընդհանուրն է և պատասխանում է հարցին: ԿՆԳ-ի վերջին մասը պետք է Գրել: Ես կարող եմ պնդում գրել՝ իմ հարցին պատասխանելու համար:

Ջոնն ունի

Անուն ______________________________ Ամսաթիվ ______________

Ընթերցեք բառային խնդիրը:
Գծե՛ք ժապավենային դիագրամ և նշումներ կատարե՛ք:
Գրեք թվային արտահայտություն և պնդում, որը համապատասխանում է պատմությանը:

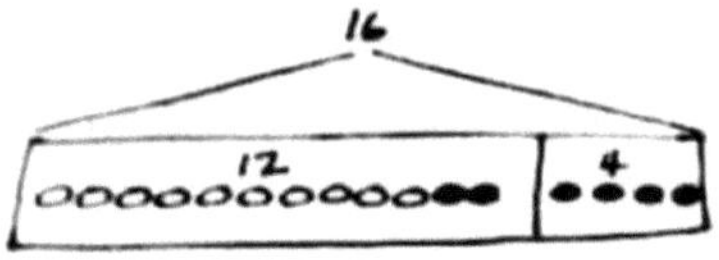

1. Դարնելը խաղում է իր 4 ռոբոտներով: Բենը միանում է նրան 13 կապույտ ռոբոտներով: Քանի՞ ռոբոտ ունեն նրանք միասին:

Նրանք ունեն__________ռոբոտ:

2. Ռոզը և Էմին մասնակցեցին պարանի մրցույթին: Ռոզը թռավ 14 անգամ, իսկ Էմին թռավ 6 անգամ: Քանի՞ անգամ թռան Ռոզը և Էմին:

Նրանք թռան__________անգամ:

3. Պեդրոն հաշվում էր ինքնաթիռների վերելքները և վայրէջքները օդանավակայանում: Նա տեսավ , որ 7 ինքնաթիռ վերելք կատարեց և 6 ինքնաթիռ՝ վայրէջք: Քանի՞ ինքնաթիռ նա հաշվեց ընդհանուր:

Պեդրոն հաշվեց__________ինքնաթիռ:

4. Թամրան և Վիլին վաստակել էին բոլոր միավորներն իրենց թիմի համար բեյսբոլի խաղի ժամանակ: Թամրան վաստակել էր 13 միավոր, իսկ Վիլին՝ 5 միավոր: Ո՞րն էր թիմի հաշիվը խաղում:

Թիմի հաշիվը__________միավոր էր:

80 Դաս 19. Օգտագործեք ժապավենային դիագրամ՝ գումարման/հանման ընդհանուր անհայտով և բառային խնդրում գումարեք անհայտ արդյունքը:

EUREKA MATH

ՄԻԱՎՈՐՆԵՐԻ ՊԱՏՈՒԹՅՈՒՆ | Դաս 20 Տնային աշխատանքների օգնական | 1•4

Լուծեք՝ օգտագործելով Կարդալ-Նկարել-Գրել (ԿՆԳ) մեթոդը։

Ի՞նչ կարող եմ նկարել։

1. Մերին այս ամիս ունի 14 խաղային պրակտիկա։ 7 պրակտիկա դպրոցից հետո է, մնացածը՝ երեկոյան։ Քանի՞ պրակտիկա կա երեկոյան։

What do I know after reading the problem?

Ես գիտեմ ընդհանուրը կամ ամբողջը։ Ես կարող եմ նկարել 14 շրջանակ 5 խմբային շարքերով՝ ներկայացնելով պրակտիկայի ընդհանուր քանակը։

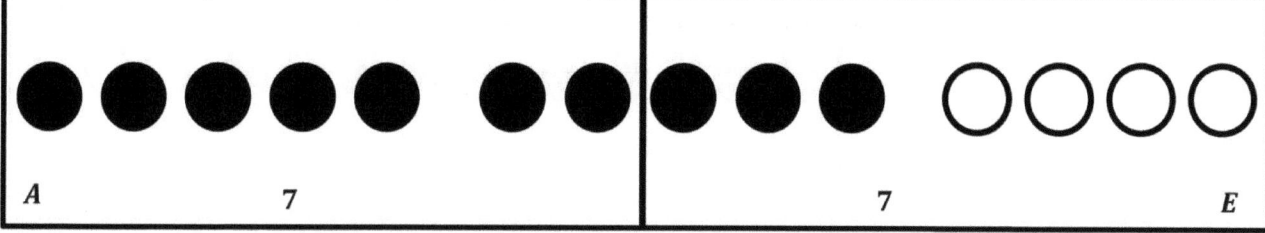

Գիտեմ, որ դպրոցից հետո կա 7 պրակտիկա։ Կարող եմ ուղղանկյուն նկարել 7 օղակների շուրջ՝ ներկայացնելով այն 7 պրակտիկաները, որոնք դպրոցից հետո են։ Դպրոցից հետո պրակտիկաների ուղղանկյունը պիտակավորում եմ A տառով։

Մնացած շրջանակների շուրջ ես ուղղանկյուն եմ գծում։ Սա ներկայացնում է այն պրակտիկաները, որը երեկոյան է։ Ես հաշվում եմ շրջանակները և տեսնում եմ, որ երեկոյան 7 պրակտիկա կա։ Երեկոյի համար պրակտիկաների ուղղանկյունը նշում եմ E տառով։

$14 - 7 = \boxed{7}$

7-ի շուրջը ուղղանկյուն եմ գծում, քանի որ 7-ը հարցի պատասխանն է։

Մերին այս երեկո ունի 7 պրակտիկա։

Դաս 20. Գտե՛ք և օգտագործե՛ք մաս-ամբողջ հարաբերությունը ժապավենային դիագրամներում մի շարք խնդիրներ լուծելիս։

2. Քեթլինն իր կպչուն պիտակների մի մասը տվեց ընկերոջը: Սկզբից նա ուներ 18 կպչուն պիտակ, իսկ հիմա նրա մոտ մնացել է 12 կպչուն պիտակ: Քանի՞ կպչուն պիտակ է Քեթլինը տվել ընկերոջը:

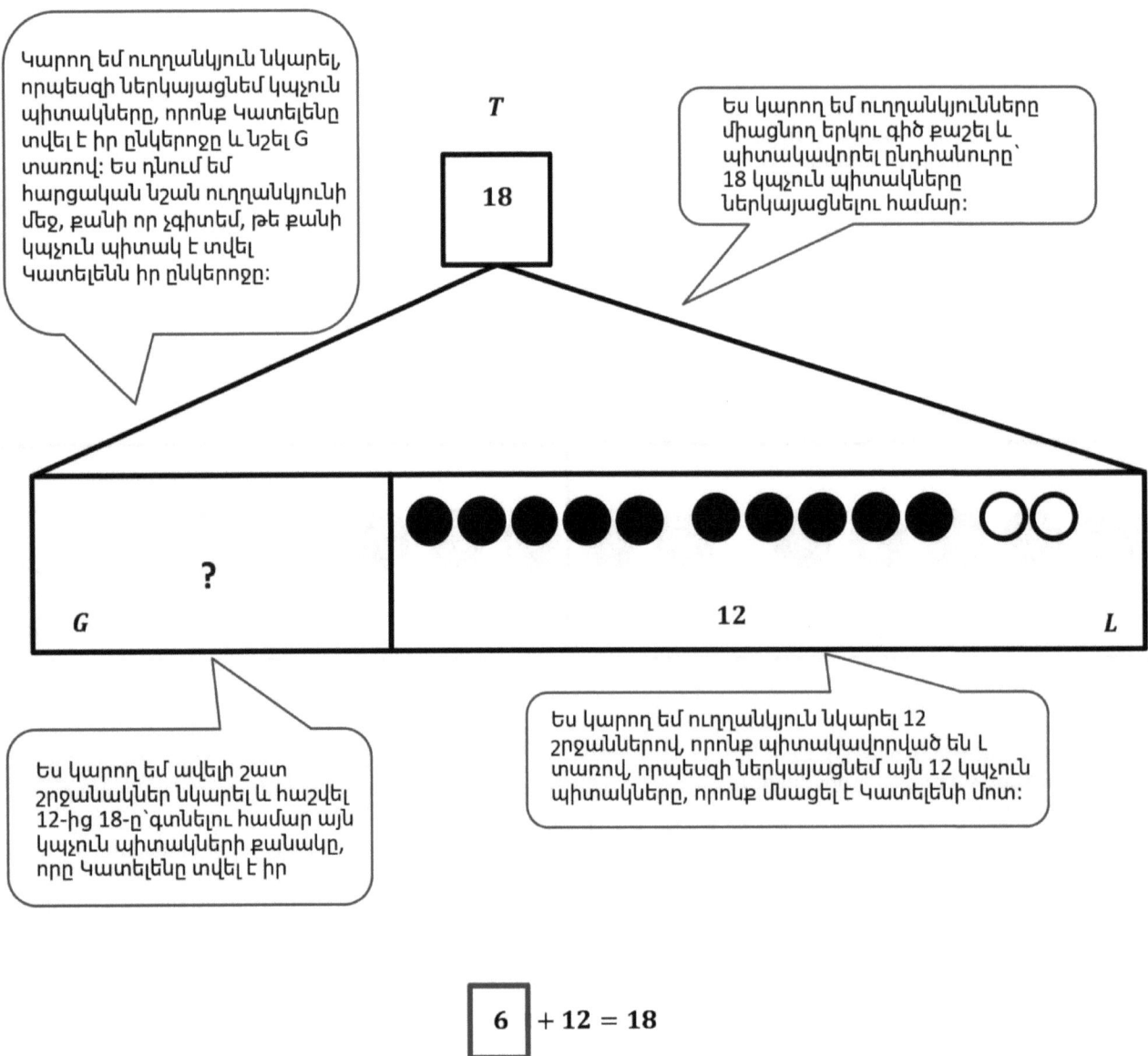

$\boxed{6} + 12 = 18$

Քեթլինը 6 կպչուն պիտակ է տվել ընկերոջը:

Անուն ______________________________ ամսաթիվ ______________

Ընթերցեք բառային խնդիրը:
Գծե՛ք ժապավենային դիագրամ և նշումներ կատարե՛ք:
Գրեք թվային արտահայտություն և պնդում,
որը համապատասխանում է պատմությանը:

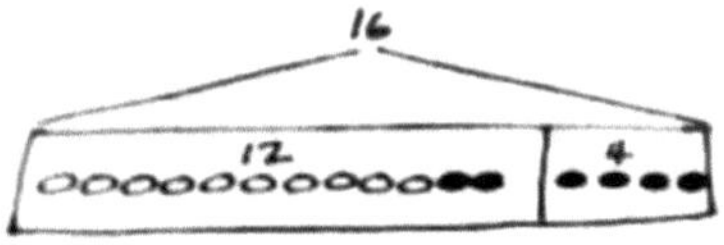

1. Ռոզը այս ամիս ունի ֆուտբոլի 12 պարապունք: 6 պարապունք՝ ցերեկը, սակայն մնացածը առավոտյան են: Քանի՞ պարապունք կլինի առավոտյան:

Ռոզն ունի______________պարապունք առավոտյան:

2. Բենը բռնել էր 16 ձուկ: Նա դրանցից մի քանիսը բաց թողեց: Նա տուն է բերեց 7 ձուկ: Քանի՞ ձուկ է նա բաց թողել լճակ:

Բենը______________ձուկ բաց է թողել լճակ:

Դաս 20. Գտե՛ք և օգտագործե՛ք մաս-ամբողջ հարաբերությունը ժապավենային դիագրամներում մի շարք խնդիրներ լուծելիս:

3. Նիկիլը առաջին Սպրինտում լուծեց 9 խնդիր: Նա լուծեց 11 խնդիր երկրորդ Սպրինտում: Քանի՞ խնդիր նա լուծեց երկու Սպրինտներում:

Նիկիլը լուծեց_______________խնդիր Սպրինտներում:

4. Շանիկան վերադարձրեց մի քանի գիրք գրադարան: Սկզբում նա ուներ 16 գիրք և դեռևս ունի 13 գիրք: Քանի՞ գիրք է նա վերադարձրել գրադարան:

Շանիկան վերադարձրել է_______________գիրք գրադարան:

EUREKA MATH

Լուծեք՝ օգտագործելով Կարդալ-Նկարել-Գրել (ԿՆԳ) մեթոդը:

Էմին 13 սանտիմետր երկարությամբ ապարանջան պատրաստեց: Ապարանջանը հնարավոր չէր հագնել, ուստի նա երկարացրեց ապարանջանը: Հիմա ապարանջանը 17 սանտիմետր երկարություն ունի: Քանի՞ սանտիմետր է Էմին ավելացրել ճարմանդին:

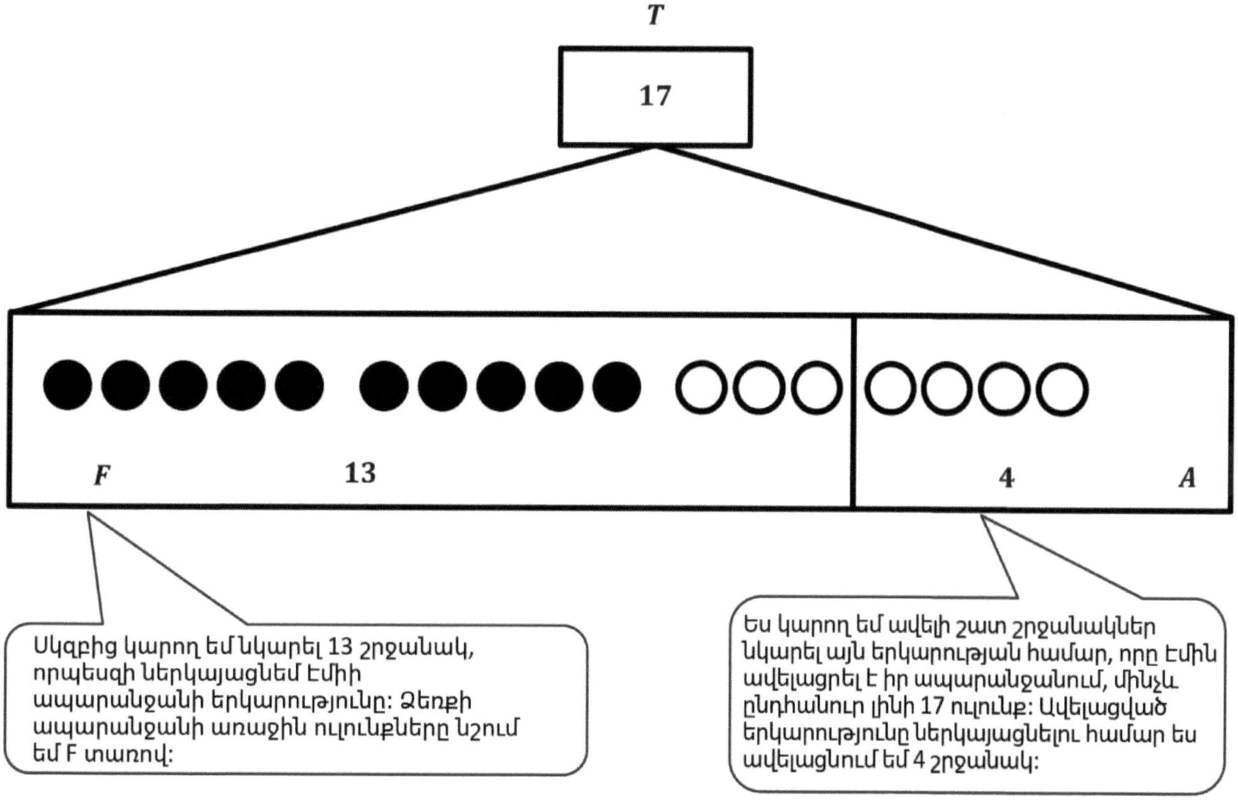

T
17
F
13
4
A
Սկզբից կարող եմ նկարել 13 շրջանակ, որպեսզի ներկայացնեմ Էմիի ապարանջանի երկարությունը: Ձեռքի ապարանջանի առաջին ուլունքները նշում եմ F տառով:
Ես կարող եմ ավելի շատ շրջանակներ նկարել այն երկարության համար, որը Էմին ավելացրել է իր ապարանջանում, մինչև ընդհանուր լինի 17 ուլունք: Ավելացված երկարությունը ներկայացնելու համար ես ավելացնում եմ 4 շրջանակ:

$13 + \boxed{4} = 17$

Էմին 4 սանտիմետր է ավելացրել ապարանջանին:

Անուն ______________________________ ամսաթիվ ________________

Ընթերցեք բառային խնդիրը:

Գծե՛ք ժապավենային դիագրամ և նշումներ կատարե՛ք:

Գրեք թվային արտահայտություն և պնդում, որը համապատասխանում է պատմությանը:

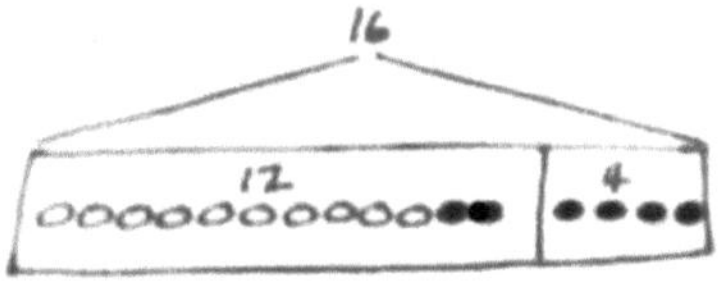

1. Ֆատիման պայուսակում ունի 12 գունավոր մատիտ: Նա նաև ունի 6 հասարակ մատիտ: Քանի՞ մատիտ ունի Ֆատիման:

Ֆատիման ունի__________մատիտ:

2. Ջուլիոն այս առավոտ լողացել է 7 շրջան: Ցերեկը նա ևս մի քանի շրջան է լողացել: Ընդամենը նա 14 շրջան է լողացել: Քանի՞ շրջան է նա լողացել ցերեկը:

Ցերեկը Ջուլիոն__________շրջան է լողացել:

3. Պիտերը 18 մոդել ունի: Նա 13 ինքնաթիռ և մի քանի ավտոմեքենա է կառուցել: Քանի՞ ավտոմեքենայի մոդել է նա կառուցել:

Պիտերը կառուցել է__________ավտոմեքենայի մոդել:

Դաս 21. Գտե՛ք և օգտագործե՛ք մաս-ամբողջ հարաբերությունը ժապավենային դիագրամներում մի շարք խնդիրներ լուծելիս: 87

4. Կիանան լողափին խխունջներ է գտել: Նա 8 խխունջ տվեց իր եղբորը: Հիմա նրա մոտ 9 խխունջ է մնացել: Քանի՞ խխունջ էր Կիանան գտել լողափին:

Կիանան գտել էր____________խխունջ:

Օգտագործե՛ք ժապավենային դիագրամներ՝ տարբեր տեսակի խնդիրներ գրելու համար: Անհրաժեշտության դեպքում օգտագործե՛ք բառարանը: Չմոռանաք նշել Ձեր մոդելը՝ խնդրի տեքստը գրելուց հետո:

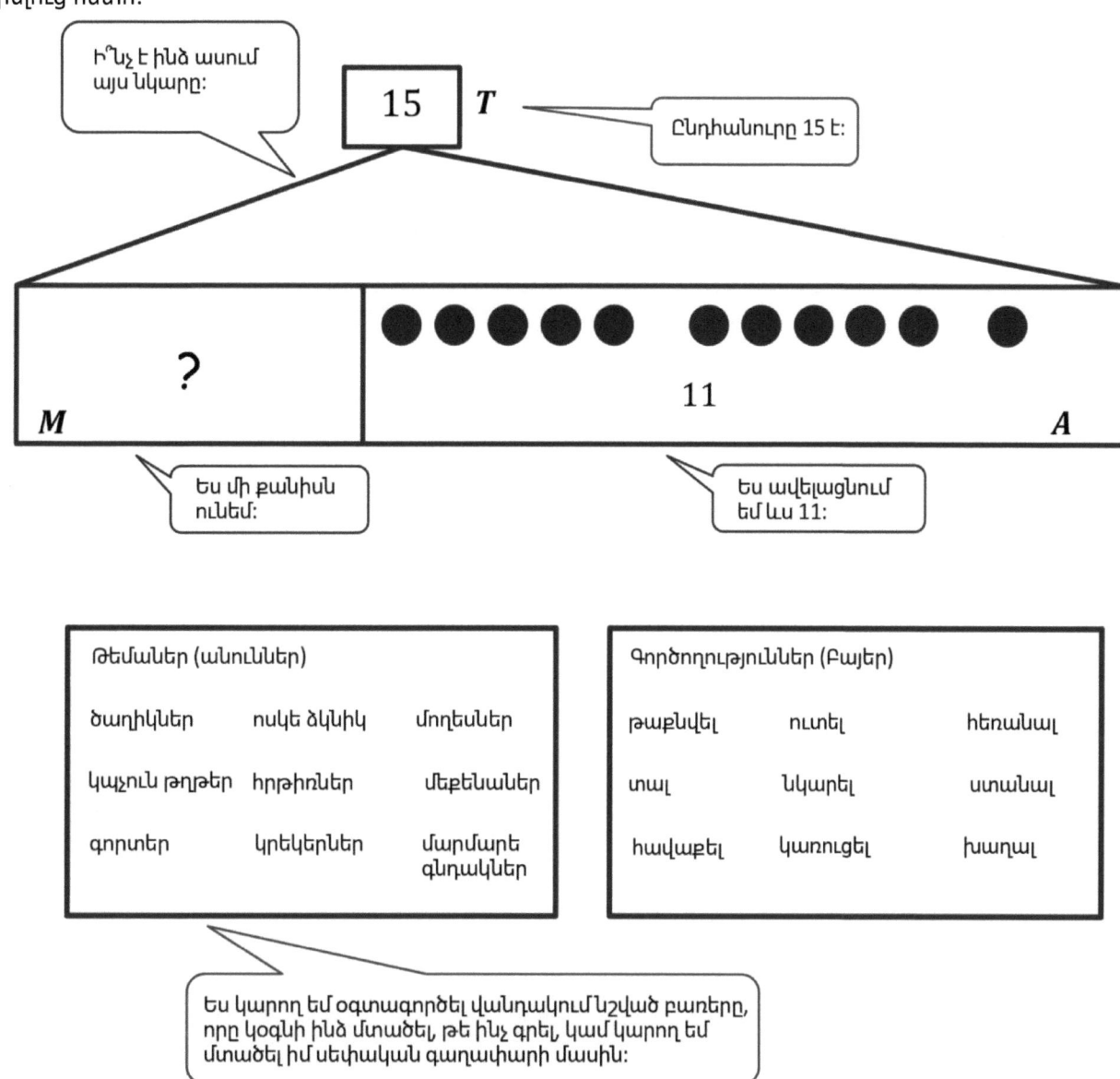

Թեմաներ (անուններ)		
ծաղիկներ	ոսկե ձկնիկ	մողեսներ
կպչուն թղթեր	հրթիռներ	մեքենաներ
գորտեր	կրեկերներ	մարմարե գնդակներ

Գործողություններ (Բայեր)		
թաքնվել	ուտել	հեռանալ
տալ	նկարել	ստանալ
հավաքել	կառուցել	խաղալ

Ես կարող եմ օգտագործել վանդակում նշված բառերը, որը կօգնի ինձ մտածել, թե ինչ գրել, կամ կարող եմ մտածել իմ սեփական գաղափարի մասին:

Բեթն առավոտյան իր մայրիկի համար մի քանի ծաղիկ է հավաքում: Նա ևս □□ ծաղիկ հավաքում է ցերեկը: Հիմա նա իր մայրիկի համար ունի □□ ծաղիկ: Առավոտյան Բեթը քանի՞ ծաղիկ է հավաքել:

EUREKA MATH Դաս 22. Գրե՛ք տարբեր տեսակի խնդիրներ: 89

Անուն ____________________________ ամսաթիվ______________

Օգտագործե՛ք ժապավենային դիագրամներ՝ տարբեր տեսակի խնդիրներ գրելու համար: Անհրաժեշտության դեպքում օգտագործե՛ք բառարանը: Չմոռանաք նշել Ձեր մոդելը՝ խնդրի տեքստը գրելուց հետո:

Գործողություններ (Բայեր)		
թաքնվել	ուտել	հեռանալ
տալ	նկարել	ստանալ
հավաքել	կառուցել	խաղալ

Թեմաներ (Գոյականներ)		
ծաղիկներ ոսկե	ձկնիկներ	սողուններ
կպչուն պիտակներ	հրթիռներ	ավտոմեքենաներ
գորտեր	կրեկերներ բիլյարդի	գնդակներ

1.

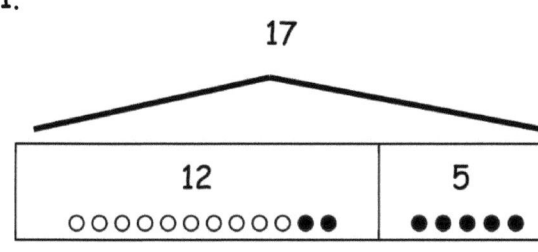

2.

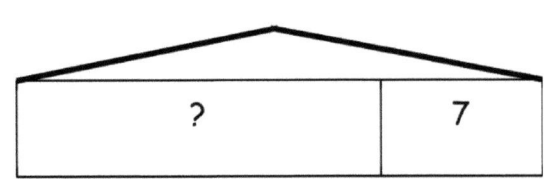

1. Լրացրե՛ք դատարկ տեղերը և համապատասխանեցրե՛ք նույն գումարը ցույց տվող զույգերը:

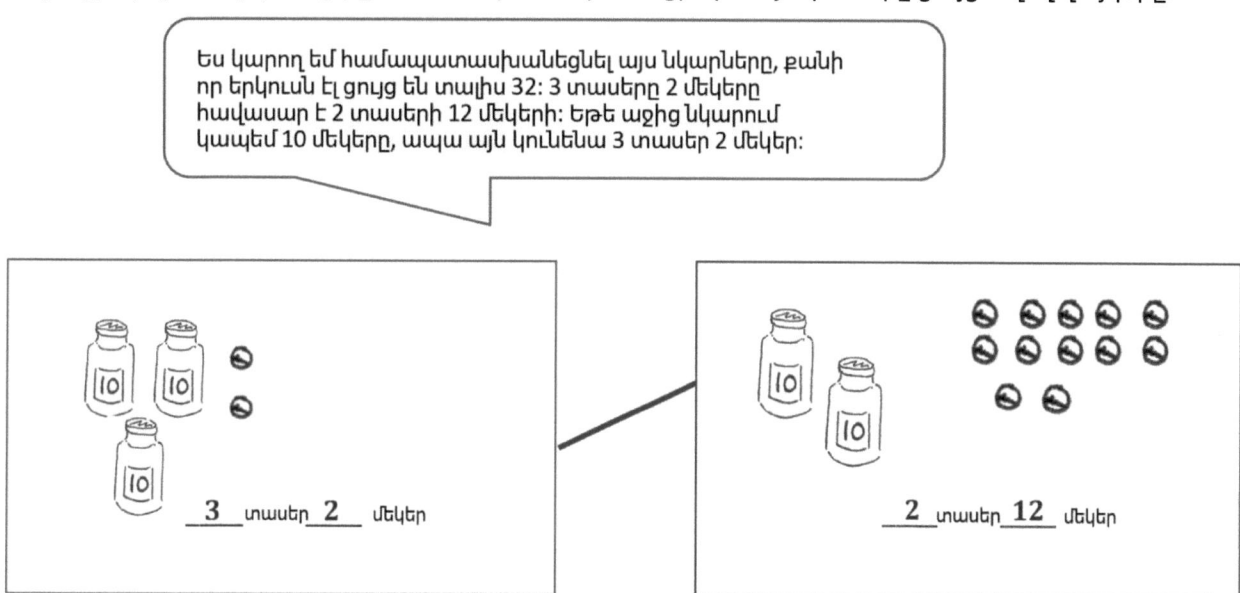

Ես կարող եմ համապատասխանեցնել այս նկարները, քանի որ երկուսն էլ ցույց են տալիս 32: 3 տասները 2 մեկերը հավասար է 2 տասների 12 մեկերի: Եթե աջից նկարում կապեմ 10 մեկերը, ապա այն կունենա 3 տասներ 2 մեկեր:

3 տասներ 2 մեկեր

2 տասներ 12 մեկեր

2. Համապատասխանեցրե՛ք կարգային արժեքների աղյուսակները՝ նույն գումարը ցույց տալու համար:

Տեղի արժեքի աղյուսակը ցույց է տալիս, թե քանի տասներ և մեկեր կան: Մեկերի շարքում լավ է ունենալ 9-ից ավելի: 2 տասները 15 մեկերը 35 է:

տասներ	մեկեր
3	5

տասներ	մեկեր
3	7

տասներ	մեկեր
0	37

տասներ	մեկեր
2	15

3 տասները 7 մեկերը նույնն է, ինչ 37-ը: Ես կարող եմ բաժանել 3 տասները, ինչը կազմում է 30 մեկեր: Ես ավելացնում եմ 7 մեկեր և հիմա ունեմ 37 մեկեր:

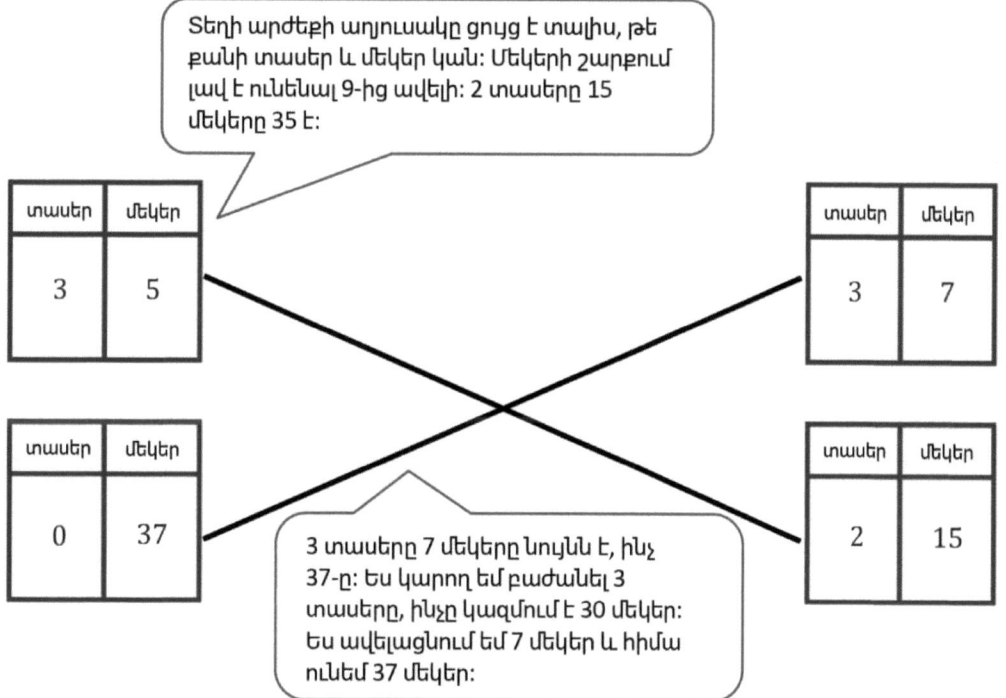

3. Էմին ասում է, որ 29-ը դա նույնն է ինչ 1 տասնյակ և 19 միավոր, իսկ Բենն ասում է, որ 29-ը դա նույնն է, ինչ 2 տասնյակ և 19 միավոր: Գծե՛ք արագ տասնյակներ՝ ցույց տալու համար արդյոք Էմին թե Բենն է ճիշտ:

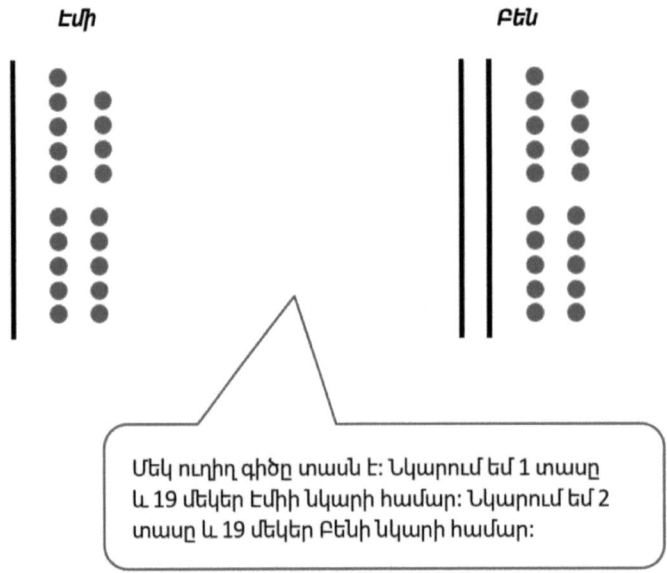

Մեկ ուղիղ գիծը տասն է: Նկարում եմ 1 տասը և 19 մեկեր Էմիի նկարի համար: Նկարում եմ 2 տասը և 19 մեկեր Բենի նկարի համար:

Էմին է ճիշտ, քանի որ 1 տասնյակ 19 միավորը նույնն է, ինչ 29: Բենը ճիշտ չէ, քանի որ 2 տասնյակ19 միավորը նույնն է, ինչ 39, ինչև 29 չէ:

ՄԻԱՎՈՐՆԵՐԻ ՊԱՏՄՈՒԹՅՈՒՆ   Դաս 23 Տնային աշխատանք   1•4

Անուն _____   ամսաթիվ _____

1. Լրացրե՛ք դատարկ տեղերը և համապատասխանեցրե՛ք նույն գումարը ցույց տվող զույգերը:

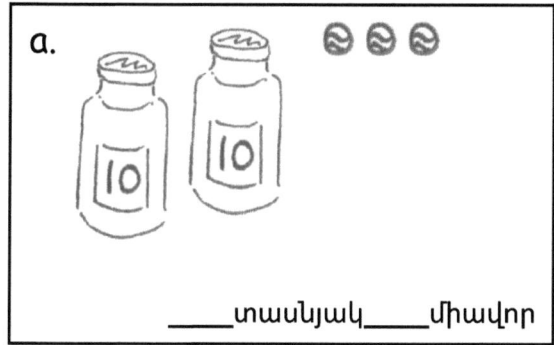

a. ____տասնյակ____միավոր

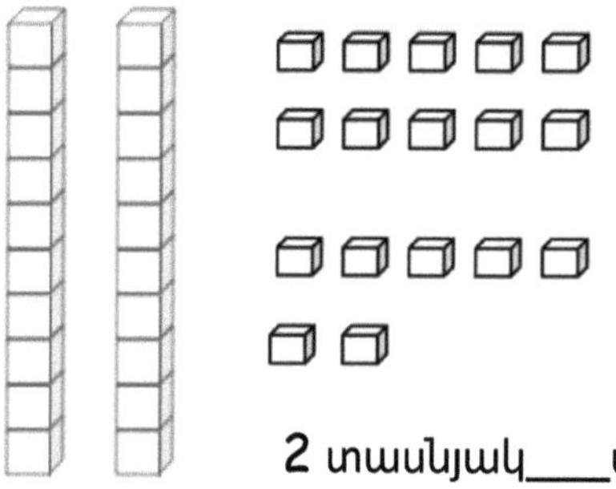

2 տասնյակ____միավոր

b. ____տասնյակ____միավոր

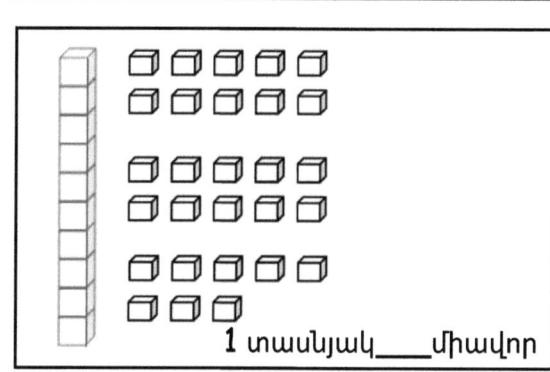

1 տասնյակ____միավոր

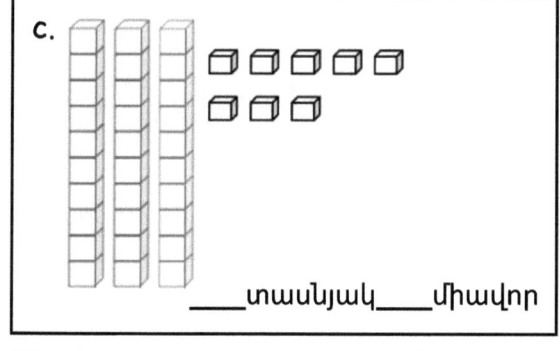

c. ____տասնյակ____միավոր

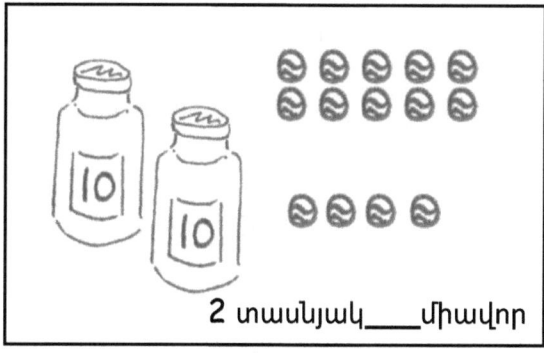

2 տասնյակ____միավոր

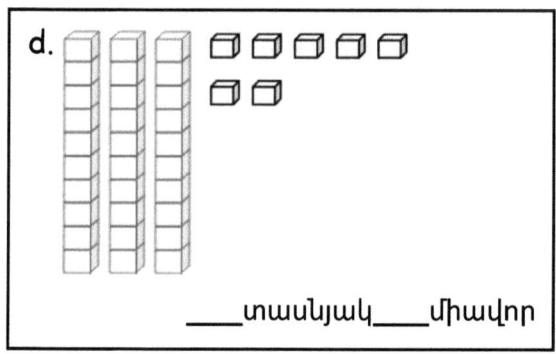

d. ____տասնյակ____միավոր

1 տասնյակ____միավոր

2. Համապատասխանեցրե՛ք կարգային արժեքների աղյուսակները՝ նույն գումարը ցույց տալու համար:

a.

տասեր	մեկեր
2	18

տասեր	մեկեր
3	8

b.

տասեր	մեկեր
1	16

տասեր	մեկեր
2	1

c.

տասեր	մեկեր
0	21

տասեր	մեկեր
2	6

3. Նշե՛ք յուրաքանչյուր ճիշտ արտահայտությունը:

☐ a. 35-ը նույնն է, ինչ 1 տասնյակ 25 միավոր:

☐ b. 28 նույնն է, ինչ 1 տասնյակ 18 միավոր:

☐ c. 36 նույնն է, ինչ 2 տասնյակ 16 միավոր:

☐ d. 39 նույնն է, ինչ 2 տասնյալ 29 միավոր:

4. Էմին ասում է, որ 37 նույնն է, ինչ 1 տասնյակ 27 միավոր, իսկ Բեննն ասում է, որ 37-ը նույնն է, ինչ 2 տասնյակ 7 միավոր: Գծե՛ք արագ տասնյակներ՝ ցույց տալու համար արդյոք Էմին թե Բեննն է ճիշտ:

EUREKA MATH

1. Լուծեք՝ օգտագործելով թվային կապեր: Գրե՛ք երկու թվային հաջորդականություններ, որոնք ցույց են տալիս, որ սկզբից գումարել եք 10-ը: Գծե՛ք առաջ տասնյակներ և միավորներ, եթե դա կօգնի Ձեզ:

a.

$15 + 13 =$ **28**

10   3

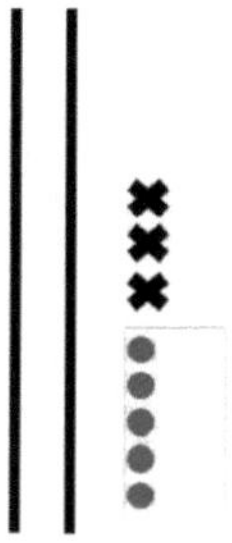

$15 + 10 = 25$

$25 + 3 = 28$

b.

$16 + 23 =$ **39**

10   6

$23 + 10 =$ **33**

33 $+ 6 =$ **39**

Նկարում եմ 15 տասեր և մեկեր: Ես կարող եմ տրոհվել 13-ը 10-ի և 3-ի: Ես ավելացնում եմ 15 և 10, ինչը հավասար է 25-ի: 3 մեկեր ավելացնում եմ 25-ին: Ես օգտագործում եմ x-ը `ցույց տալու համար, որ ավելացնում եմ 3 մեկեր:

Ես ուզում եմ նախ ավելացնել 10-ը, այնպես որ 16-ը տրոհվի 10-ի և 6-ի, օգտագործելով թվային զույգ: Ես ավելացնում եմ 10-ը 23-ին և ստանում 33-ը: Այնուհետև ես ավելացնում եմ 33 և 6, ինչը 39-ի իմ պատասխանն է:

2. Լուծեք՝ օգտագործելով թվային կապեր:

a.

$17 + 23 =$ **40**

10   7

$\mathbf{23 + 10 = 33}$

$\mathbf{33 + 7 = 40}$

b.

$22 + 18 =$ **40**

10   8

Կարող եմ 17-ը տրոհել 10-ի և 7-ի, օգտագործելով թվային զույգ: Ես ավելացնում եմ 10 և 23, ինչը հավասար է 33-ի: Այնուհետև ես ավելացնում եմ 33 և 7՝ 40-ի իմ պատասխանը ստանալու համար:

Ես չեմ գրել երկու թվային արտահայտությունները, քանի որ կարողացա մտովի ավելացնել:

Դաս 24. Գումարեք երկու երկնիշ թվեր, որոնց միավորների գումարը փոքր կամ հավասար է 10-ի:

Անուն ________________________________ ամսաթիվ________________

1. Լուծեք՝ օգտագործելով թվային կապեր: Գրե՛ք երկու թվային հաջորդականություններ, որոնք ցույց են տալիս, որ սկզբից գումարեեք տասնյակը: Գծե՛ք առագ տասնյակներ և միավորներ, եթե դա կօգնի Ձեզ:

a. 13 + 16 = _____

10 3

16 + 10 = 26

26 + 3 = 29

b. 16 + 23 = _____

10 6

23 + 10 = ______

______ + 6 = ______

c. 16 + 14 = _____

10 4

16 + 10 = _____

_____ + 4 = _____

d. 14 + 26 = _____

10 4

26 + 10 = _____

_____ + _____ = _____

e. 17 + 13 = _____

10 3

____ + ____ = _____

____ + ____ = _____

f. 27 + 13 = _____

____ + ____ = _____

____ + ____ = _____

2. Լուծեք՝ օգտագործելով թվային կապեր: Ձեզ համար մերկանրկվել է Մաս (ա)-ն:

a. 14 + 13 = _____ 10 3 _____ + _____ = _____ _____ + _____ = _____	b. 24 + 14 = _____ _____ + _____ = _____ _____ + _____ = _____
c. 15 + 14 = _____	d. 24 + 15 = _____
e. 22 + 17 = _____	f. 27 + 12 = _____
g. 18 + 12 = _____	h. 28 + 12 = _____

EUREKA MATH

1. Լուծեք՝ օգտագործելով թվային կապեր: Այս անգամ սկզբից գումարե՛ք տասնյակները:
Գրեք երկու թվային արտահայտություն՝ ցույց տալու համար, թե ինչպես եք լուծել:

a.

$12 + 16 = \underline{\mathbf{28}}$

10 2

$\mathbf{16 + 10 = 26}$
$\mathbf{26 + 2 = 28}$

b.

$23 + 17 = \underline{\mathbf{40}}$

10 7

$\mathbf{23 + 10 = 33}$
$\mathbf{33 + 7 = 40}$

Ես պետք է նախ ավելացնեմ տասերը: Կարող եմ տրոհել 12-ը 10-ի և 2-ի և առաջին հերթին 10-ին ավելացնել 16-ը: 10 + 16 = 26. Ես դեռ պետք է ավելացնեմ նաև 2-ը՝ 26 + 2 = 28:

2. Լուծեք՝ օգտագործելով թվային կապեր: Այս անգամ սկզբից գումարե՛ք միավորները:
Գրեք երկու թվային արտահայտություն՝ ցույց տալու համար, թե ինչպես եք լուծել:

a.

$23 + 16 = \underline{\mathbf{39}}$

6 10

$\mathbf{23 + 6 = 29}$
$\mathbf{29 + 10 = 39}$

b.

$11 + 29 = \underline{\mathbf{40}}$

10 1

$\mathbf{29 + 1 = 30}$
$\mathbf{30 + 10 = 40}$

Ես դեռ կարող եմ 16-ը տրոհել 6-ի և 10-ի, բայց այս անգամ առաջինը ավելացնում եմ 6 մեկերը 23-ին:

Նկատում եմ, որ երբ ավելացնում եմ իմ մեկերը, արդյունքը հաջորդ 10-ն է:

Դաս 25. Գումարեք երկու երկնիշ թվեր, որոնց միավորների գումարը փոքր կամ հավասար է 10-ի:

ՄԻԱՎՈՐՆԵՐԻ ՊԱՏՄՈՒԹՅՈՒՆ   Դաս 25 Տնային աշխատանք   1•4

Անուն _____   ամսաթիվ _____

1. Լուծեք՝ օգտագործելով թվային կապեր։ Այս անգամ սկզբից գումարե՛ք տասնյակները։
   Գրեք երկու թվային արտահայտություն՝ ցույց տալու համար, թե ինչպես եք լուծել։

   a.
      12 + 14 = ____

   b.
      14 + 21 = ____

   c.
      15 + 14 = ____

   d.
      25 + 14 = ____

   e.
      23 + 16 = ____

   f.
      16 + 24 = ____

Դաս 25. Գումարեք երկու երկնիշ թվեր, որոնց միավորների գումարը
         փոքր կամ հավասար է 10-ի։

ՄԻԱՎՈՐՆԵՐԻ ՊԱՏՈՒԹՅՈՒՆ		Դաս 25 Տնային աշխատանք	1•4

2. Լուծեք՝ օգտագործելով թվային կապեր: Այս անգամ սկզբից գումարե՛ք միավորները: Գրեք երկու թվային արտահայտություն՝ ցույց տալու համար, թե ինչպես եք լուծել:

a. 27 + 10 = ____	b. 27 + 13 = ____
c. 13 + 26 = ____	d. 26 + 14 = ____
e. 12 + 18 = ____	f. 18 + 21 = ____
g. 19 + 11 = ____	h. 21 + 19 = ____

Դաս 25. Գումարեք երկու երկնիշ թվեր, որոնց միավորների գումարը փոքր կամ հավասար է 10-ի:

EUREKA MATH

1. Լուծե՛ք՝ օգտագործելով թվային կապ՝ սկզբից տասնյակը գումարելու համար: Գրե՛ք երկու գումարման արտահայտություն, որն օգնում են Ձեզ:

Ես պետք է օգտագործեմ առաջինը տասը ավելացնելու ռազմավարությունը: Ես տրոհում եմ թվերից մեկը 10-ի և մի քանի մեկերի:

a. 25 + 14 = **39**

14 → **10**, **4**

25 + 10 = **35**

35 + **4** = **39**

b. 19 + 15 = **34**

15 → **10**, **5**

19 + 10 = **29**

29 + **5** = **34**

10-ը թվին ավելացնելը հեշտ է: Գիտեմ, որ 25 + 10 = 35: Հիմա ես պարզապես պետք է ավելացնեմ մեկերը; դա նույնպես հեշտ է:

2. Լուծե՛ք՝ օգտագործելով թվային կապ՝ սկզբից տասնյակ կազմելու համար: Գրե՛ք երկու թվային հաջորդականություն, որոնք օգնում են Ձեզ:

a. 16 + 19 = **35**

16 → **15**, **1**

19 + 1 = **20**

20 + 15 = **35**

b. 18 + 14 = **32**

14 → **2**, **12**

18 + **2** = **20**

20 + **12** = **32**

16-ը տրոհվում է 15-ի և 1-ի, քանի որ 19-ին պետք է ևս 1-ը ՝հաջորդ տասնյակը կազմելու համար:

Ես կարող էի նաև ընտրել 18-ը 6-ի և 12-ի տրոհումը, քանի որ 6-ով և 14-ով կարող եմ կազմել հաջորդ տասը:

EUREKA MATH Դաս 26. Գումարեք երկու երկնիշ թվեր, որոնց միավորների գումարը մեծ է 10-ից: 105

ՄԻԱՎՈՐՆԵՐԻ ՊԱՏՈՒԹՅՈՒՆ   Դաս 26 Տնային աշխատանք   1•4

Անուն _____   ամսաթիվ _____

1. Լուծե՛ք՝ օգտագործելով թվային կապ՝ սկզբից տասնյակը գումարելու համար։ Գրե՛ք 2 գումարման արտահայտությունները, որոնք օգնել են Ձեզ։

a. $18 + 13 =$ ____
  $\wedge$
10   3
 	
$18 + 10 = 28$
$28 + 3 = 31$
	b. $13 + 19 =$ ____
	  $\wedge$
	10 3
	
	$19 + 10 = 29$
	$29 + 3 = 32$

c. $17 + 15 =$ ____
  $\wedge$
10   5
 	
$17 + 10 =$ ____
____ $+ 5 =$ ____
	d. $17 + 16 =$ ____
	  $\wedge$
	10 6
	
	$17 + 10 =$ ____
	____ $+ 6 =$ ____

e. $17 + 14 =$ ____
  $\wedge$
10   4
 	
$17 + 10 =$ ____
____ $+$ ____ $=$ ____
	f. $19 + 17 =$ ____
	  $\wedge$
	10 7
	
	$19 + 10 =$ ____
	____ $+$ ____ $=$ ____

Դաս 26.   Գումարեք երկու երկնիշ թվեր, որոնց միավորների գումարը մեծ է 10-ից։

ՄԻԱՎՈՐՆԵՐԻ ՊԱՏՄՈՒԹՅՈՒՆ   Դաս 26 Տնային աշխատանք   1•4

2. Լուծե՛ք՝ օգտագործելով թվային կապ՝ սկզբից տասնյակ կազմելու համար։ Գրե՛ք 2 թվային հաջորդականությունները, որոնք օգնել են Ձեզ:

a. 19 + 13 = _____
   ∧
  1   12

19 + 1 = 20
20 + 12 = 32

b. 19 + 14 = _____
   ∧
  1   13

19 + 1 = 20
20 + 13 = 33

c. 18 + 15 = _____
   ∧
  2   13

18 + 2 = ____
20 + 13 = ____

d. 18 + 17 = _____
   ∧
  2   15

18 + 2 = ____
____ + 15 = ____

e. 18 + 19 = _____
   ∧
 17   1

____ + 1 = ____
____ + 17 = ____

f. 19 + 19 = _____
   ∧
 18   1

____ + ____ = ____
____ + ____ = ____

Լուծե՛ք հետևյալ խնդիրները՝ օգտագործելով Ձեզ ամենաշատը հարմար ռազմավարությունը:

1. 15 + 17 = **32**

10 5

17 + 10 = 27

27 + 5 = 32

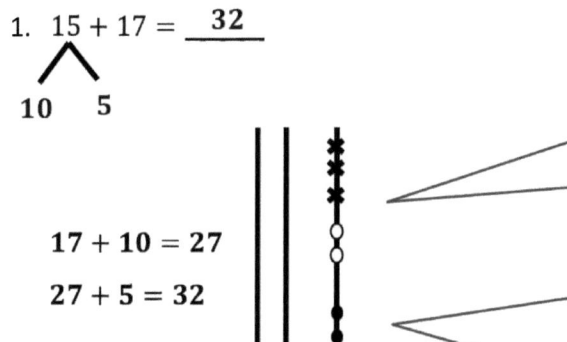

Ավելի հարմար է օգտագործել տասեր և մեկեր: Կարող եմ նկարել 17-ը մեկ տասով և 7 մեկերով: Ես նկարում եմ մեկերը 5 փակ շրջանակով և 2 բաց շրջանակով, որտ կօգնի ինձ տեսնել, թե ևս քանի 7 է անհրաժեշտ նոր տասը կազմելու համար:

Կարող եմ տրոհել 15-ը 10-ի և 5-ի և 17-ում տասի կողքին ավելացնել տաս: Հիմա ընդամենը 5-ն ունեմ ավելացնելու: Ես օգտագործում եմ x- ն՝ այս մասը նկարելու համար, որը կօգնի հետևել, թե որքան պետք է նկարեմ: 17-ում 7-ին ավելացնում եմ 3 x-երը: Ես գիծ եմ գծում շրջանակների և x-ի միջով, քանի որ 7-ը և 3-ը տասը է, ես ևս 2-ը պետք է նկարեմ, կարող եմ ևս 2 x նկարել: Իմ նկարը ցույց է տալիս 32:

2. 18 + 14 = **32**

18 + 10 = 28

28 + 4 = 32

Այս խնդրի համար առավելագույնս հարմար է օգտագործել առաջինը տաս ավելացնելու ռազմավարությունը, ինչը նշանակում է, որ 14-ը տրոհում եմ 10-ի և 4-ի, իսկ հետո ավելացնում եմ 10-ը և 18-ը, ինչը կազմում է 28: Ես պետք է ավելացնեմ ևս 4-ը: 28-ը և 4-ը 32-ն են:

3. 19 + 12 = **31**

19 + 2 = 21

21 + 10 = 31

Այս խնդրի համար առավել հարմար է նախևառաջ ավելացնել մեկերը: 12-ը տասը և 2-ն է: Կարող եմ ավելացնել 2-ը 19-ին, ինչը կազմում է 21: Այնուհետև կարող եմ ավելացնել 10-ը ՝ պատասխանը ստանալու համար:

4. 19 + 18 = **37**

19 + 1 = 20

20 + 17 = 37

Այս խնդրի համար առավել հարմար է 10-ը ստանալը: Գիտեմ, որ 19-ին ևս մի մեկ է հարկավոր 20 ստանալու համար: Ես կարող եմ հեշտությամբ տրոհել 18-ը 1-ի և 17-ի:

Դաս 27. Գումարեք երկու երկնիշ թվեր, որոնց միավորների գումարը մեծ է 10-ից: 109

ՄԻԱՎՈՐՆԵՐԻ ՊԱՏՄՈՒԹՅՈՒՆ Դաս 27 Տնային աշխատանք 1•4

Անուն _____ ամսաթիվ _____

1. Լուծե՛ք՝ օգտագործելով թվային կապեր՝ թվային հաջորդականությունների զույգերով։ Կարող եք գծել արագ տասնյակներ և միավորներ՝ Ձեզ օգնելու համար:

a. 17 + 14 = ____	b. 16 + 15 = ____
c. 17 + 15 = ____	d. 18 + 13 = ____
e. 18 + 15 = ____	f. 18 + 16 = ____
g. 19 + 15 = ____	h. 19 + 16 = ____

Դաս 27. Գումարեք երկու երկնիշ թվեր, որոնց միավորների գումարը մեծ է 10-ից:

ՄԻԱՎՈՐՆԵՐԻ ՊԱՏՈՒԹՅՈՒՆ   Դաս 27 Տնային աշխատանք   1•4

2. Լուծեք: Կարող եք գծել արագ տասնյակներ և միավորներ՝ Ձեզ օգնելու համար:

a. 19 + 14 = ____	b. 19 + 17 = ____
c. 18 + 17 = ____	d. 16 + 16 = ____
e. 17 + 14 = ____	f. 15 + 16 = ____
g. 19 + 19 = ____	h. 18 + 18 = ____

Դաս 27. Գումարեք երկու երկնիշ թվեր, որոնց միավորների գումարը մեծ է 10-ից:

Լուծե՛ք՝ օգտագործելով արագ տասնյակներ և միավորներ, թվային կապեր կամ սլաքների եղանակը:

1. $26 + 13 =$ **39**

$$26 \xrightarrow{+10} 36 \xrightarrow{+3} 39$$

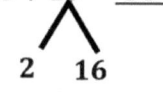

Ես լուծեցի սլաքի եղանակով, քանի որ գիտեմ, որ 13-ը 10-ն է և 3-ը: Սկզբում կարող եմ ավելացնել 10-ը՝ 36-ը ստանալու համար, իսկ հետո ավելացնել 3-ը: Իմ պատասխանը 39 է:

2. $18 + 18 =$ **36**

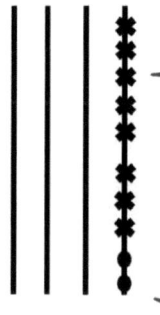

2 16

$$18 + 2 = 20$$

$$20 + 16 = 36$$

Ես լուծեցի թվային զույգ օգտագործելով: Ստացա տասը: Գիտեմ, որ 18-ին ևս 2 պետք է, ուստի մյուս 18-ը տրոհեցի 2-ի և 16-ի: Ես ավելացրեցի 20 և 16, որպեսզի 36-ի իմ պատասխանը ստանամ:

3. $22 + 18 =$ **40**

Ես լուծեցի տասերի և մեկերի օգտագործման եղանակով: Ես կարող եմ նկարել 2 տասեր և 2 մեկեր: Ես կարող եմ ևս 18 նկարել: 18-ը 1 տասը և 8 մեկերն են:

Ես կարող եմ 22-ում 2 մեկերը նկարել շրջանակներով, իսկ 8 մեկերը 18-ում՝ x-ով: Երբ ես դա անում եմ, ես նոր տաս եմ կազմում և դրա միջով գիծ եմ գծում:

ՄԻԱՎՈՐՆԵՐԻ ՊԱՏՄՈՒԹՅՈՒՆ

Դաս 28 Տնային աշխատանք

Անուն _____ ամսաթիվ _____

Լուծե´ք՝ օգտագործելով արագ տասնյակներ և միավորներ, թվային կապեր կամ սլաքների եղանակը։

a. 13 + 16 = _____	b. 15 + 16 = _____
c. 16 + 16 = _____	d. 26 + 12 = _____
e. 22 + 17 = _____	f. 17 + 15 = _____
g. 17 + 16 = _____	h. 18 + 17 = _____

Դաս 28. Գումարեք միավորների փոփոխական գումարներով երկնիշ թվերը

ՄԻԱՎՈՐՆԵՐԻ ՊԱՏՈՒԹՅՈՒՆ | Դաս 28 Տնային աշխատանք | 1•4

i. 24 + 13 = _____

j. 15 + 24 = _____

k. 19 + 16 = _____

l. 14 + 22 = _____

m. 27 + 12 = _____

n. 28 + 12 = _____

կ. 18 + 17 = _____

h. 19 + 18 = _____

Դաս 28. Գումարեք միավորների փոփոխական գումարներով երկնիշ թվերը

ՄԻԱՎՈՐՆԵՐԻ ՊԱՏՄՈՒԹՅՈՒՆ   Դաս29Տնայինաշխատանքներիօգնական   1•4

Լուծե՛ք՝ օգտագործելով արագ տասնյակներ և միավորներ, թվային կապեր կամ սլաքների եղանակը:

1. $24 + 16 = \underline{40}$

$24 \xrightarrow{+10} 34 \xrightarrow{+6} 40$

Ես լուծեցի սլաքի եղանակով, քանի որ գիտեմ, որ 16-ը 10-ն է և 6-ը: 34-ը ստանալու համար նախ կարող եմ ավելացնել 10-ը 24-ին: Գիտեմ, որ 34-ը և 6-ը 40-ն են:

2. $17 + 12 = \underline{29}$

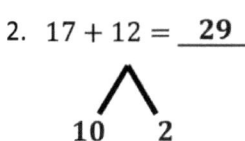

Ես լուծեցի թվային զույգ օգտագործելով: Ես գումարեցի 17 և 10 և ստացել 27: Հետո գումարեցի 27 և 2-ը՝ 29-ի իմ պատասխանը ստանալու համար: Կարիք չկար գրելու թվային արտահայտությունները, քանի որ կարողացա մտովի ավելացնել:

Այս անգամ ոչ մի գծագրից չեմ օգտվել լուծման համար: Սլաքի եղանակի և թվային զույգերի օգտագործելը այժմ ինձ համար ավելի արդյունավետ է: Եթե ես խրվեմ, միշտ կարող եմ օգտագործել արագ տասի նկար:

Դաս 29.   Գումարեք միավորների փոփոխական գումարներով երկնիշ թվերը   117

ՄԻԱՎՈՐՆԵՐԻ ՊԱՏՄՈՒԹՅՈՒՆ   Դաս 29 Տնային աշխատանք   1•4

Անուն _____   ամսաթիվ _____

1. Լուծե՛ք `օգտագործելով արագ տասնյակների գծագրեր, թվային կապեր կամ սլաքների եղանակը:

a. 13 + 15 = ____	b. 26 + 12 = ____
c. 23 + 16 = ____	d. 17 + 16 = ____
e. 14 + 17 = ____	f. 27 + 12 = ____
g. 15 + 18 = ____	h. 18 + 16 = ____

Դաս 29. Գումարեք միավորների փոփոխական գումարներով երկնիշ թվերը

ՄԻԱՎՈՐՆԵՐԻ ՊԱՏՄՈՒԹՅՈՒՆ　　　Դաս 29 Տնային աշխատանք　1•4

2. Լուծե՛ք `օգտագործելով արագ տասնյակների գծագրեր, թվային կապեր կամ սլաքների եղանակը:

a. 17 + 12 = _____	b. 21 + 17 = _____
c. 17 + 15 = _____	d. 27 + 13 = _____
e. 23 + 14 = _____	f. 18 + 17 = _____
g. 18 + 11 = _____	h. 18 + 18 = _____

Դասարան 1
Մոդուլ 5

1. Շրջանակի մեջ առե՛ք ճիշտ 3 անկյուն ունեցող պատկերները:

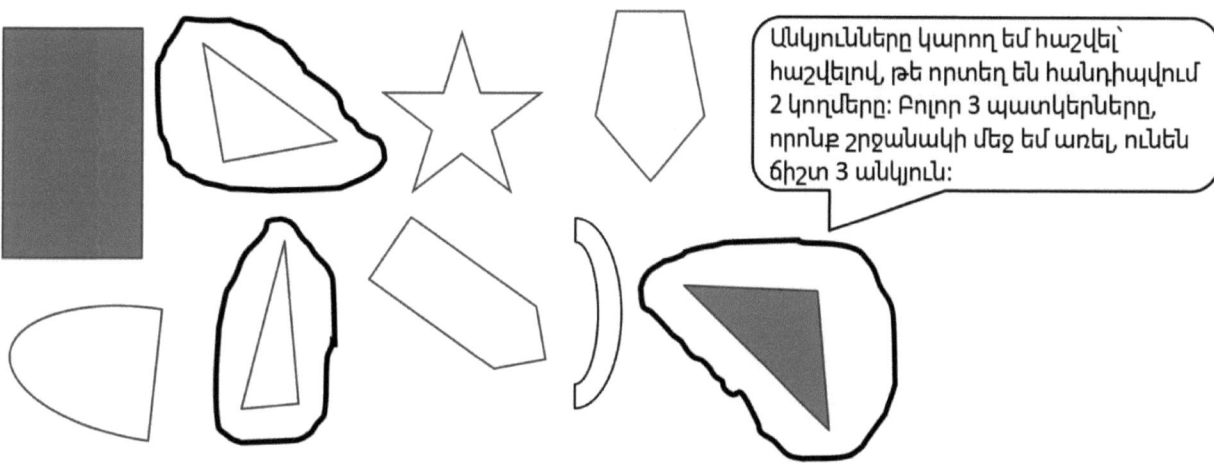

Անկյունները կարող եմ հաշվել՝ հաշվելով, թե որտեղ են հանդիպվում 2 կողմերը: Բոլոր 3 պատկերները, որոնք շրջանակի մեջ եմ առել, ունեն ճիշտ 3 անկյուն:

2. Շրջանակի մեջ առե՛ք այն պատկերները, որոնք քառակուսի անկյուններ չունեն:

Ես կարող եմ օգտագործել իմ քառակուսի անկյունային փորձարկիչը՝ «L»–ի տեսքի թուղթ, որպեսզի տեսնեմ, արդյոք այդ պատկերներն ունե՞ն քառակուսի անկյուններ: Փորձարկիչի անկյունը դնում եմ պատկերի անկյունում: Եթե անկյունները համընկնեն, ապա պատկերն ունի քառակուսի անկյուններ:

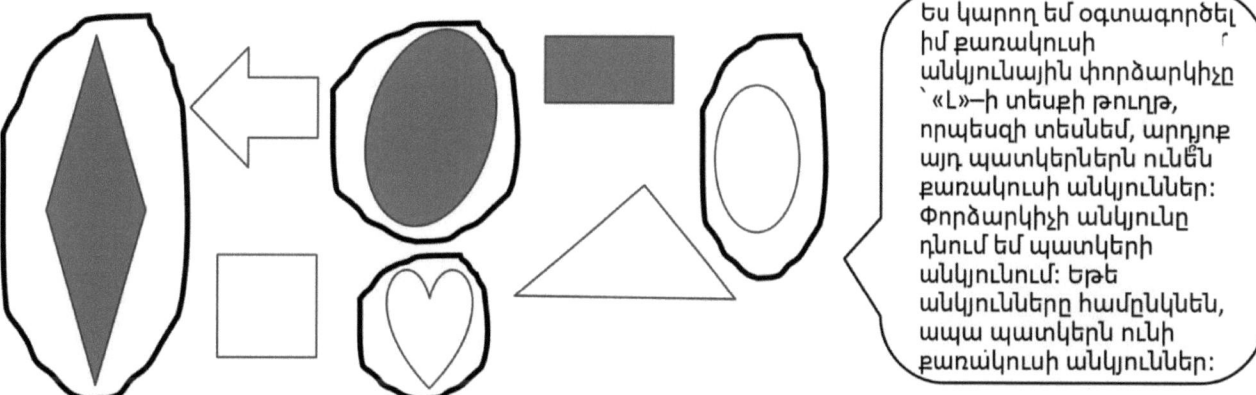

3. Շրջանակի մեջ առե՛ք ուղիղ կողմեր չունեցող պատկերները:

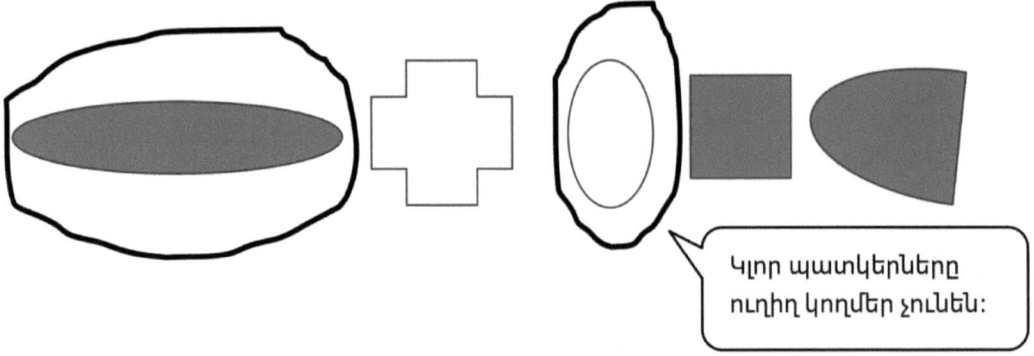

Կլոր պատկերները ուղիղ կողմեր չունեն:

4.

a. Նկարե՛ք պատկեր, որն ունի միայն քառակուսի անկյուններ:

b. Նկարեք մեկ այլ պատկեր, որն ունի միայն քառակուսի անկյուններ և որը տարբերվում է մաս (a)-ում Ձեր նկարված պատկերից և վերոհիշյալ պատկերներից:

5. Ո՞ր հատկանիշները կամ բնութագրերն են նույնը A խմբի բոլոր պատկերների համար:

ԽՈՒՄԲ A

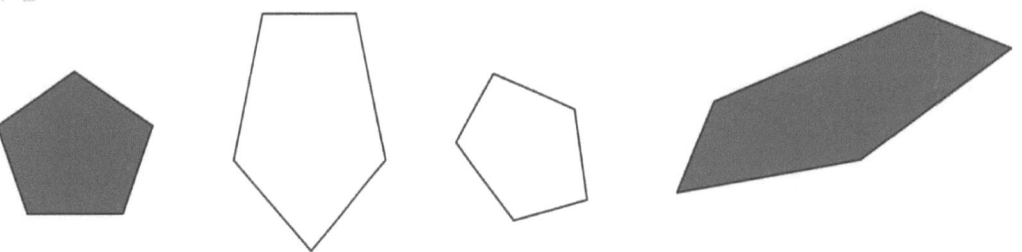

Նրանք բոլորն ***ունեն 5 ուղիղ կողմ:***

Նրանք բոլորն ***ունեն 5 անկյուն:***

EUREKA MATH

6.
   a. Շրջանակի մեջ առե՛ք այն պատկերը, որը լավագույնն է համապատասխանում 5-րդ խնդրի A խմբին:

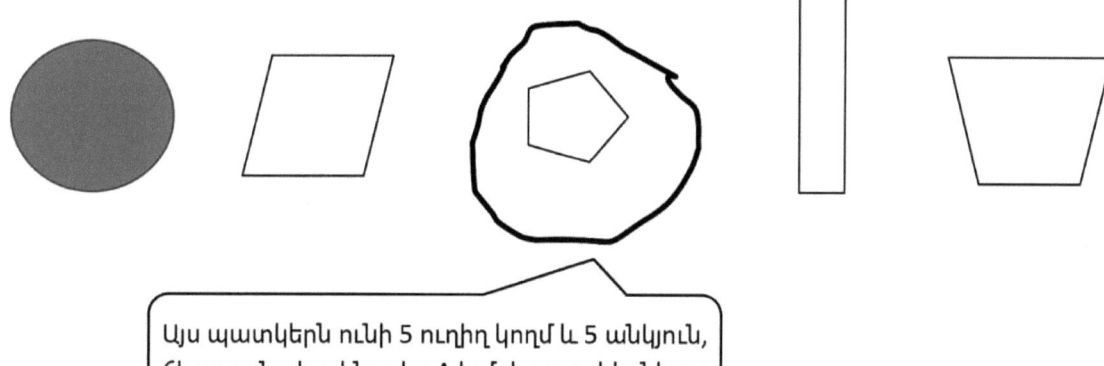

Այս պատկերն ունի 5 ուղիղ կողմ և 5 անկյուն, ճիշտ այնպես, ինչպես A խմբի պատկերները:

   b. Նկարեք ևս 2 պատկեր, որոնք համապատասխանում են A խմբին:

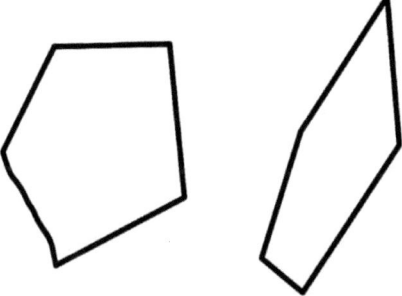

   c. Նկարեք 1 պատկեր, որը **չի** համապատասխանում A խմբին:

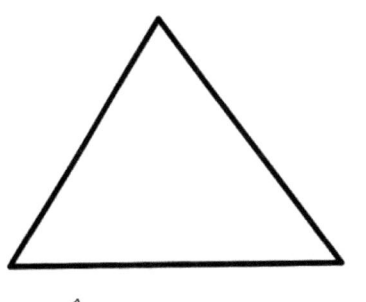

Ես կարող եմ նկարել ցանկացած պատկեր, որը ցանկանում եմ, քանի դեռ այն չունի 5 ուղիղ կողմ և 5 անկյուն:

Անուն _____ Ամսաթիվ _____

1. Շրջանակի մեջ առե՛ք 3 ուղիղ կողմերով պատկերները։

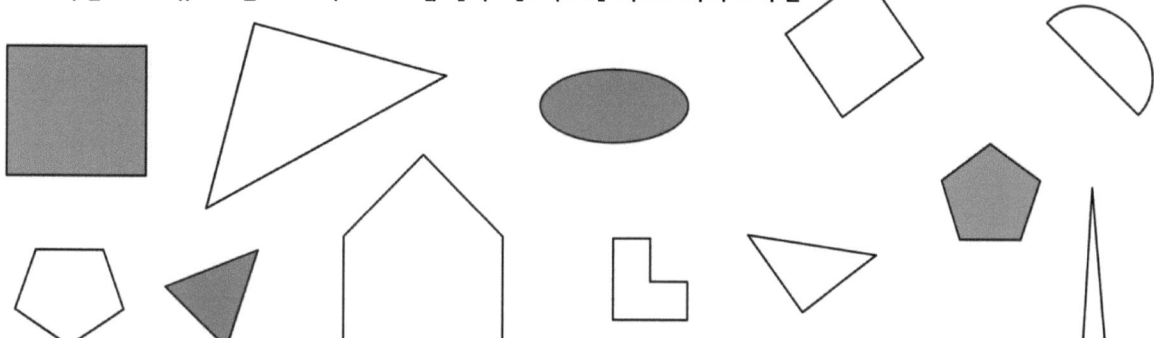

2. Շրջանակի մեջ առե՛ք առանց անկյունների պատկերները։

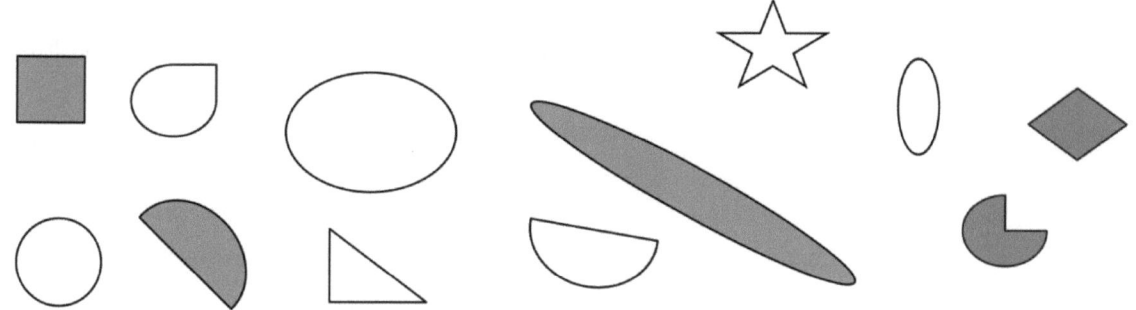

3. Շրջանակի մեջ առե՛ք այն պատկերները, որոնք միայն քառակուսի անկյուններ ունեն։

4.
a. Նկարե՛ք պատկեր, որն ունի 4 ուղիղ կողմ։

b. Նկարե՛ք մեկ այլ պատկեր 4 ուղիղ կողմերով, որը տարբերվում է 4(a)-ից և վերոնշյալ պատկերներից։

5. Ո՞ր հատկանիշները կամ բնութագրերն են նույնը A խմբի բոլոր պատկերների համար։

ԽՈՒՄԲ A

 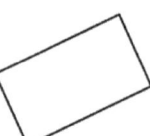  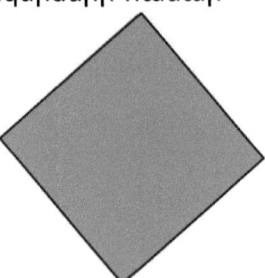

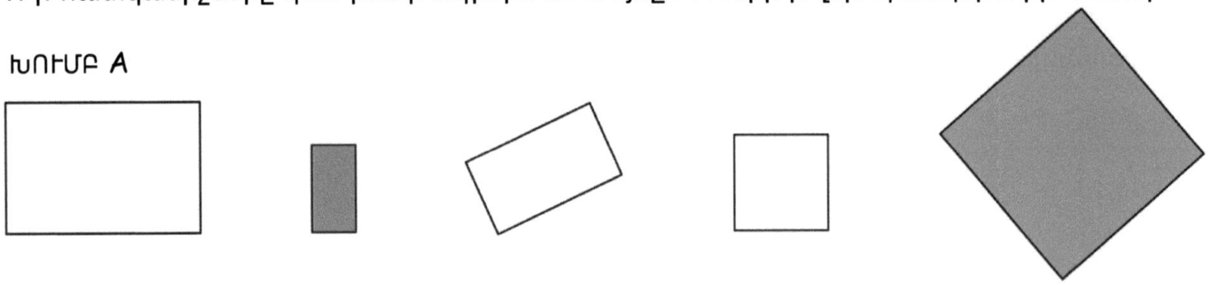

Նրանք բոլորը _____

Նրանք բոլորը _____

6. Շրջանակի մեջ առե՛ք այն պատկերը, որը լավագույնն է համապատասխանում A խմբին։

 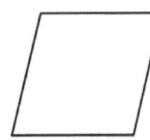 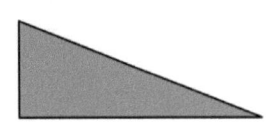 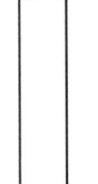 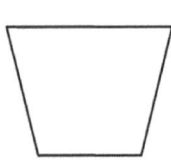

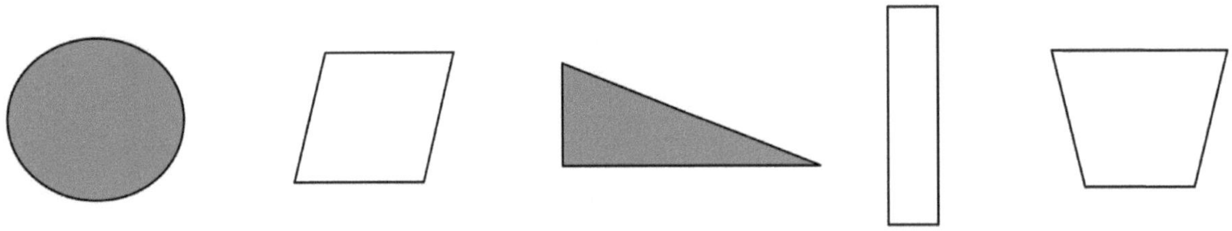

7. Նկարե՛ք ևս երկու պատկեր, որոնք կհամապատասխանեն A խմբին։	8. Նկարե՛ք 1 պատկեր, **որը** չի համապատասխանի A խմբին։

1. Ներկե՛ք պատկերները՝ բանալու օգնությամբ: Յուրաքանչյուր տողում գրե՛ք ներկված ֆիգուրների թիվը:

Բանալի
ԿԱՐՄԻՐ՝ 4 ուղիղ կողմ. __8__
ԿԱՆԱՉ՝ 3 ուղիղ կողմ. __8__
ԿԱՊՈՒՅՏ՝ 6 ուղիղ կողմ. __2__
ԴԵՂԻՆ՝ 0 ուղիղ կողմ. __3__

Ես հաշվում եմ յուրաքանչյուր կողմ, որպեսզի իմանամ, թե որ գույնով այն պատրաստեմ: Գիտեմ, որ դեղին գույնը կլինի շրջան, քանի որ կլոր պատկերներն ուղիղ կողմեր չունեն:

Եռանկյունը ունի __3__ ուղիղ կողմ և __3__ անկյուն:

Ես ներկեցի __8__ եռանկյուն:

Վեցանկյունն ունի __6__ ուղիղ կողմ և __6__ անկյուն

Ես ներկեցի __2__ վեցանկյուն:

Շրջանն ունի __0__ ուղիղ կողմ և __0__ անկյուն:

Ես ներկեցի __3__ շրջան

Կատվի պարանոցն ու մարմինը նման են քառակուսիների: Քառակուսիները կարող են լինել նաև շեղանկյուն: Կատվի փողկապը նույնպես շեղանկյուն է: Ստացվում է 3 շեղանկյուն:

Շեղանկյունն ունի __4__ իրար հավասար երկարությամբ ուղիղ կողմ և __4__ անկյուն:

Ես ներկեցի __3__ շեղանկյուն

2. Եռանկյունը փակ պատկեր է, որն ունի 3 ուղիղ կողմ և 3 անկյուն:

a. Գիծ քաշե՛ք այն պատկերի վրա, որը եռանկյուն չէ:

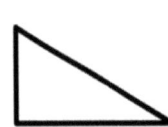

b. Բացատրե՛ք Ձեր միտքը. *պատկերը, որի վրա ես գիծ եմ քաշել , եռանկյուն չէ, քանի որ այն չունի բաց պատկեր և չունի 3 կողմ:*

ՄԻԿՎՈՐՆԵՐԻ ՊԱՏՄՈՒԹՅՈՒՆ   Դաս 2 Տնային աշխատանք   1•5

Անուն _____   Ամսաթիվ _____

1. Ներկե´ք պատկերները՝ բանալու օգնությամբ: Յուրաքանչյուր տողում գրե´ք ներկված պատկերների թիվը:

Բանալի	
ԿԱՐՄԻՐ 3 ուղիղ կողմ	____
ԿԱՊՈՒՅՏ 4 ուղիղ կողմ	____
ԿԱՆԱՉ 6 ուղիղ կողմ	____
ԴԵՂԻՆ 0 ուղիղ կողմ	____

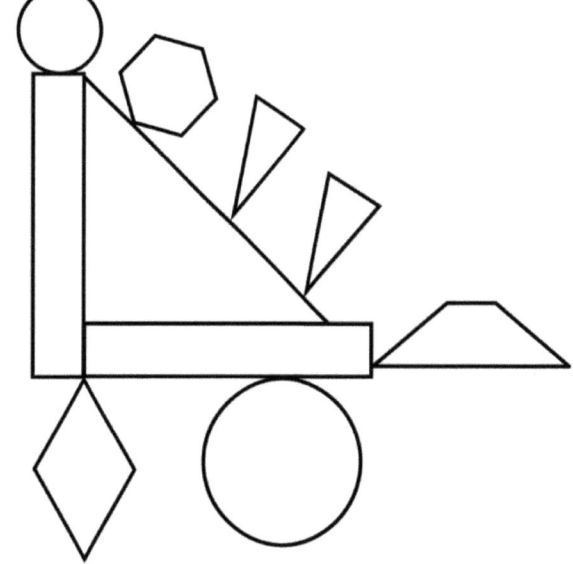

2.
   a. **Եռանկյունն** ունի ____ ուղիղ կողմ և ____ անկյուն:
   b. Ես ներկեցի ____ եռանկյուն:

3.
   a. **Վեցանկյունն** ունի ____ ուղիղ կողմ և ____ անկյուն:
   b. Ես ներկեցի ____ վեցանկյուն:

4.
   a. **Շրջանն** ունի ____ ուղիղ կողմ և ____ անկյուն:
   b. Ես ներկեցի ____ շրջան:

5.

a. **Շեղանկյունն** ունի _____ ուղիղ կողմ, որոնց երկարությունը հավասար է իրար, և _____ անկյուն:

b. Ես ներկեցի _____ շեղանկյուն:

6. **Ուղղանկյունը** փակ պատկեր է 4 ուղիղ կողմերով և 4 քառակուսի անկյուններով:

a. Գիծ քաշե՛ք այն պատկերի վրա, որը ուղղանկյուն չէ:

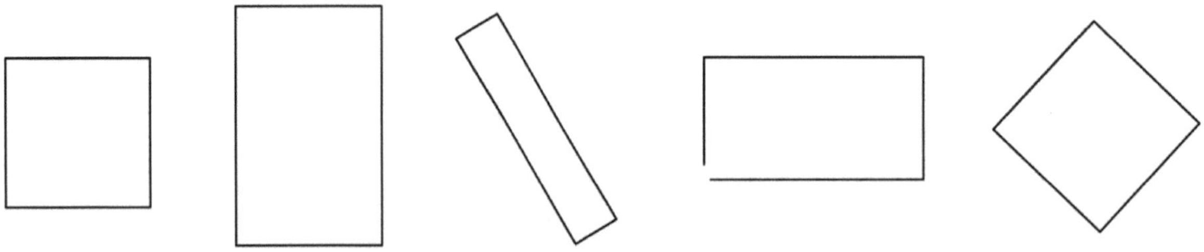

b. Բացատրե՛ք Ձեր մտածելակերպը՝ ______________________________

____

7. **Շեղանկյունը** փակ պատկեր է իրար հավասար 4 ուղիղ կողմերով:

a. Գիծ քաշե՛ք այն պատկերի վրա, որը շեղանյուն չէ::

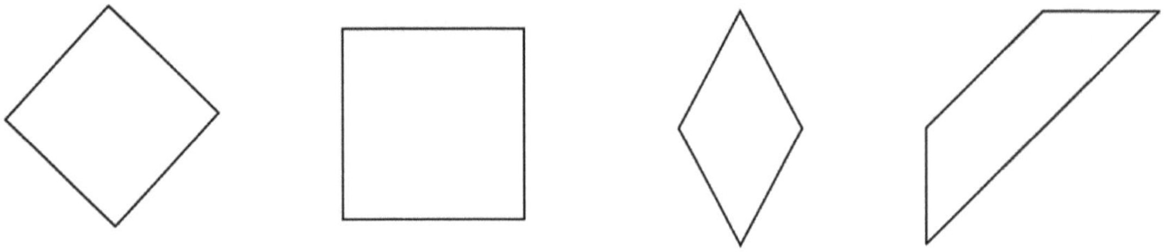

b. Բացատրե՛ք Ձեր մտածելակերպը՝ ______________________________

____

ՄԻԱՎՈՐՆԵՐԻ ՊԱՏՄՈՒԹՅՈՒՆ   Դաս 3 Տնային աշխատանքների օգնական   1•5

1. Խաղացե՛ք առարկաներ որսալու խաղը եռաչափ պատկերների համար: Փնտրե՛ք առարկաներ, որոնք կհամապատասխանեն ստորև ներկայացված աղյուսակին:

Խորանարդ	Ուղղանկյունաձև պրիզմա	Գլան	Գունդ	Կոն
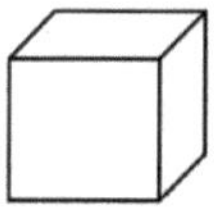	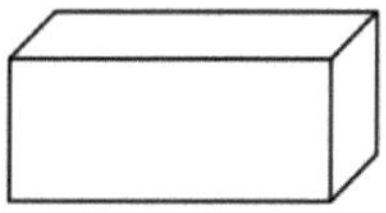	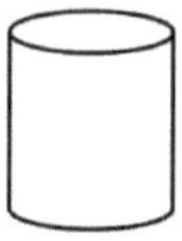		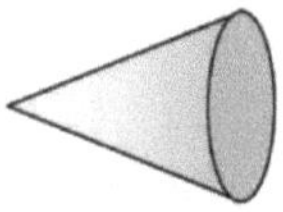
		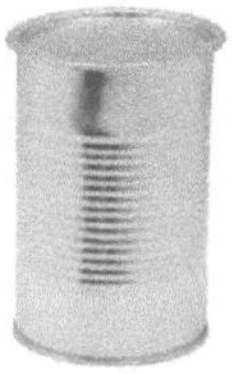		

Գիտեմ, որ այս նվերը խորանարդ է, քանի որ այն ունի 6 դեմք և բոլոր դեմքերը քառակուսի են:

Իմ ձկան բաքը խորանարդի է նման: Այն ունի 6 երես, բայց դրանք բոլորը քառակուսի չեն: Ահա, թե ինչպես գիտեմ, որ դա ուղղանկյուն պրիզմա է:

Ես իմ խոհանոցում շատ բալոններ ունեմ: Այնտեղ շատ բանկաներ կան:

Նախաճաշին իմ կերած նարինջը գունդ է: Այն կլոր է: Այն չունի հարթ կողմեր:

Կոնը, որը ես օգտագործում եմ ֆուտբոլային պրակտիկայում, մի ծայրամաս ունի, իսկ մյուս ծայրովբացվում է շրջագծով:

Դաս 3.   Գտեք և անվանեք եռաչափ երկրաչափական պատկերները, ներառյալ կոն և ուղղանկյուն պրիզմա, հիմնվելով կողմերի բնութագրերի և դրանց սահմանող կետերի վրա   133

Անուն _____ Ամսաթիվ _____

1. Խաղացե՛ք առարկաներ որսալու խաղը եռաչափ պատկերների համար: Տանը փնտրե՛ք առարկաներ, որոնք կհամապատասխանեն ստորև ներկայացված աղյուսակին: Փորձե՛ք գտնել առնվազն չորս առարկա յուրաքանչյուր պատկերի համար:

Խորանարդ 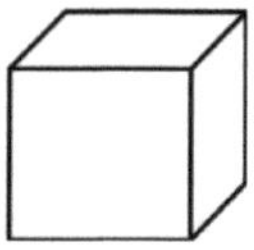	Ուղղանկյուն պրիզմա 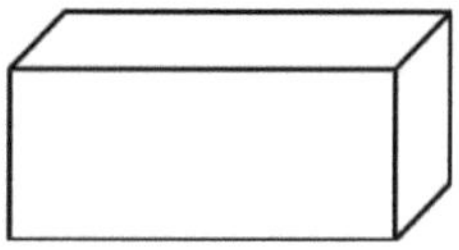	Գլան 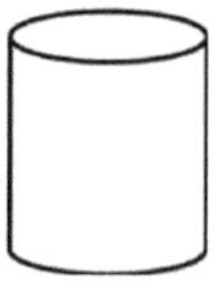	Գունդ 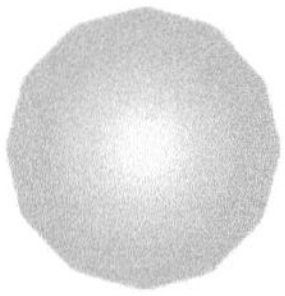	Կոն 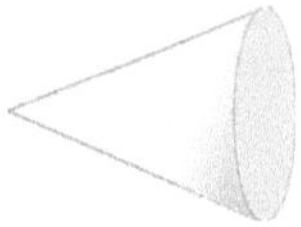

Դաս 3. Գտեք և անվանեք եռաչափ երկրաչափական պատկերները, ներառյալ կոն և ուղղանկյուն պրիզմա, հիմնվելով կողմերի բնութագրերի և դրանց սահմանող կետերի վրա

ՄԻԱՎՈՐՆԵՐԻ ՊԱՏՄՈՒԹՅՈՒՆ   Դաս 3 Տնային աշխատանք   1•5

2. Ընտրե՛ք մեկական առարկա յուրաքանչյուր սյունակից։
   Բացատրե՛ք, թե ինչպես եք իմացել, որ առարկան պատկանում է այդ սյունակին։
   Անհրաժեշտության դեպքում օգտագործե՛ք բառարանը։

   Բառերի բանկ

   | դիմերես | շրջանակ | քառակուսի | թղթագլան | վեց |
   | կողմեր | ուղղանկյուն | կետ | հարթ | |

   a. Ես դրեցի _____ խորանարդի սյունակում, քանի որ
      _____ ։

   b. Ես դրեցի _____ գլանների սյունակում, քանի որ
      _____ ։

   c. Ես դրեցի _____ գնդերի սյունակում, քանի որ
      _____ ։

   d. Ես դրեցի _____ կոների սյունակում, քանի որ
      _____ ։

   e. Ես դրեցի _____ ուղղանկյուն պրիզմայի սյունակում,
      քանի որ _____

1. Յուրաքանչյուր էջից կտրե՛ք բլոկի ձևով մոդելային պատկերները: Ներկե՛ք դրանք՝ բանալուն համապատասխանեցնելու համար, որը տարբերվում է դասարանում լուծած բլոկների մոդելի գույներից: Հետագծե՛ք կամ նկարե՛ք ցույց տալու համար, թե ինչ եք արել:

> Վեցանկյուն՝ մանուշակագույն, Եռանկյուն՝ նարնջագույն, Շեղանկյուն՝ վարդագույն, Սեղան՝ շագանակագույն

Օգտագործե՛ք 3 շեղանկյուն՝ վեցանկյուն պատրաստելու համար:	Օգտագործե՛ք 1 սեղան, 1 շեղանկյուն և 1 եռանկյուն՝ 1 վեցանկյուն պատրաստելու համար:

Ես կարող եմ ավելի մեծ պատկեր կամ խառը պատկեր ստանալ՝ միավորելով ավելի փոքր պատկերները:

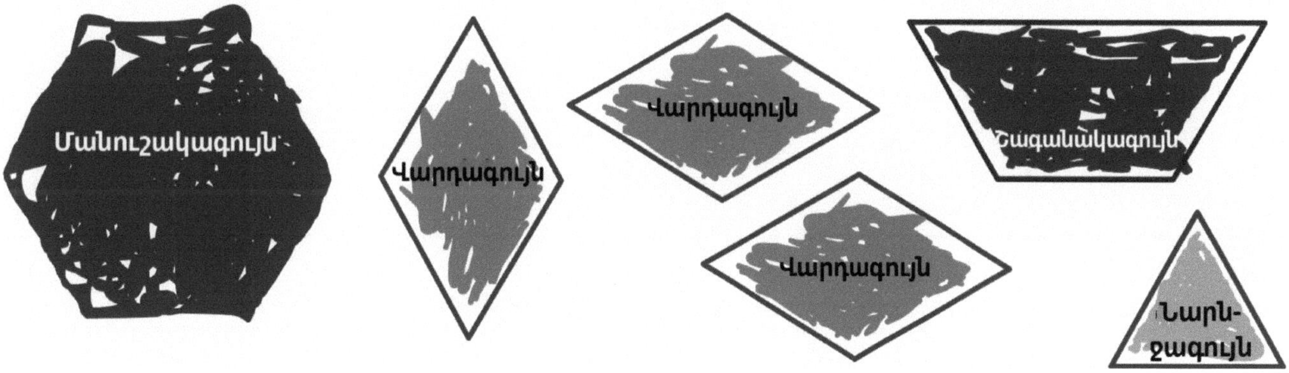

  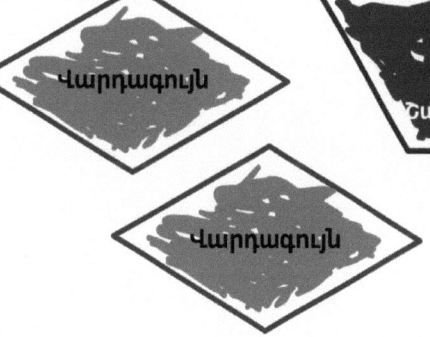 

Դաս 4. Ստեղծե՛ք բաղադրյալ պատկերներ երկչափ պատկերներից:

2. Քանի՞ ավելի փոքր քառակուսի եք տեսնում այս քառակուսու մեջ։

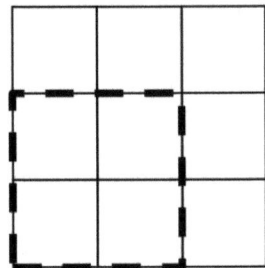

Ես կարող եմ գտնել **13** քառակուսի այս մեծ քառակուսու մեջ։

Ես գիտեմ, որ յուրաքանչյուր փոքրիկ քառակուսի հաշվում է որպես 1, այնպես որ դա կազմում է 9։ Կան նաև 4 միջին քառակուսիներ, որոնք պատրաստված են 4 փոքր քառակուսիներից, այնպես որ, ընդհանուր կազմում է 13։

ՄԻԱՎՈՐՆԵՐԻ ՊԱՏՄՈՒԹՅՈՒՆ   Դաս 4 Տնային աշխատանք   1•5

Անուն _____   Ամսաթիվ _____

Յուրաքանչյուր էջից կտրե՛ք բլոկի ձևով մոդելային պատկերները։ Ներկե՛ք դրանք՝ բանալուն համապատասխանեցնելու համար, որը տարբերվում է դասարանում լուծած բլոկների մոդելի գույներից։ Հետագծե՛ք կամ նկարե՛ք ցույց տալու համար, թե ինչ եք արել։

| Վեցանկյուն՝ կարմիր   Եռանկյուն՝ կապույտ   Շեղանկյուն՝ դեղին   Սեղան՝ կանաչ |

1. Օգտագործե՛ք 3 եռանկյուն՝ 1 սեղան կազմելու համար։	2. Օգտագործե՛ք 3 եռանկյուն՝ 1 սեղան կազմելու համար, և ապա ավելացրե՛ք 1 սեղան՝ 1 վեցանկյուն կազմելու համար։

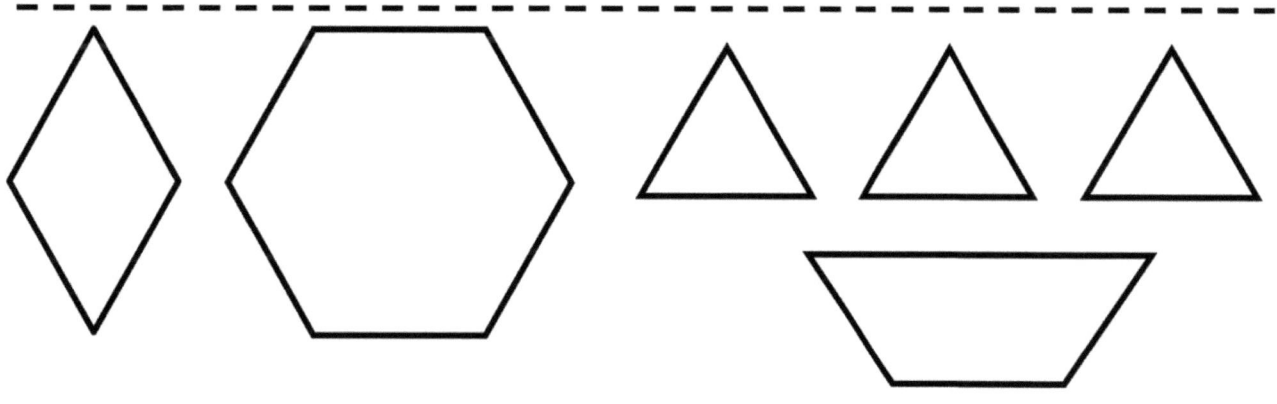

Դաս 4.   Ստեղծե՛ք բաղադրյալ պատկերներ երկչափ պատկերներից։

139

ՄԻԱՎՈՐՆԵՐԻ ՊԱՏՈՒԹՅՈՒՆ   Դաս 4 Տնային աշխատանք   1•5

3. Քանի՞ քառակուսի եք տեսնում այս մեծ քառակուսու մեջ:

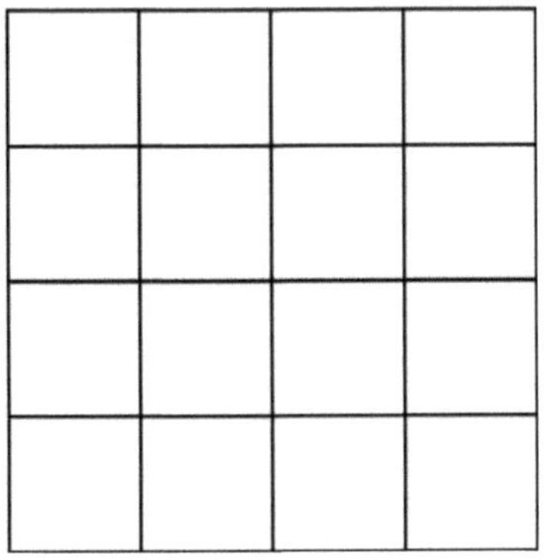

   Ես կարող եմ գտնել _____
   քառակուսիներ այս ուղղանկյան մեջ:

Դաս 4.   Ստեղծե՛ք բաղադրյալ պատկերներ երկչափ պատկերներից:

Օգտագործե՛ք Ձեր գլուխկոտրուկի կտորները՝ ստորև ներկայացված խնդիրները լրացնելու համար:

Նկարե՛ք կամ հետագծե՛ք՝ ցույց տալու համար մասերը, որոնք օգտագործել եք պատկերը ստանալու համար:

1. Քառակուսի կազմելու համար օգտագործե՛ք 2 եռանկյուն:

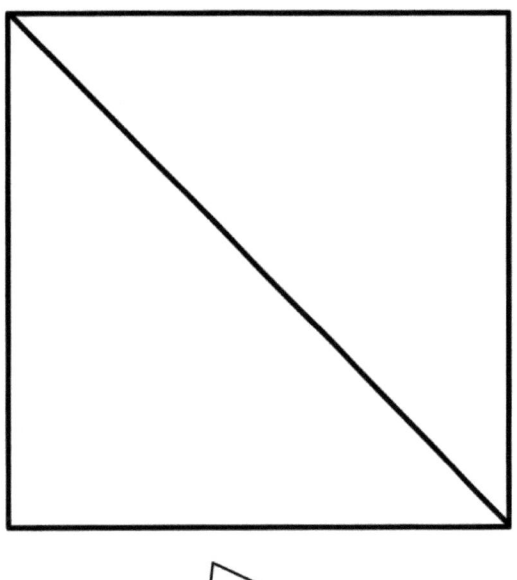

Ես կարող եմ երկու եռանկյուններով մի քառակուսի կազմել, ինչպես արեցի դասարանում: Ես գիտեմ, որ եթե ես քառակուսին կիսեմ անկյունագծով, կստացվի երկու եռանկյունի, այնպես որ ես պարզապես միացնում եմ իմ եռանկյունիները՝ երկար կողմերը իրար միացնելով, և ստացվում է քառակուսի:

2. Օգտագործե՛ք քառակուսի, որը պատրաստել եք, և եռանկյուն՝ տուն սարքելու համար:

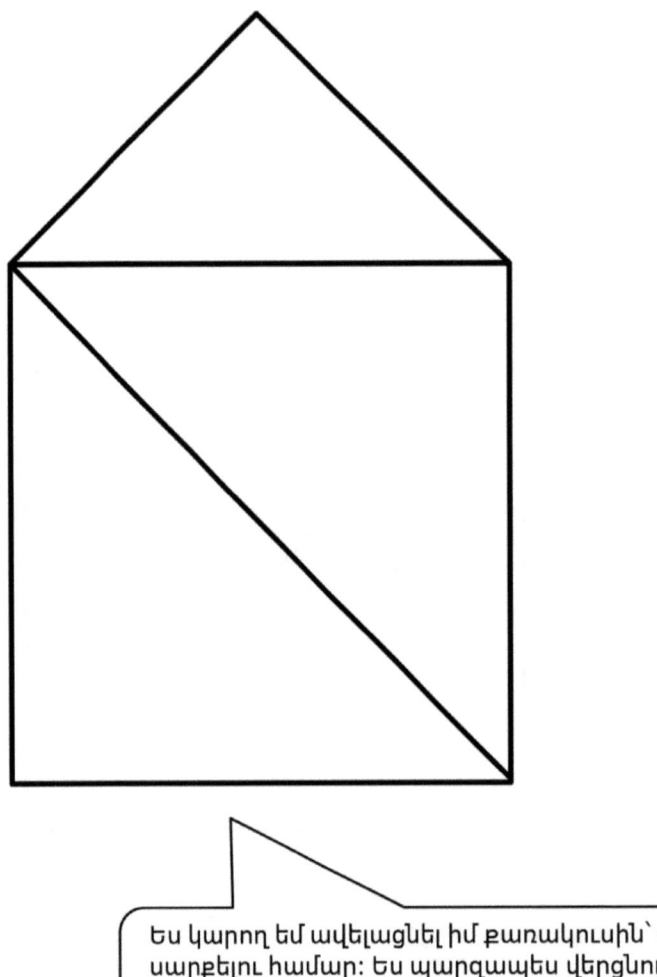

Ես կարող եմ ավելացնել իմ քառակուսին՝ տուն սարքելու համար: Ես պարզապես վերցնում եմ փոքրիկ եռանկյունը իմ տանգրամի կտորներից և այն դնում վերևում՝ տանիք պատրաստելու համար:

142 Դաս 5. Ստեղծե՛ք նոր պատկեր բաղադրյալ պատկերներից:

EUREKA MATH

ՄԻԿՎՈՐՆԵՐԻ ՊԱՏՄՈՒԹՅՈՒՆ   Դաս 5 Տնային աշխատանք 1•5

Անուն _____ Ամսաթիվ _____

1. Կտրե՛ք գլուխկոտրուկի բոլոր մասերը տրված նկարի առանձին կտորներից։

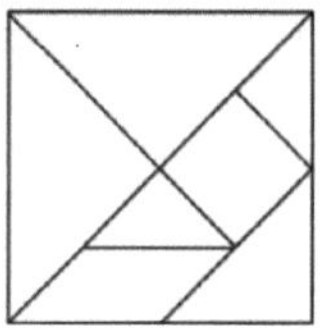

   [tangram square figure]

2. Ընտանիքի անդամին ասեք յուրաքանչյուր պատկերի անվանումը։

3. Հետևե՛ք ցուցումներին՝ ստորև բերված յուրաքանչյուր պատկեր ստանալու համար։ Նկարե՛ք կամ հետագծե՛ք՝ ցույց տալու համար մասերը, որոնք օգտագործել եք պատկերը ստանալու համար։

   a. Օգտագործե՛ք գլուխկոտրուկի 2 մասերը՝ 1 եռանկյուն ստանալու համար։

   b. Օգտագործե՛ք 1 քառակուսի և 1 եռանկյուն՝ սեղան ստանալու համար։

   c. Օգտագործե՛ք ևս մեկ կտոր՝ սեղանը ուղղանկյան վերածելու համար։

Դաս 5. Ստեղծե՛ք նոր պատկեր բաղադրյալ պատկերներից։   143

Copyright © Great Minds PBC

4. Ձեր բոլոր կտորներով կենդանի պատրաստե՛ք։ Նկարե՛ք կամ հետագծե՛ք՝ ցույց տալու համար մասերը, որոնք օգտագործել եք։ Ձեր նկարը նշագրեք կենդանու անվամբ։

ՄԻԱՎՈՐՆԵՐԻ ՊԱՏՄՈՒԹՅՈՒՆ   Դաս 5 Ձյանմուշ   1•5

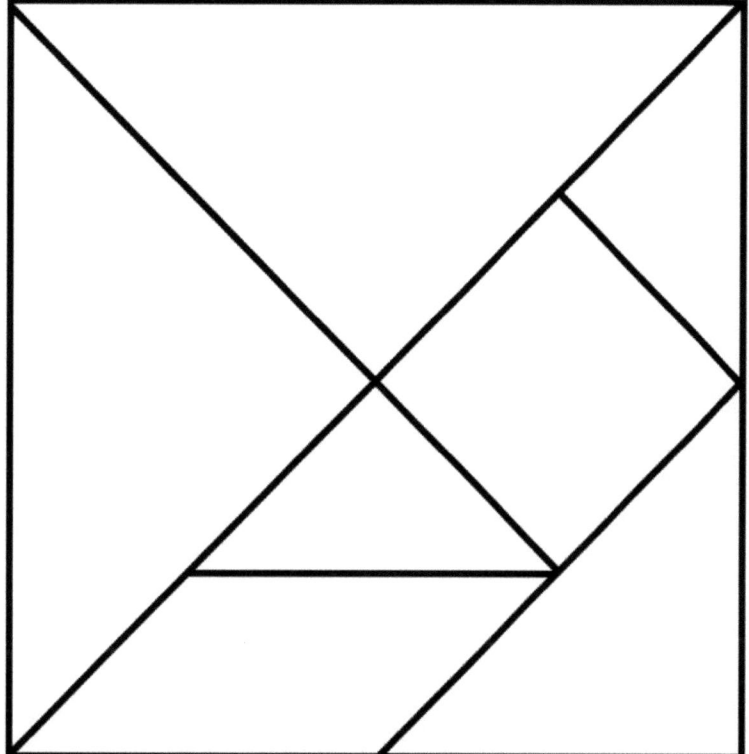

_____
գլուխկոտրուկ

Դաս 5.   Ստեղծե՛ք նոր պատկեր բաղադրյալ պատկերներից։   145

Օգտագործե՛ք եռաչափ պատկերներ՝ կառուցվածք ստանալու համար: Խնդրե՛ք տնեցիներից մեկին լուսանկարել Ձեր կառուցվածքը:

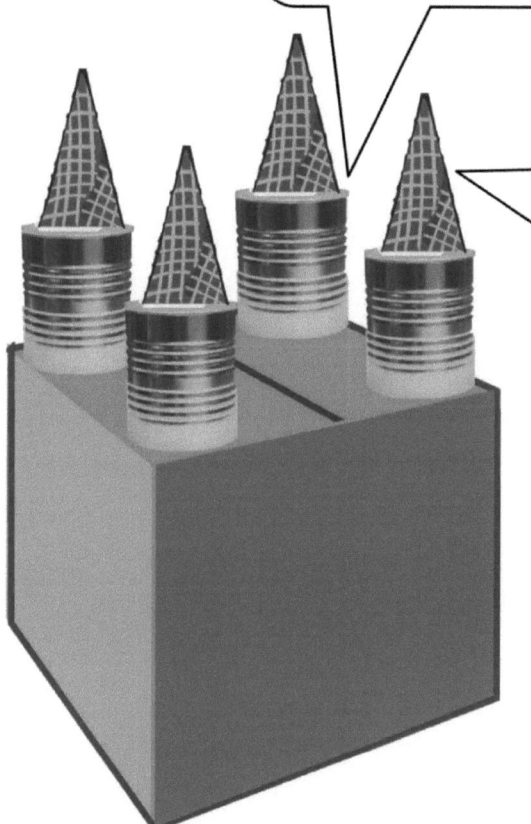

Դաս 6. Ստեղծե՛ք բաղադրյալ պատկեր եռաչափ պատկերներից և նկարագրե՛ք բաղադրյալ պատկերն՝ օգտագործելով պատկերի անվանումները և դիրքերը: 147

Անուն ______________________________ Ամսաթիվ ______________

Օգտագործե՛ք եռաչափ պատկերներ՝ մեկ այլ կառուցվածք ստանալու համար: Ստորև ներկայացվող աղյուսակում կան որոշ գաղափարներ նրա վերաբերյալ, թե ինչ առարկաներ կարող եք գտնել տանը: Դուք կարող եք օգտագործել առարկաներ ստորև բերված աղյուսակից կամ այլ առարկաներ, որոնք կարող են լինել Ձեր տանը:

Խորանարդ	Ուղղանկյուն պրիզմա	Գլան	Գունդ	Կոն
Բլոկ	Սննդամթերքի տուփ՝ շիլա, մակարոն և պանիր, սպագետի, թխվածքի ասորտի, հյութի տուփ	Սննդամթերքի բանկա՝ սուպ, բանջարեղեն, սաղմոն, գետնընկույզի յուղ	Գնդակներ՝ թենիսի գնդակ, ռետինե ժապավենի գնդակ, ֆուտբոլի գնդակ	Պաղպաղակի կոն
Զառեր	Անձեռոցիկի տուփ	Զուգարանի թուղթ կամ թղթե սրբիչի գլան	Միրգ՝ նարինջ, գրեյպֆրուտ, սեխ, սալոր, նեկտարին	Երեկույթի գլխարկ
	Պինդ կազմով գիրք	Սոսնձի ձող	Բիլյարդի գնդակներ	Ծխնելույզ
	DVD կամ վիդեո խաղերի տուփ			

Խնդրե՛ք տնեցիներից մեկին լուսանկարել Ձեր կառուցվածքը: Եթե չեք կարող լուսանկարել, ապա փորձե՛ք գծագրել Ձեր կառուցվածքը կամ ցուցումներ գրել, թե ինչպես կառուցել Ձեր կառույցը՝ թղթի դարձերեսին:

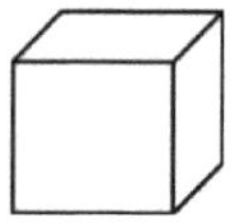

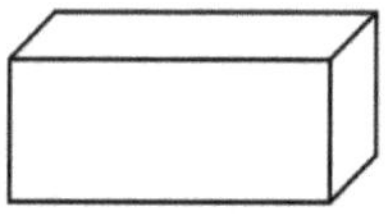

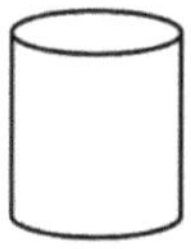

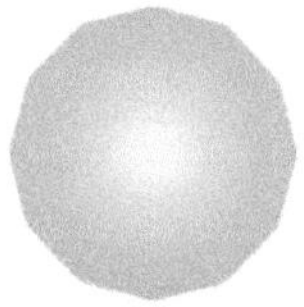

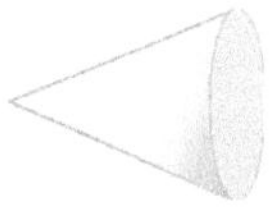

1. Պատկերները բաժանվու՞մ են հավասար մասերի: **Գրե՛ք Y այո-ի կամ N՝ ոչ-ի համար: Եթե պատկերը երկու հավասար մասեր ունի, գրե՛ք քանի հավասար մասեր կան գծի վրա:**

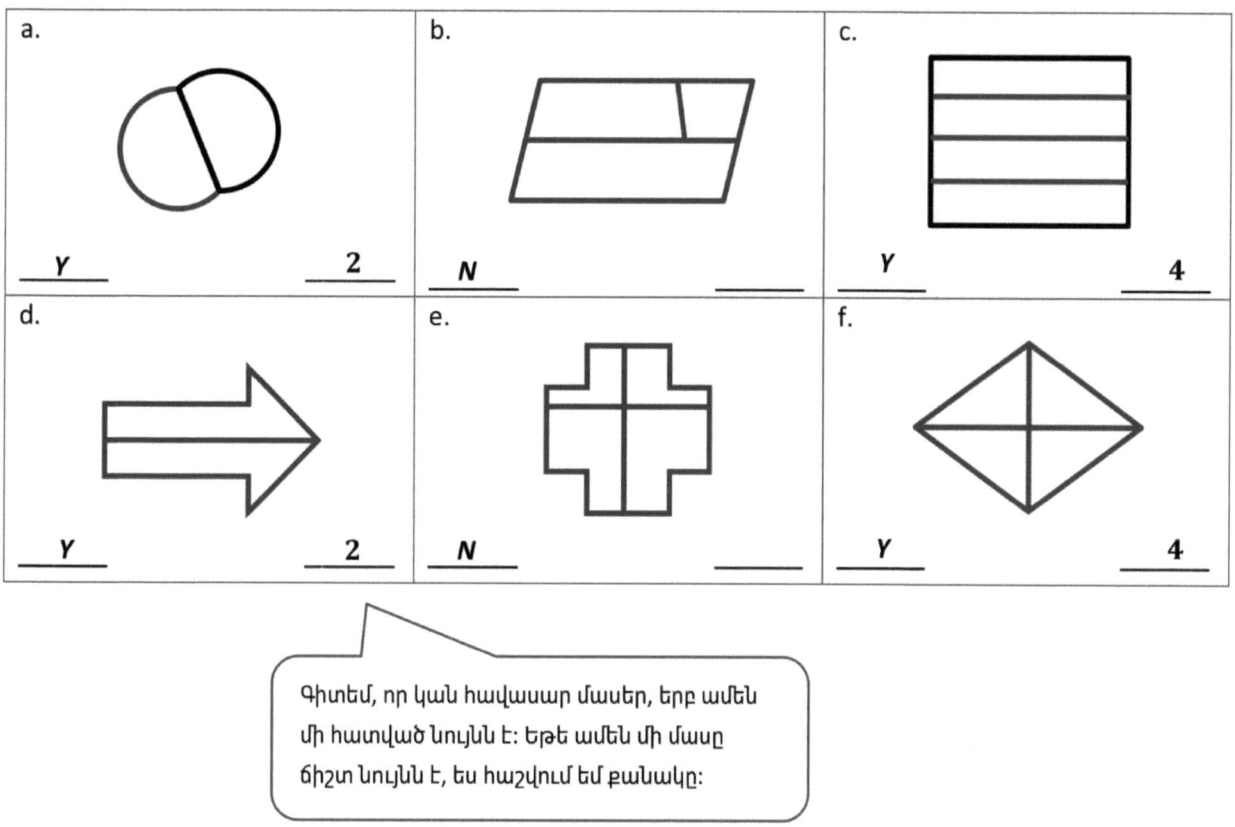

Գիտեմ, որ կան հավասար մասեր, երբ ամեն մի հատված նույնն է: Եթե ամեն մի մասը ճիշտ նույնն է, ես հաշվում եմ քանակը:

2. Գծե՛ք 1 ուղիղ՝ 2 հավասար մաս ստանալու համար: Ի՞նչ ավելի փոքր պատկերներ եք ստացել:

Ես կարող եմ 2 հավասար մասեր կազմել տարբեր եղանակներով: Ես կարող եմ կազմել 2 ուղղանկյուն կամ 2 եռանկյուն:

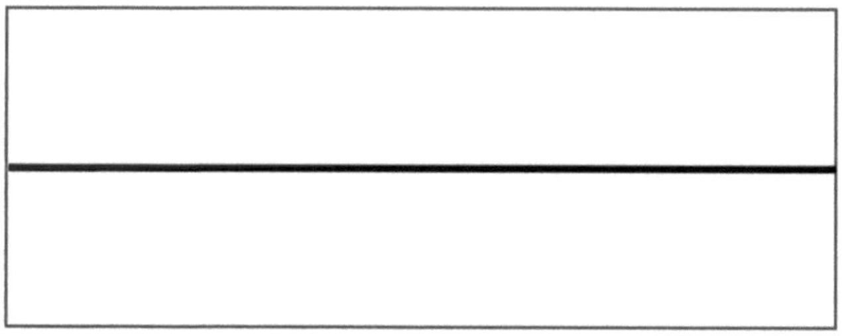

Ես կազմեցի 2 *ուղղանկյուն* :

3. Գծե՛ք 2 ուղիղ՝ 4 հավասար մաս ստանալու համար: Ի՞նչ ավելի փոքր պատկերներ եք ստացել:

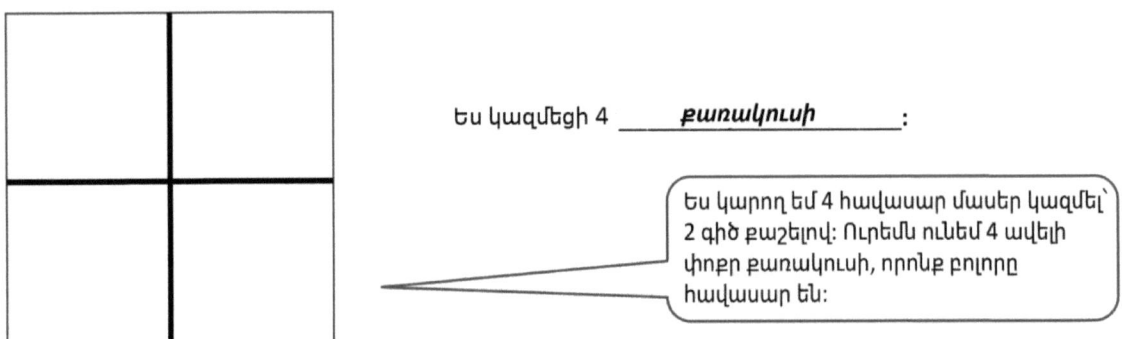

Ես կազմեցի 4 ***քառակուսի***:

Ես կարող եմ 4 հավասար մասեր կազմել՝ 2 գիծ քաշելով: Ուրեմն ունեմ 4 ավելի փոքր քառակուսի, որոնք բոլորը հավասար են:

4. Գծե՛ք ուղիղներ՝ 6 հավասար մաս ստանալու համար: Ի՞նչ ավելի փոքր պատկերներ եք ստացել:

Ես ստացա 6 ***ուղղանկյուն:***

EUREKA MATH

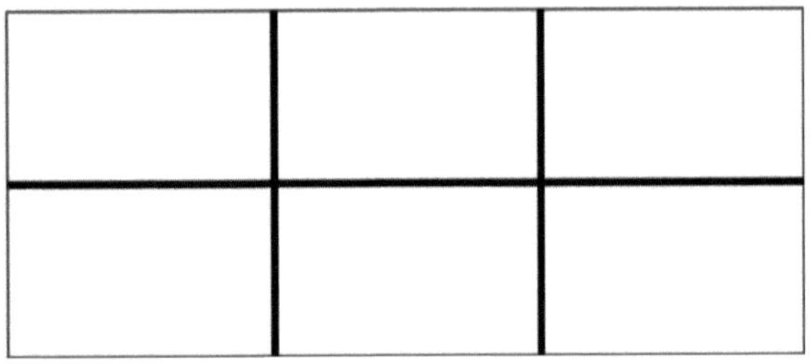

ՄԻԱՎՈՐՆԵՐԻ ՊԱՏՄՈՒԹՅՈՒՆ   Դաս 7 Տնային աշխատանք   1•5

Անուն _____   Ամսաթիվ _____

1. Պատկերները բաժանվու՞մ են հավասար մասերի: Գրե՛ք Y այո-ի կամ N՝ ոչ-ի համար: Եթե պատկերը երկու հավասար մասեր ունի, գրե՛ք քանի հավասար մասեր կան գծի վրա: Առաջինը կատարված է ձեզ համար:

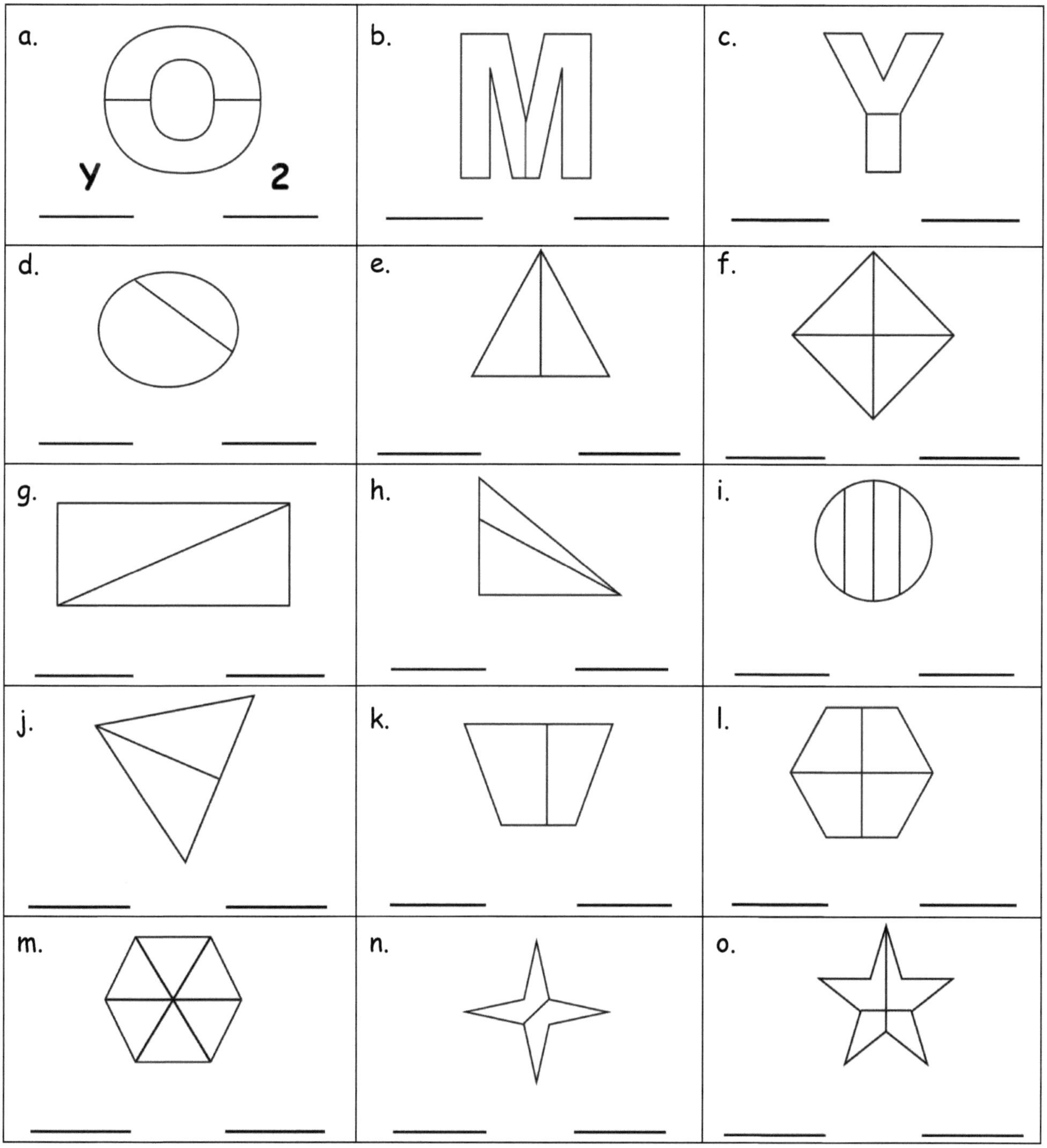

a. O Y 2	b. M	c. Y
d.	e.	f.
g.	h.	i.
j.	k.	l.
m.	n.	o.

Դաս 7. Անվանե՛ք և հաշվե՛ք պատկերները՝ որպես ամբողջի մասեր՝ ճանաչելով մասերի հարաբերական չափերը

2. Գծե՛ք 1 ուղիղ՝ 2 հավասար մաս ստանալու համար: Ի՞նչ ավելի փոքր պատկերներ եք ստացել:

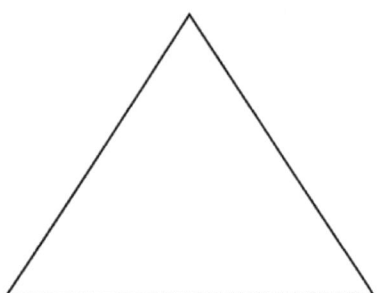

Ես ստացա 2 _____

3. Գծե՛ք 2 ուղիղ՝ 4 հավասար մաս ստանալու համար: Ի՞նչ ավելի փոքր պատկերներ եք ստացել:

Ես ստացա 4 _____

4. Գծե՛ք ուղիղներ՝ 6 հավասար մաս ստանալու համար: Ի՞նչ ավելի փոքր պատկերներ եք ստացել:

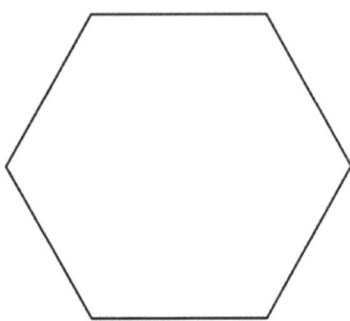

Ես ստացա 6 _____

1. Շրջանի մեջ առե՛ք ճիշտ (բառը) բառերը՝ ասելու, թե յուրաքանչյուր պատկեր ինչպես է բաժանվում:

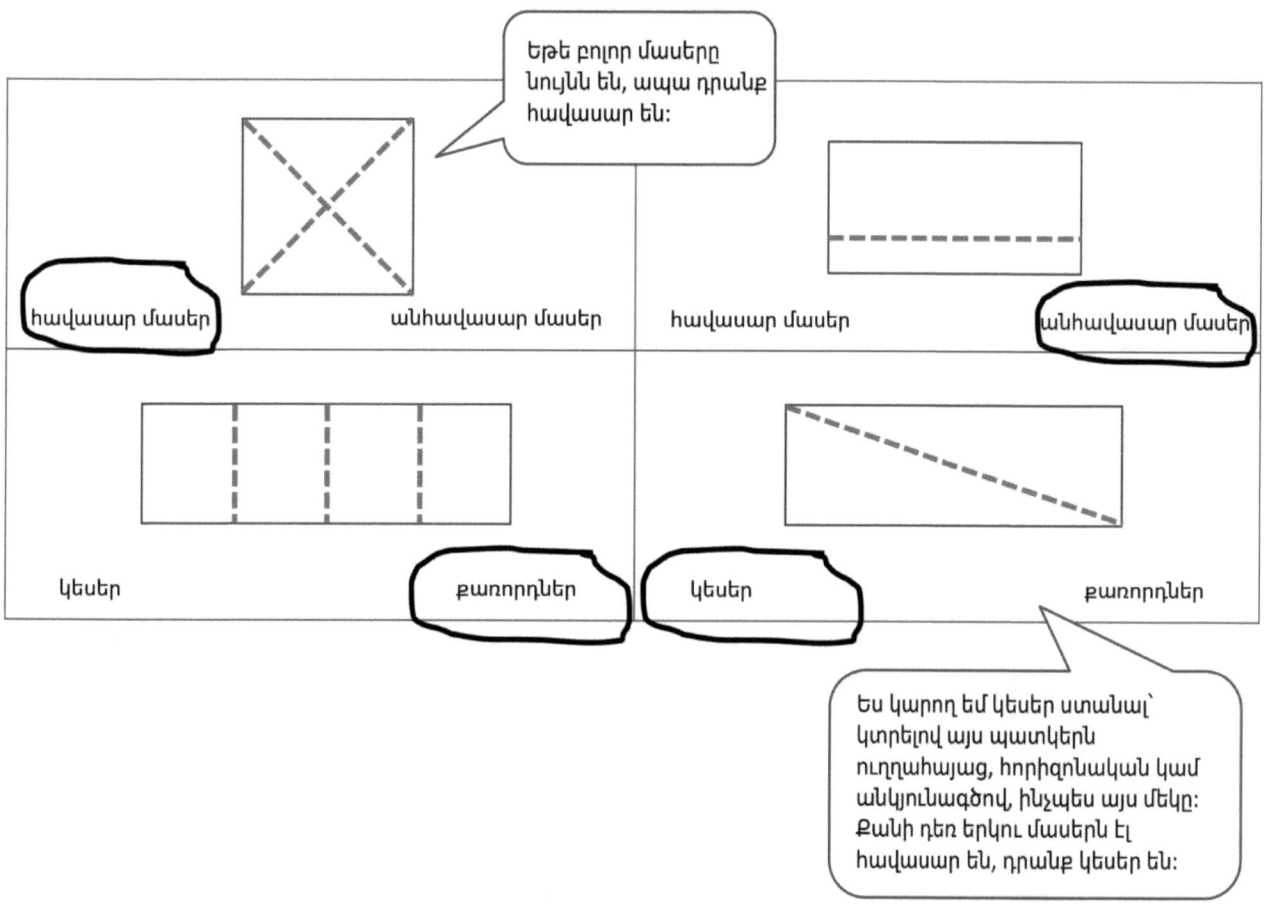

2. Պատկերի ո՞ր մասն է ստվերում։ Շրջանի մեջ առե՛ք ճիշտ պատասխանը։

   a.

   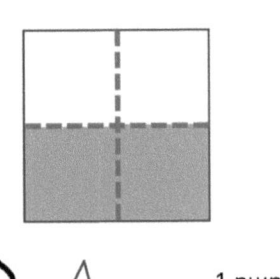

   1 կես   1 քառորդ

   Չնայած այս պատկերն ունի 4 հավասար մաս, դրանցից 2-ը ստվերավորված են։ Ես տեսնում եմ, որ պատկերի կեսը ստվերավորված է։

   b.

   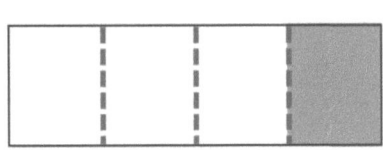

   1 կես   1 քառորդ

3. Ներկե՛ք յուրաքանչյուր պատկերի 1 քառորդը։

   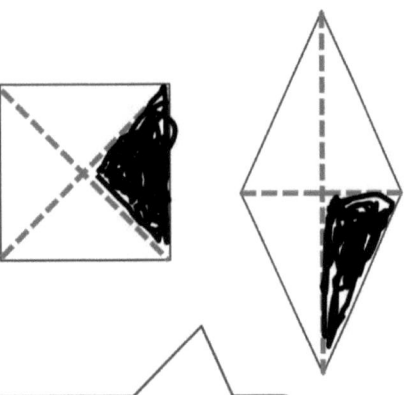

   Մեկ քառորդը գունավորելու համար ես պարզապես գունավորում եմ 4 հավասար մասերից 1-ը։

4. Ներկե՛ք յուրաքանչյուր պատկերի կեսը։

      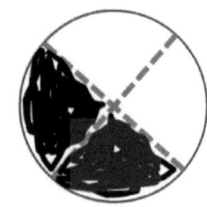

   Կես գունավորելու համար ես պարզապես գունավորում եմ 2 հավասար մասերից 1-ը։

   Այս պատկերի կեսը գունավորելու համար հարկավոր է գունավորել 4 հավասար մասերից 2-ը։

Անուն ______________________________ Ամսաթիվ ______________

1. Շրջանի մեջ առե՛ք ճիշտ (բառը) բառերը՝ ասելու, թե յուրաքանչյուր պատկեր ինչպես է բաժանվում:

a.

հավասար մասեր   անհավասար մասեր

b.

հավասար մասեր   անհավասար մասեր

c.

կեսեր   չորրորդներ

d.

կեսեր   քառորդներ

e.

կեսեր   քառորդներ

f.

չորրորդներ   կեսեր

g.

քառորդներ   կեսեր

h.

կեսեր   չորրորդներ

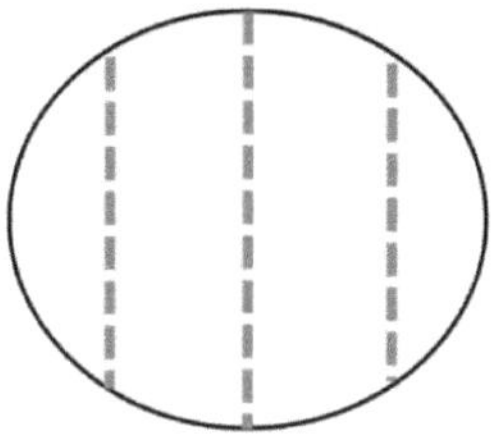

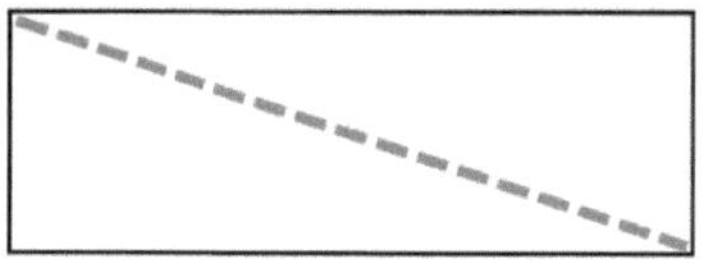

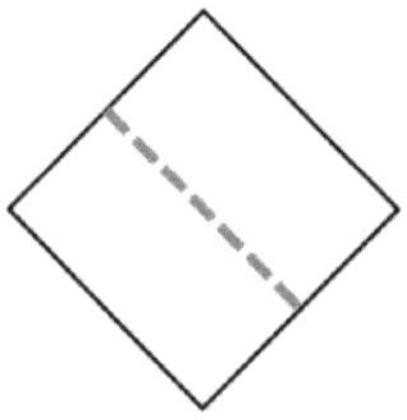

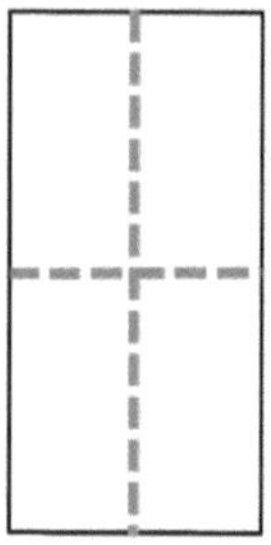

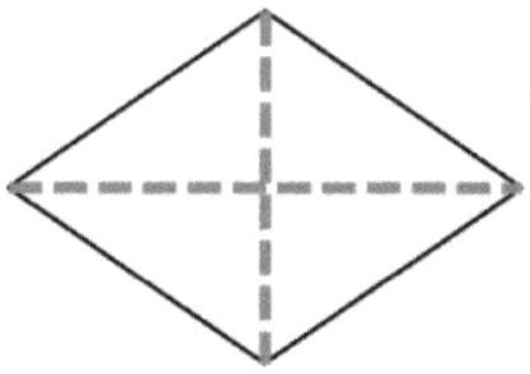

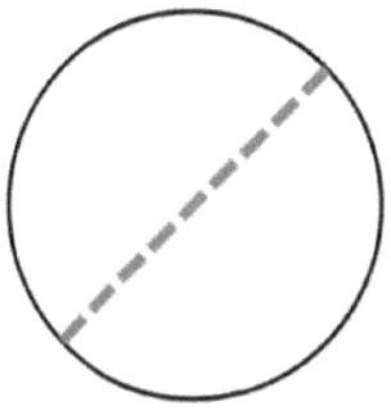

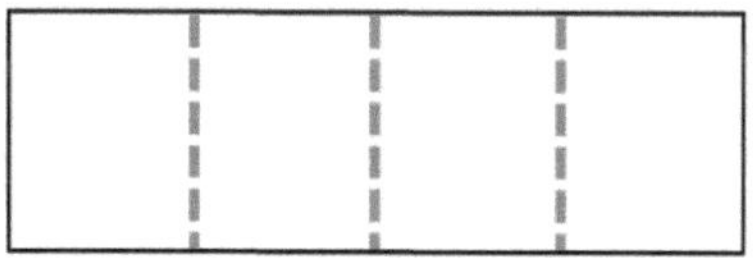

ՄԻԿՎՈՐՆԵՐԻ ՊԱՏՄՈՒԹՅՈՒՆ   Դաս 8 Տնային աշխատանք   1•5

2. Պատկերի ո՞ր մասն է ստվերում։ Շրջանի մեջ առե՛ք ճիշտ պատասխանը։

a.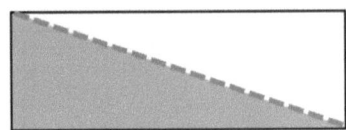

1 կես   1 քառորդ

b.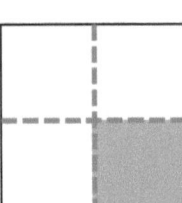

1 կես   1 քառորդ

c.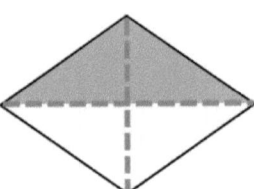

1 կես   1 քառորդ

d.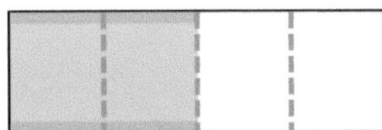

1 կես   1 քառորդ

3. Ներկե՛ք յուրաքանչյուր պատկերի 1 քառորդը։

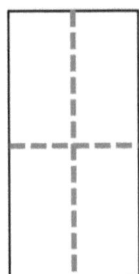 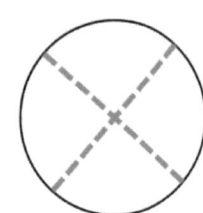

4. Ներկե՛ք յուրաքանչյուր պատկերի կեսը։

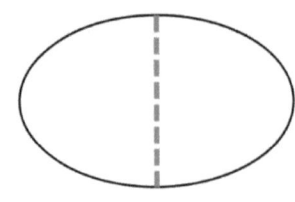 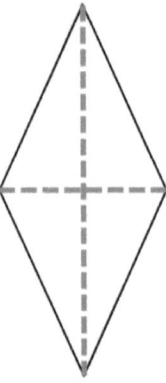

Դաս 8. Մասնատե՛ք պատկերները և ճանաչեք շրջանների և եռանկյունների կեսերը և քառորդ մասերը

1. Նշագրե՛ք յուրաքանչյուր նկարի ստվերոտ մասը, որպես պատկերի կես կամ պատկերի մեկ քառորդ:

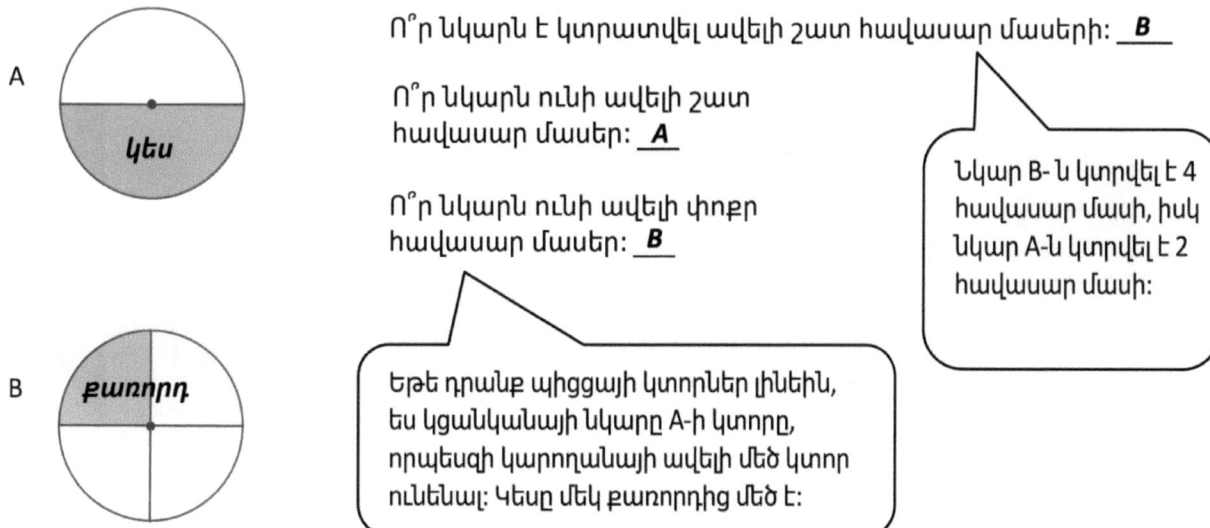

A

Ո՞ր նկարն է կտրատվել ավելի շատ հավասար մասերի: **B**

Ո՞ր նկարն ունի ավելի շատ հավասար մասեր: **A**

Ո՞ր նկարն ունի ավելի փոքր հավասար մասեր: **B**

Նկար B- ն կտրվել է 4 հավասար մասի, իսկ նկար A-ն կտրվել է 2 հավասար մասի:

B

Եթե դրանք պիցցայի կտորներ լինեին, ես կցանկանայի նկարը A-ի կտորը, որպեսզի կարողանայի ավելի մեծ կտոր ունենալ: Կեսը մեկ քառորդից մեծ է:

2. Գրե՛ք, արդյոք յուրաքանչյուր պատկերի ստվերոտ մասը կեսն է, թե՞ քառորդը:

քառորդ

կես

Ես գիտեմ, որ սա քառորդ է, քանի որ կա 4 հավասար մաս:

Ես գիտեմ, որ սա կես է, քանի որ կա 2 հավասար մաս:

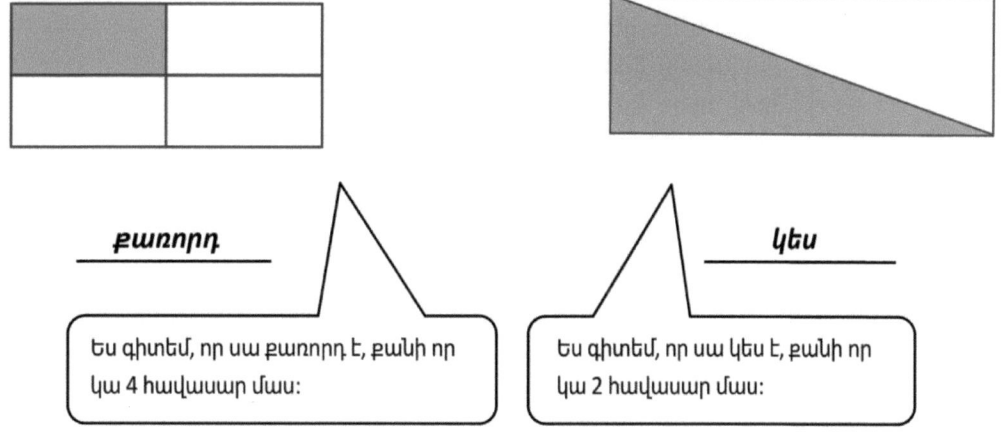

3. Ներկե՛ք պատկերի մի մասը՝ այն նշագրին համապատասխանեցնելու համար: Շրջանի մեջ առե՛ք այն դարձվածքը, որի դեպքում պնդումը ճիշտ կլիներ:

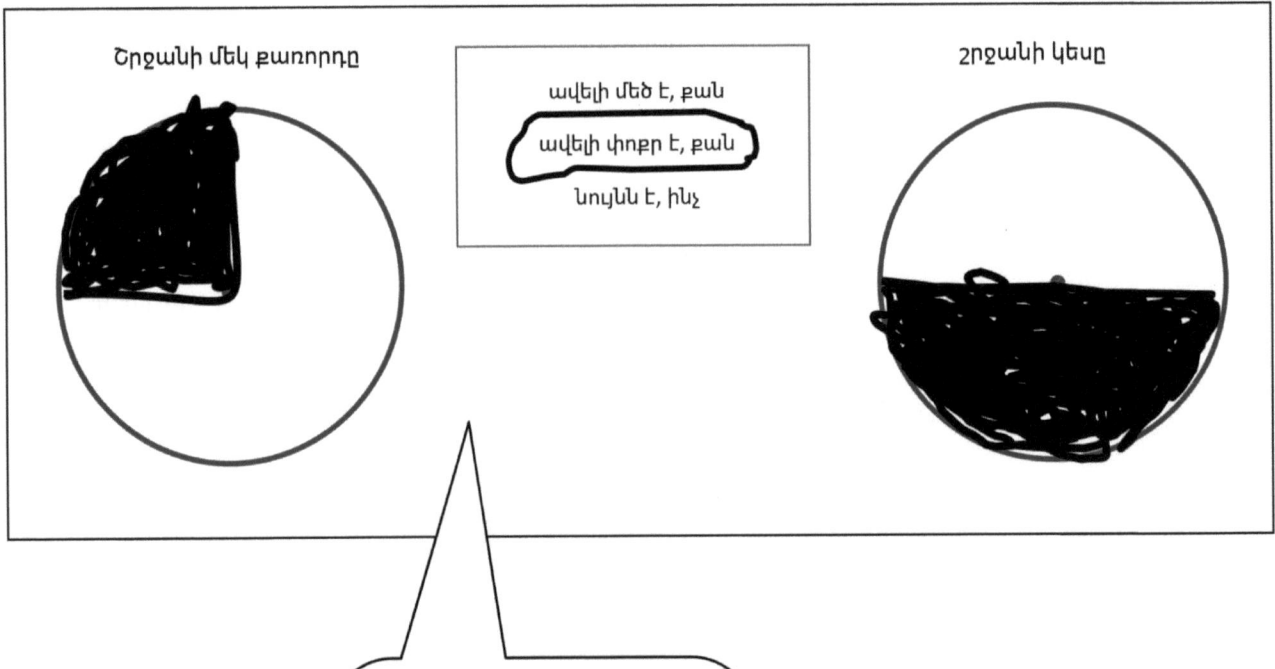

Շրջանի մեկ քառորդը
ավելի մեծ է, քան
ավելի փոքր է, քան
նույնն է, ինչ
շրջանի կեսը

Մեկ քառորդը կեսից փոքր է: Եթե պատկերը կտրեք քառորդների, ապա այն կտրում եք 4 հավասար մասի: Եթե պատկերը կիսում եք, ապա ունեք ընդամենը 2 հավասար մաս: Որքան շատ հավասար մասեր կան, այնքան փոքր է մասերի չափը:

Անուն ______________________________ Ամսաթիվ ______________

1. Նշագրե՛ք յուրաքանչյուր նկարի ստվերոտ մասը, որպես պատկերի կես կամ պատկերի մեկ քառորդ:

A
B
Ո՞ր նկարն է կտրատվել ավելի շատ հավասար մասերի: _____

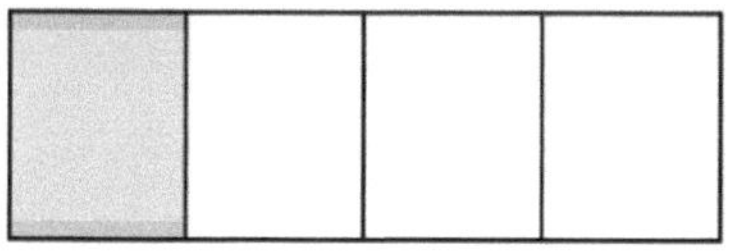

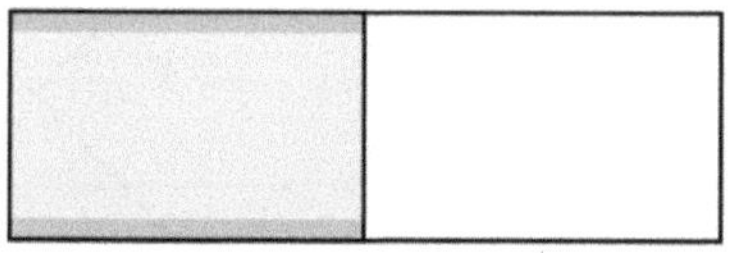

Ո՞ր նկարն ունի ավելի շատ հավասար մասեր: _____

Ո՞ր նկարն ունի ավելի փոքր հավասար մասեր: _____

2. Գրե՛ք, արդյոք յուրաքանչյուր պատկերի ստվերոտ մասը կեսն է, թե՞ քառորդը:

a.
__________ __________

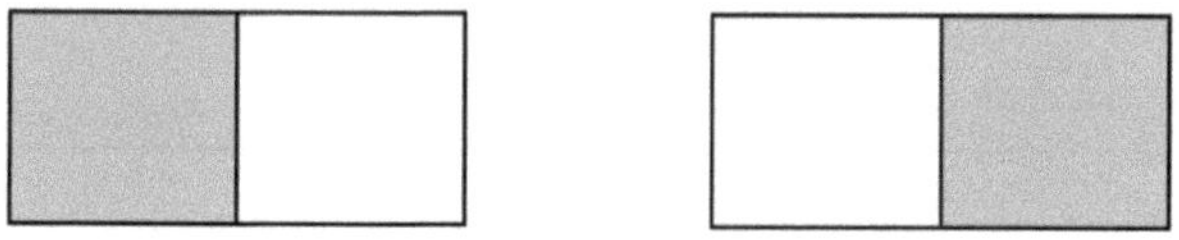

b.
__________ __________

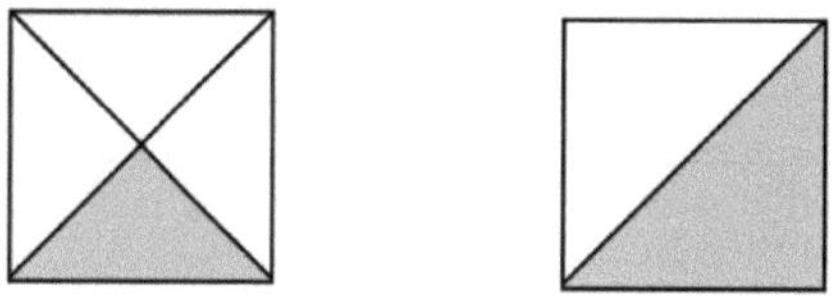

c.
__________ __________

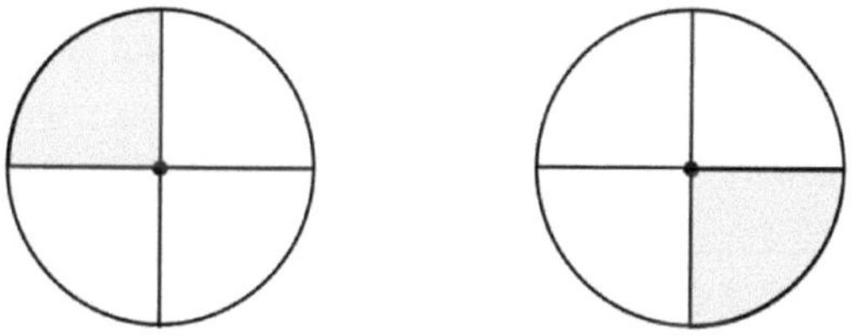

d.
__________ __________

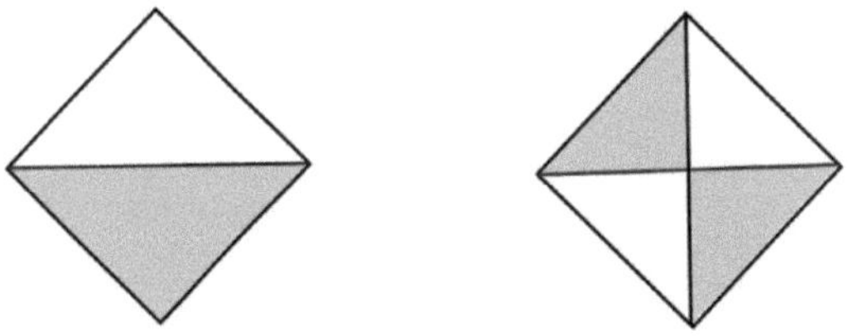

Դաս 9. Մասնատե՛ք պատկերները և ճանաչեք շրջանների և եռանկյունների կեսերը և քառորդ մասերը

3. Ներկե՛ք պատկերի մի մասը՝ այն նշագրին համապատասխանեցնելու համար: Շրջանի մեջ առե՛ք այն դարձվածքը, որի դեպքում պնդումը ճիշտ կլինի:

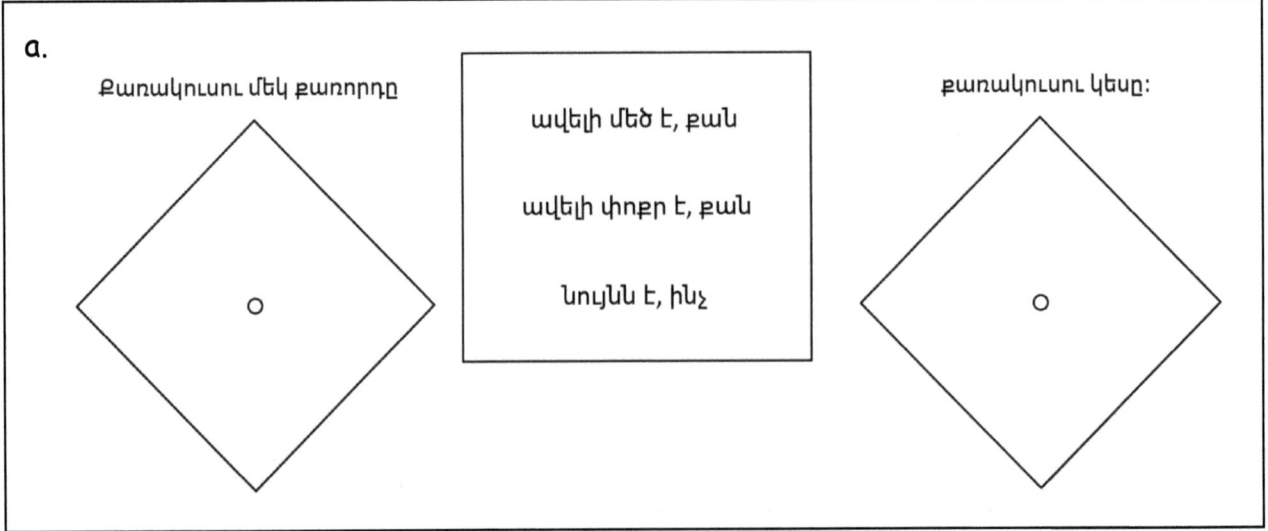

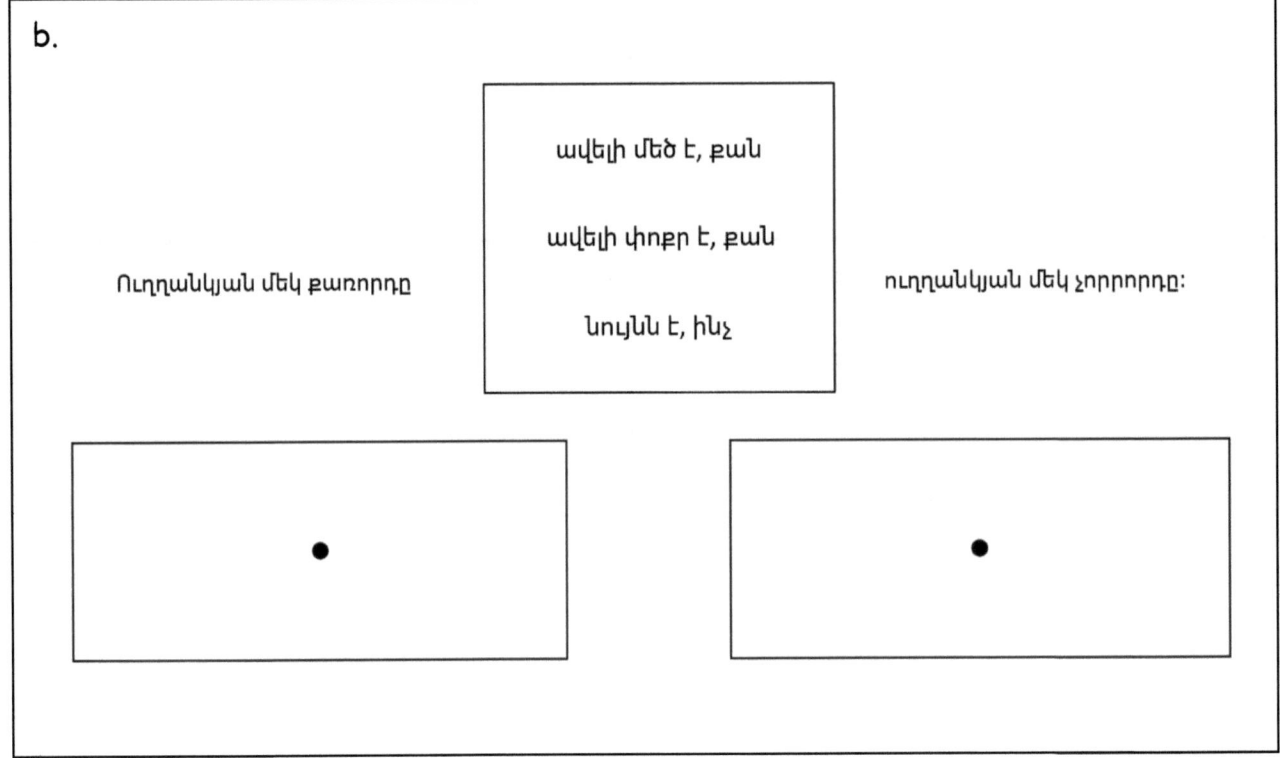

ՄԻԱՎՈՐՆԵՐԻ ՊԱՏՄՈՒԹՅՈՒՆ   Դաս 10 Տնային աշխատանքների օգնական   1•5

1. Համապատասխանեցրե՛ք ամեն ժամացույցը այն ժամին, որն այն ցույց է տալիս:

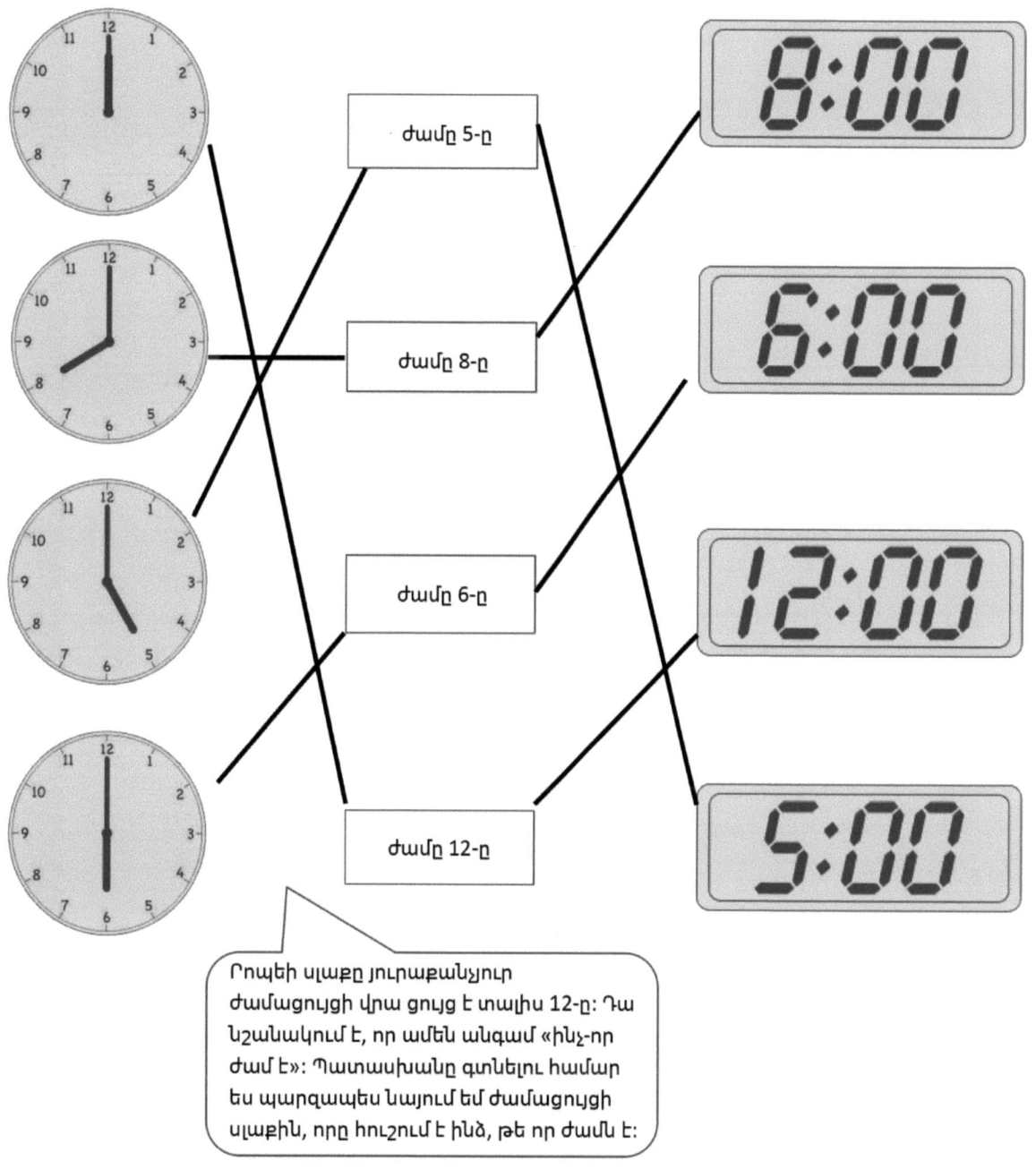

Րոպեի սլաքը յուրաքանչյուր ժամացույցի վրա ցույց է տալիս 12-ը: Դա նշանակում է, որ ամեն անգամ «ինչ-որ ժամ է»: Պատասխանը գտնելու համար ես պարզապես նայում եմ ժամացույցի սլաքին, որը հուշում է ինձ, թե որ ժամն է:

Դաս 10.   Պատրաստեք թղթե ժամացույց՝ մասնատելով շրջանը և ասեք ժամը

ՄԻԱՎՈՐՆԵՐԻ ՊԱՏՄՈՒԹՅՈՒՆ Դաս 10 Տնային աշխատանքների օրակագ 1•5

2. Դրե՛ք ժամի սլաքը ժամացույցի վրա այնպես, որ ժամացույցը համապատասխանի ժամին: Ապա գծի վրա գրե՛ք ժամը:

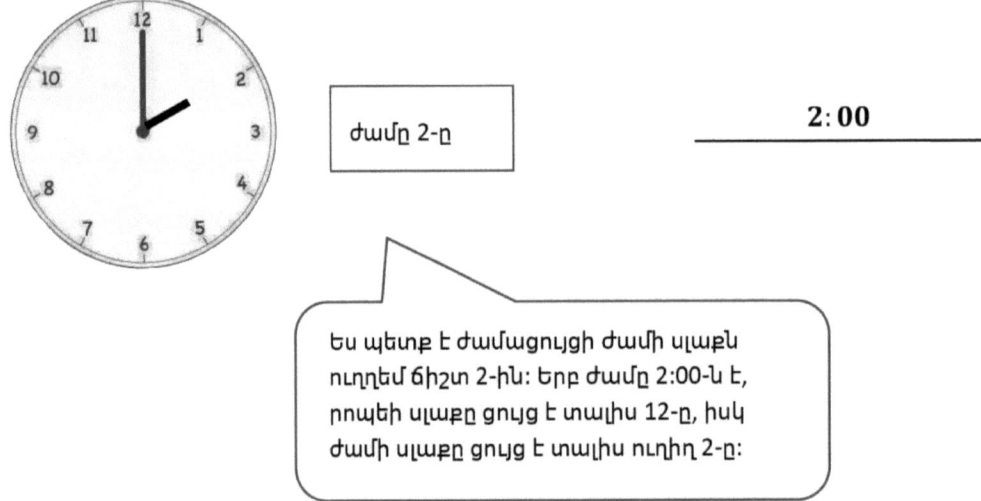

ժամը 2-ը

2:00

Ես պետք է ժամացույցի ժամի սլաքն ուղղեմ ճիշտ 2-ին: Երբ ժամը 2:00-ն է, րոպեի սլաքը ցույց է տալիս 12-ը, իսկ ժամի սլաքը ցույց է տալիս ուղիղ 2-ը:

Դաս 10.   Պատրաստեք թղթե ժամացույց՝ մասնատելով շրջանը և ասեք ժամը

EUREKA MATH

ՄԻԱՎՈՐՆԵՐԻ ՊԱՏՄՈՒԹՅՈՒՆ Դաս 10 Տնային աշխատանք 1•5

Անուն _____ Ամսաթիվ _____

1. Համապատասխանեցրե՛ք ամեն ժամացույց այն ժամին, որն այն ցույց է տալիս։

a.

ժամը 4-ը

b.

ժամը 7-ը

c.

ժամը 11-ը

d.

ժամը 10-ը

e.

ժամը 3-ը

ժամը 2-ը

f.

Դաս 10. Պատրաստեք թղթե ժամացույց՝ մասնատելով շրջանը և ասեք ժամը

2. Դրե՛ք ժամի սլաքը ժամացույցի վրա այնպես, որ ժամացույցը համապատասխանի ժամին: Ապա, գրե՛ք ժամը:

a.  ժամը 6-ը 6:00

b.  ժամը 9-ը _____

c.  ժամը 12-ը _____

d.  ժամը 7-ը _____

e.  ժամը 1-ը _____

1. Շրջանի մեջ առե՛ք ճիշտ ժամացույցը:

   12-ն անց կես

a.

b.

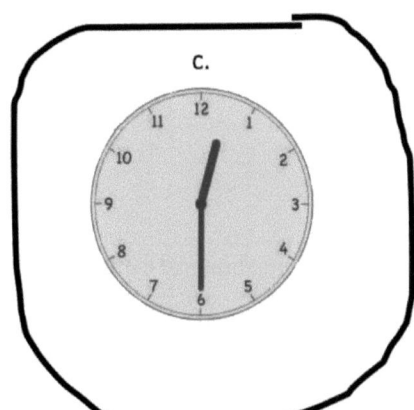

c.

Երբ ժամը «անց կես է», րոպեի սլաքը միշտ ուղղվելու է դեպի ներքև, ժամացույցի կեսին՝ 6-ին: Այս բոլոր ժամացույցների րոպեի սլաքն ուղղված է 6-ին, իսկ ժամացույցի ժամի սլաքն անցել է 12-ից:

Ժամի սլաքը դեռ 1-ին չի հասել, ուստի գիտեմ, որ ժամը դեռ 12-ն է:

Դաս 11. Ճանաչեք շրջանաձև ժամացույցի կեսերը և ասե՛ք ժամը՝ կես ժամի ճշգրտությամբ

167

2. Գրե՛ք յուրաքանչյուր ժամացույցի ժամը՝ Հենրիի շաբաթ օրվա մասին պատմելու համար:

Հենրին արթնանում է ժամը **8:30**.	Նա գնում եմ այգի ժամը **11:30**.
Նա գնում է տուն ճաշելու ժամը **1:30**.	Նա գնում է քնելու ժամը **2:30**.

Ես կարող եմ ստուգել իմ աշխատանքը՝ ինքս ինձ հարցնելով, թե արդյոք իմ պատասխանն իմաստ արտահայտու՞մ է: Օրինակ, իմաստ չէր ունենա, որ Հենրին ճաշեր 8:30-ին:

168 Դաս 11. Ճանաչե՛ք շրջանաձև ժամացույցի կեսերը և ասե՛ք ժամը՝ կես ժամի ճշգրտությամբ

Անուն _____ Ամսաթիվ _____

Շրջանի մեջ առե՛ք ճիշտ ժամացույցը:

1. 2-ն անց կես

a. 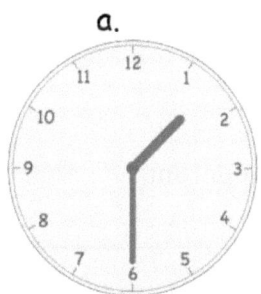   b. 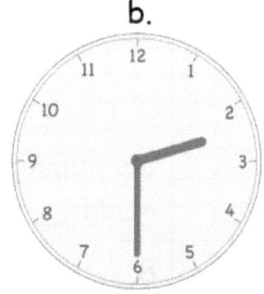   c.

2. 10-ն անց կես

a.    b.    c.

3. Ժամը 6-ը

a.    b.    c.

4. 8-ն անց կես

a.    b.    c.

Գրե՛ք յուրաքանչյուր ժամացույցի ժամը՝ Լիի օրվա մասին պատմելու համար:

5.

Լին արթնանում է ժամը ______________

6.

Նա դպրոց է գնում ավտոբուսով ժամը ______________

7.

Նա մաթեմատիկայի դաս է անում ժամը ______________

8.

Նա ճաշում է ժամը ______________

9.

Նա բասկետբոլի պարապունք է ունենում ժամը ______________

10.

Նա կատարում է տնային աշխատանքը ժամը ______________

11.

Նա ճաշում է ժամը ______________

12.

Նա պառկում է քնելու ժամը ______________

EUREKA MATH

Գրե՛ք յուրաքանչյուր ժամացույցի ժամը՝ կամ գծե՛ք ժամացույցի բաց թողնված սլաքը (սլաքները):

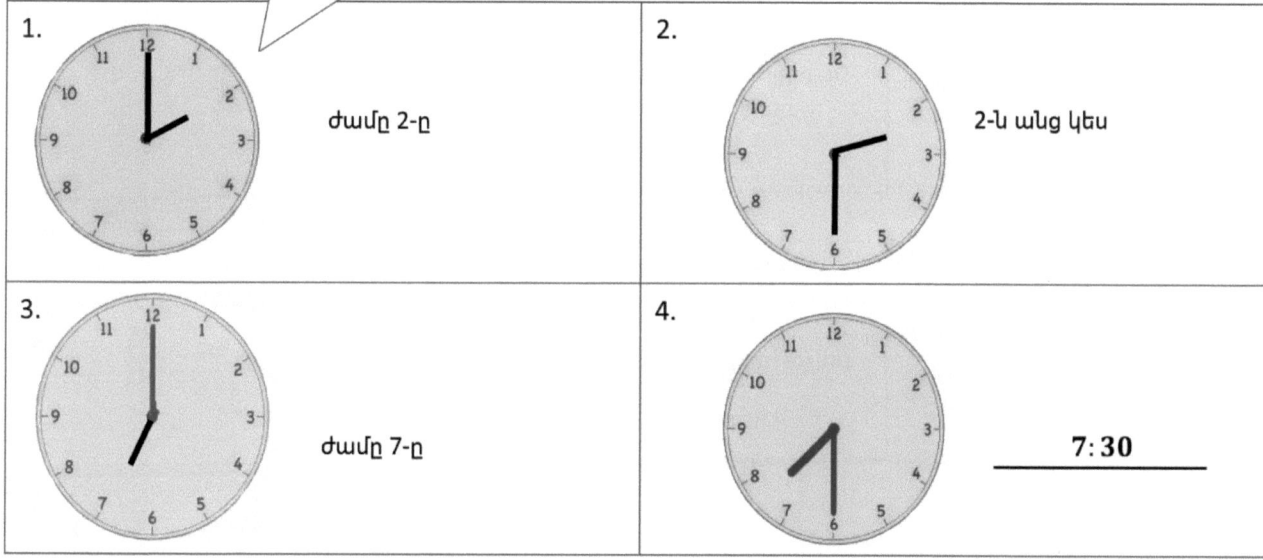

Երբ ժամանակը «ժամ» է, ես նկարում եմ րոպեի սլաքը 12-ի վրա:

1. ժամը 2-ը	2. 2-ն անց կես
3. ժամը 7-ը	4. 7:30

Երբ ժամանակը «անց կես» է կամ 30 րոպե, ես գիտեմ, որ րոպեի սլաքը պետք է ժամացույցի կեսի վրա լինի՝ 6-ի:

Դաս 12. Ճանաչեք շրջանաձև ժամացույցի կեսերը և ասե՛ք ժամը՝ կես ժամի ճշգրտությամբ

5. Համապատասխանեցրե՛ք նկարները ժամացույցներին:

Երբ ես նայում եմ ժամի սլաքին, կարող եմ ասել, թե արդյոք ժամանակը «ժամ» է, թե «անց կես»: Ժամի սլաքը պետք է ցույց տա հենց այն թիվը, երբ ժամանակը «ժամ» է:

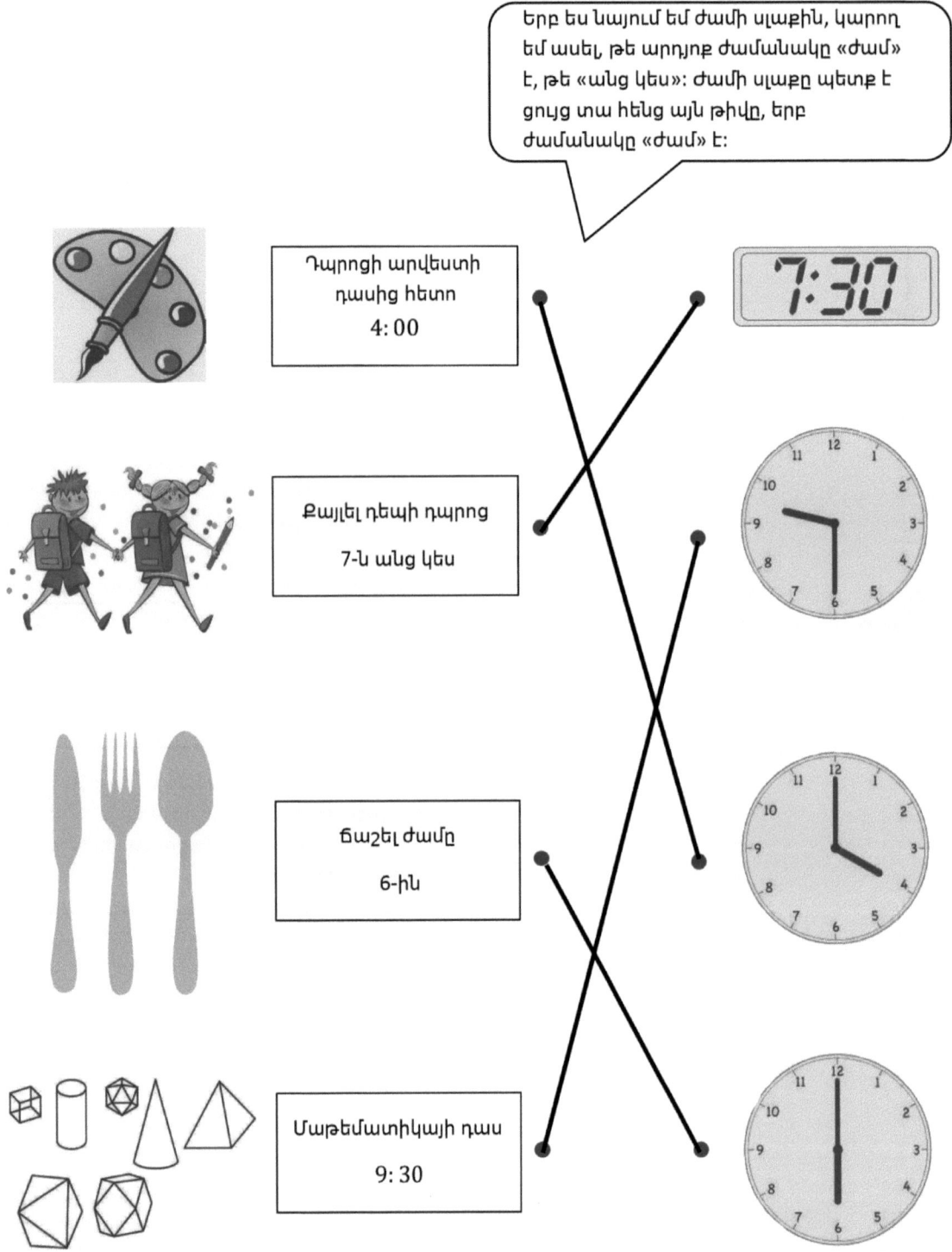

Դպրոցի արվեստի դասից հետո
4: 00

Քայլել դեպի դպրոց
7-ն անց կես

Ճաշել ժամը
6-ին

Մաթեմատիկայի դաս
9: 30

172 Դաս 12. Ճանաչեք շրջանաձև ժամացույցի կեսերը և ասե՛ք ժամը՝ կես ժամի ճշգրտությամբ

Անուն _____   Ամսաթիվ _____

Գրե՛ք յուրաքանչյուր ժամացույցի ժամը՝ կամ գծե՛ք ժամացույցի բաց թողնված սլաքը (սլաքները):

1. 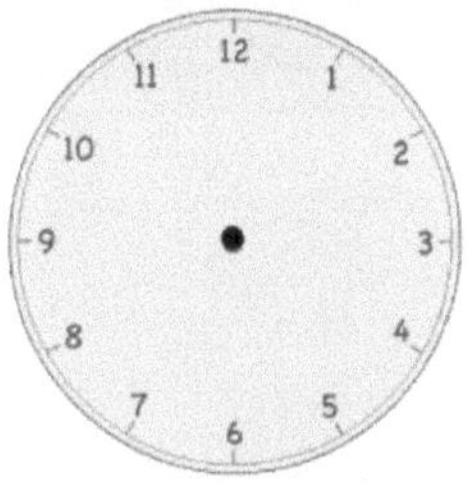 ժամը 10-ը	2.  10-ն անց կես
3.  ժամը 8-ը	4.  _____
5. 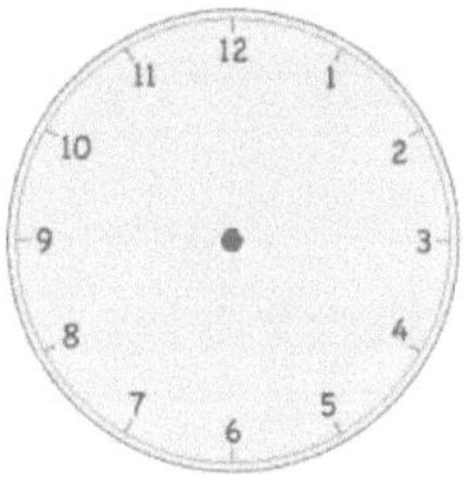 ժամը 3	6.  3-ն անց կես
7.  _____	8. 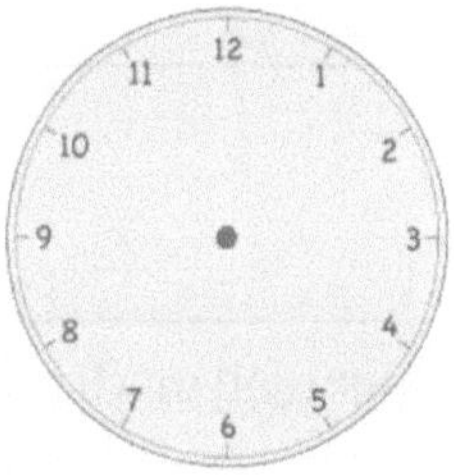 6-ն անց կես
9.  9-ն անց կես	10. 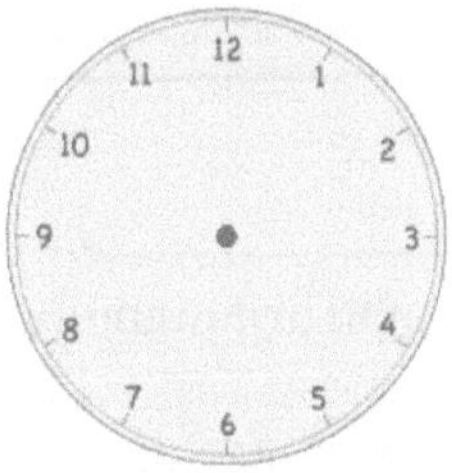 4-ն անց կես

Դաս 12. Ճանաչեք շրջանաձև ժամացույցի կեսերը և ասե՛ք ժամը՝ կես ժամի ճշգրտությամբ

11. Համապատասխանեցրե՛ք նկարները ժամացույցներին:

a.

ֆուտբոլային մարզում

3:30

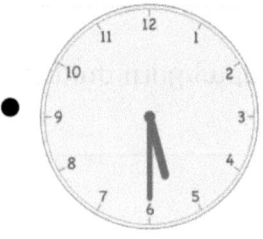

b.

Լվանալ ատամները

7:30

c.

Լվանալ ամանները

6:00

d.

Ճաշել

5:30

e.

Ավտոբուսով տուն գալ

4:30

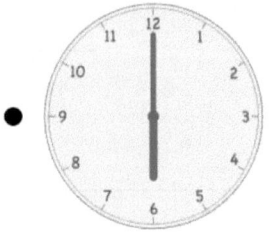

f.

Տնային աշխատանք

6-ն անց կես

EUREKA MATH

1. Լրացրեք բաց թողնվածները:

A

B

B ժամացույցը ցույց է տալիս հինգ անց կես:

A ժամացույցը ցույց է տալիս վեց անց կես: Այս մեկը հեշտ էր, քանի որ հեշտ է կարդալ թվային ժամը: Այն ցույց է տալիս «հինգ անց երեսուն»:

A

B

A ժամացույցը ցույց է տալիս ժամը յոթը:

Երկու ժամացույցներն էլ ցույց են տալիս մի ժամանակ, որը «ժամ» է, բայց երբ ուշադիր նայում եմ ժամացույցի ժամի սլաքին, տեսնում եմ, որ B ժամացույցը ցույց է տալիս ժամը 6-ը, իսկ A ժամացույցը ցույց է տալիս ժամը 7-ը:

2. Գրե՛ք յուրաքանչյուր ժամացույցի ժամը՝ ժամացույցի ներքևում գտնվող գծի վրա:

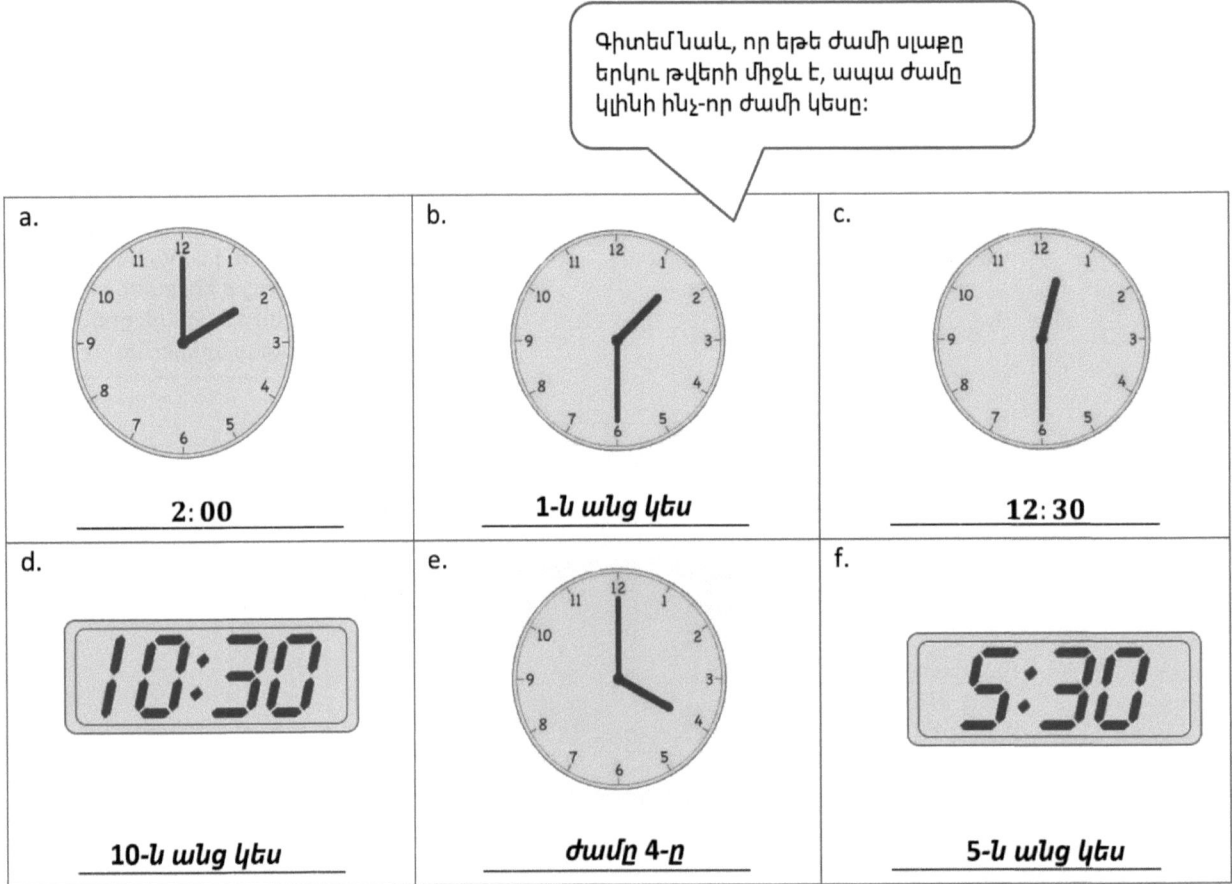

Գիտեմ նաև, որ եթե ժամի սլաքը երկու թվերի միջև է, ապա ժամը կլինի ինչ-որ ժամի կեսը:

a.	b.	c.
2:00	1-ն անց կես	12:30
d. 10-ն անց կես	e. ժամը 4-ը	f. 5-ն անց կես

3. Նշան դրե՛ք (✓) այն ժամացույցի (ժամացույցների) մոտ, որոնք ցույց են տալիս ժամը 11-ը:

a.	b.	c.	d.
☐	☐	✓	✓

EUREKA MATH

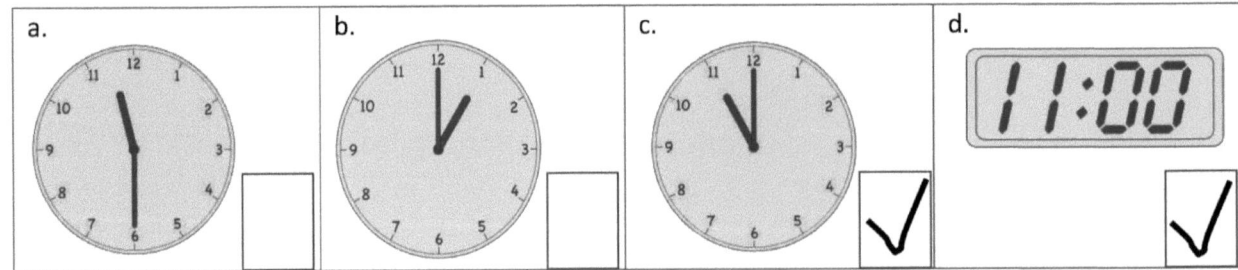

Անուն ______________________________ Ամսաթիվ ______________

Լրացրեք բաց թողնվածները:

1.

A

B

Ժամացույցը ______ ցույց է տալիս երեքն անց կես:

2.

A

B

Ժամացույցը ______ ցույց է տալիս տասներկուսն անց կես:

3.

A

B

Ժամացույցը ______ ցույց է տալիս ժամը տասնմեկը:

4.

A

B

Ժամացույցը ______ ցույց է տալիս 8:30:

5.

A

B

Ժամացույցը ցույց է տալիս ______ 5:00:

Դաս 13. Ճանաչեք շրջանաձև ժամացույցի կեսերը և ասե՛ք ժամը՝ կես ժամի ճշգրտությամբ

6. Գրե՛ք ժամը՝ ժամացույցի ներքևում գտնվող գծի վրա:

a. ______	b. ______	c. ______
d.

7:30

 ______ | e. ______ | f. ______ |
| g. ______ | h.

11:00

 ______ | i. ______ |

7. Նշան դրե՛ք (✓) այն ժամացույցի (ժամացույցների) մոտ, որոնք ցույց են տալիս ժամը 4-ը:

a. ☐	b. ☐	c. ☐	d. ☐

EUREKA MATH

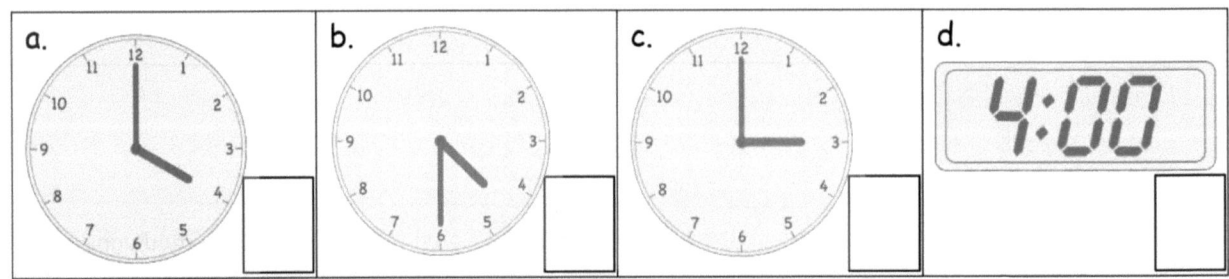

Դասարան 1
Մոդուլ 6

สารบัญ

Նոյը կերավ 7 ժելեդոնդող լոբի: Նրա ավագ քույլ Շառլոտան կերավ 15 դոնդող լոբի: Որքա՞ն ավելի շատ դոնդող լոբի կերավ Շառլոտան՝ Նոյի համեմատ:

Ես նախ կարող եմ նկարել ժապավենային դիագրամ՝ ներկայացնելով Նոյի կերած դոնդող լոբիների քանակը՝ 7: Կարող եմ այս դիագրամը նշել N տառով:

N
7
C
7
15

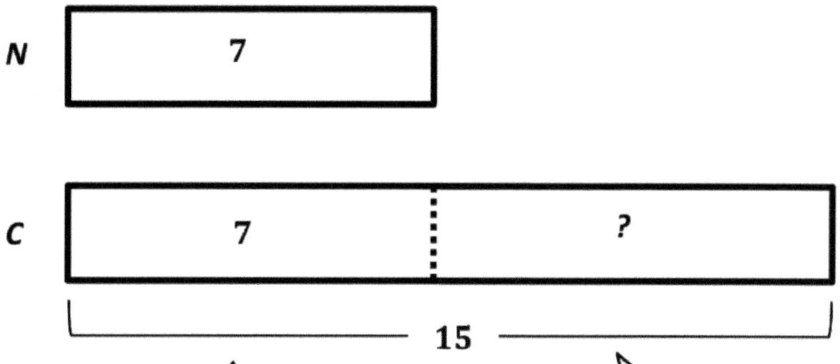

Հետո կարող եմ նկարել երկրորդ ժապավենային դիագրամը հենց ներքևում՝ ներկայացնելով Շառլոտի կերած դոնդող լոբիների քանակը՝ 15, և այն նշել C տառով: Ես տեսնում եմ, որ Շառլոտի ժապավենը Նոյից ավելի երկար է, քանի որ նա ավելի շատ դոնդող լոբի է կերել: Այսպիսի կրկնակի ժապավենի գծապատկեր նկարելը և նշելն օգնում են ինձ հեշտությամբ համեմատել թվերը:

Նոյի ժապավենը ներկայացնում է 7, այնպես որ Շառլոտի ժապավենի այսքան մասը նույնպես 7-ն է:

Շառլոտի ժապավենի այս հատվածը ներկայացնում է, թե նա որքան ավել դոնդող լոբի է կերել: Ես կարող եմ այս մասում հարցական նշան գրել, որպեսզի ներկայացնեմ անհայտը:

$$15 - 7 = \boxed{8}$$

Այժմ ես կարող եմ գրել թվային արտահայտություն `անհայտը գտնելու համար: Անհայտը գտնելու համար կան բազմաթիվ ռազմավարություններ: Կարող եմ սկսել հաշվել 7-ից՝ հասնելով 15-ի: Կարող եմ այս խնդրի մասին մտածել որպես 7 + ? = 15, որ ստանամ 8-ը: Բայց այս պարագայում ես ընտրում եմ հանման գործողություն օգտագործել, քանի որ այն առավել արդյունավետ է:

Շառլոտը կերել է 8-ով ավելի դոնդող լոբի, քան Նոյը:

Վերջապես, ես պետք է գրեմ իմ պնդումը, որը համապատասխանում է իմ պատմությանը: Սա կօգնի ինձ ստուգել իմ պատասխանը և համոզվել, որ դա իմաստ է արտահայտում:

Անուն ______________________________ Ամսաթիվ ________________

Կարդացեք բառային խնդիրը:

Նկարեք ժապավենաձև դիագրամ կամ կրկնակի ժապավենաձև դիագրամ և նշումներ կատարեք:

Գրեք թվային արտահայտություն և պնդում, որը համապատասխանում է պատմությանը:

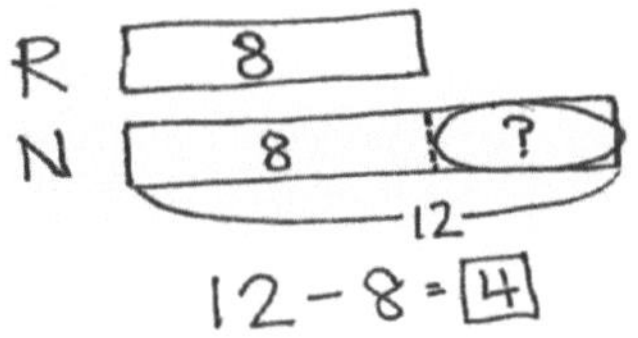

R
8
N
8
12
12 − 8 = 4

1. Ֆրենը գրադարանին է նվիրաբերել իր 11 հին գրքերը: Դարնելը գրադարանին է նվիրաբերել իր 8 հին գրքերը: Որքա՞ն ավելի շատ գրքեր է նվիրաբերել Ֆրենը` Դարնելի համեմատ:

2. Ընդմիջման ժամանակ 7 աշակերտ գիրք էին կարդում: Խաղահրապարակում խաղում էին 17 աշակերտ: Որքա՞ն ավելի քիչ աշակերտներ էին գիրք կարդում, քան խաղում խաղահրապարակում:

EUREKA MATH Դաս 1. Լուծեք, անհայտ տարբերությամբ համեմատության տարբեր խնդիրներ: 183

3. Մարիան 18 տարեկան է: Նրա եղբայր Նիկիլը 12 տարեկան է: Որքանո՞վ է Մարիան մեծ իր եղբայր Նիկիլից:

4. Մարտ ամսին 15 օր անձրև է եկել: Ապրիլին 19 օր անձրև է եկել: Որքա՞ն օր ավելի է անձրև եկել ապրիլին մարտ ամսի համեմատ:

1. Գրեյսն օգտագործել է 12 բլոկ՝ աշտարակ կառուցելու համար: Մեթն օգտագործել է 4 բլոկ ավելի, քան Գրեյսը: Քանի՞ բլոկ է օգտագործել Մեթը:

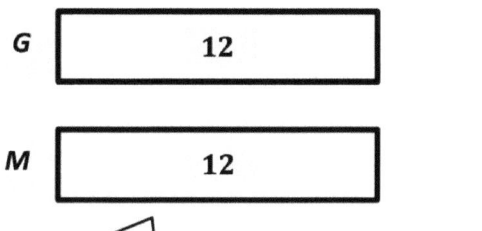

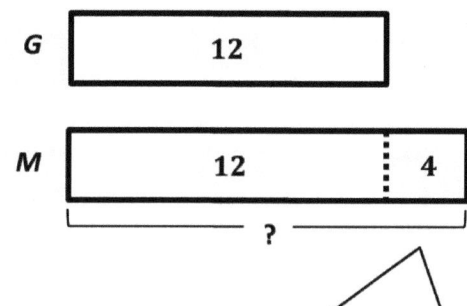

Պատմությունը ներկայացնելու համար կարող եմ նկարել կրկնակի ժապավենային դիագրամ: Նախ, ես կարող եմ նկարել ժապավենային դիագրամ, որը ներկայացնում է բլոկների քանակը՝ 12, որոնք Գրեյսն օգտագործեց աշտարակ կառուցելու համար և իր ժապավենը նշել G տառով: Այնուհետև ես կարող եմ նկարել երկրորդ ժապավենային դիագրամը՝ ներկայացնելով այն բլոկների քանակը, որոնք Մեթն օգտագործեց իր աշտարակը կառուցելու համար և այն նշել M տառով: Քանի որ ես դեռ չգիտեմ, թե քանի բլոկ է օգտագործել Մեթը իր աշտարակի համար, ես կարող եմ սկսել նկարել և նշել նրա ժապավենը նույն չափով, որքան Գրեյսինը:

Պատմության մեջ ասվում է. «Մեթը Գրեյսից 4 բլոկ ավել օգտագործեց»: Այսպիսով, ես պետք է Մեթսի կողքին նկարեմ ժապավենի լրացուցիչ մասը ՝ ցույց տալու համար, որ նա օգտագործեց 4-ով ավել բլոկ, քան Գրեյսը: Անհայտը Մեթի օգտագործած բլոկների ընդհանուր քանակն է: Ես դա կարող եմ նշել հարցական նշանով:

Ստուգելու համար, որ ես նկարել և նշել եմ բոլոր հայտնի և անհայտ տեղեկությունները, կարող եմ նորից կարդալ պատմության յուրաքանչյուր մասը: Ընթերցելիս ես կարող եմ շոշափել կրկնակի ժապավենի դիագրամի այն հատվածը, որը համապատասխանում է իմ ասածին:

$12 + 4 = \boxed{16}$

Այժմ ես կարող եմ գրել թվային արտահայտություն, որը կօգնի ինձ գտնել բլոկների ընդհանուր քանակը և պնդում, որը պատասխանում է հարցին:

Մեթն օգտագործեց 16 բլոկ:

Դաս 2 . Լուծեք, *ավելի մեծ կամ ավելի փոքր անհայտով* համեմատության տարբեր խնդիրներ:

2. Սյուզանը գտել է 9 ծովային խխունջ ավելի քիչ, քան Ջոնը: Ջոնը գտել է 13 ծովային խխունջ: Քանի՞ խխունջ է գտել Սյուզանը:

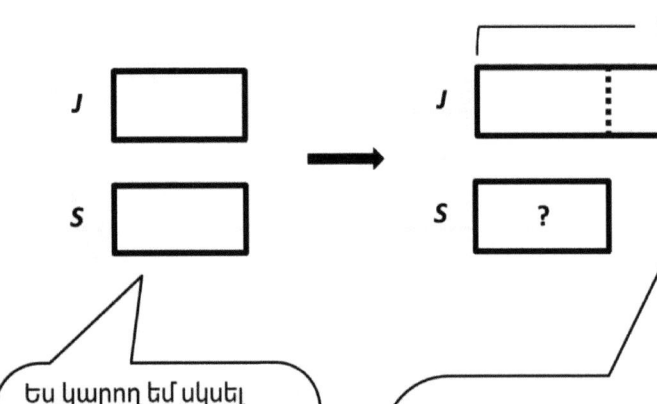

Ես կարող եմ սկսել նկարել և նշել կրկնակի ժապավենային դիագրամ՝ պատմությունը ներկայացնելու համար: Իմ երկու ժապավենները կկազմեմ նույն չափի:

Պատմության առաջին նախադասությունն ասում է. «Սյուզանը գտավ 9-ով քիչ ծովային խխունջ, քան Ջոնը»: Դա նշանակում է, որ Ջոնը գտել է 9-ով ավելի ծովային խխունջ, քան Սյուզանը: Ես դա կարող եմ ցույց տալ իմ դիագրամով՝ ավելացնելով ևս մեկ հատված Ջոնի ժապավենի վրա և նշելով այն 9-ով:

Խնդրի երկրորդ նախադասությունն ասում է. «Ջոնը գտավ 13 ծովային խխունջ»: Դա նշանակում է, որ 13-ը ներկայացնում է Ջոնի գտած ծովային խխունջների ընդհանուր քանակը, այնպես որ ես կարող եմ Ջոնի ամբողջ ժապավենի գծապատկերը նշել 13: Հարցը, սակայն, հետևյալն է. «Քանի՞ ծովային խխունջ է գտել Սյուզանը»: Ես գիտեմ, որ եթե ես պարզում եմ Ջոնի ժապավենի անհայտ մասը, ապա Սյուզանի ժապավենի համար նույնպես անհայտ եմ գտնում:

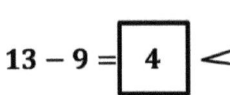

$13 - 9 = \boxed{4}$

Բացակայող մասը գտնելու համար կարող եմ օգտագործել հանում: Քանի որ Ջոնի բացակայող մասը 4-ն է, Սյուզանի բացակայող մասը նույնպես 4-ն է, քանի որ դրանք նույն չափին են: Այսպիսով, Սյուզանը գտել է 4 ծովային խխունջ:

Սյուզանը գտել է 4 ծովային խխունջ:

186 Դաս 2 . Լուծեք, *ավելի մեծ կամ ավելի փոքր անհայտով* համեմատության տարբեր խնդիրներ:

Անուն ______________________________ Ամսաթիվ ________________

<u>Կ</u>արդացեք բառային խնդիրը:
<u>Ն</u>կարեք ժապավենաձև դիագրամ կամ կրկնակի ժապավենաձև դիագրամ և նշումներ կատարեք:
<u>Գ</u>րեք թվային արտահայտություն և պնդում, որը համապատասխանում է պատմությանը:

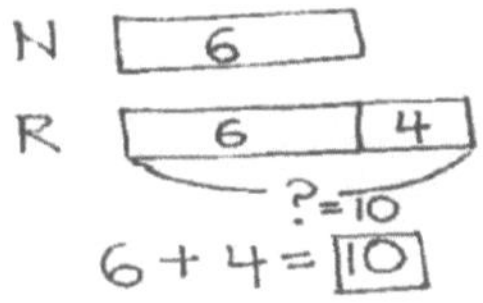

1. Քիմն այս ամառ գնացել է 15 բեյսբոլի խաղի: Ջուլիոն գնացել է 10 բեյսբոլի խաղի: Քանի՞ խաղ ավելի է գնացել Քիմը, քան Ջուլիոն:

---

2. Կիանան ֆերմայում քաղել է 14 ելակ: Թամրան քաղել է 5 ելակով պակաս, քան Կիանան: Քանի՞ ելակ է քաղել Թամրան:

---

3. Վիլլին գազանանոցում տեսել է 7 սողուն: Էմին գազանանոցում տեսել է 4 սողուն ավելի, քան Վիլլին: Քանի՞ սողուն է տեսել Էմին գազանանոցում:

4. Փիթերը լողավազան է թռել 6 անգամ ավելի, քան Դարնելը: Դարնելը թռել է 9 անգամ: Քանի անամ ավելի է թռել Փիթերը լողավազան:

5. Ռոզը լողափին գտել էր 16 ծովային խխունջ: Լին գտել էր 6 ծովային խխունջով պակաս, քան Ռոուզը: Քանի՞ ծովային խխունջ է գտել Լին լողափում:

6. Շանիկան փոստով ստացել է 12 քարտ: Նիկիը ստացել է 5 քարտով ավելի, քան Շանիկան: Քանի՞ քարտ է ստացել Նիկիը:

EUREKA MATH

1. Գրե՛ք տասնյակներն ու միավորները: Լրացրեք արտահայտությունը:

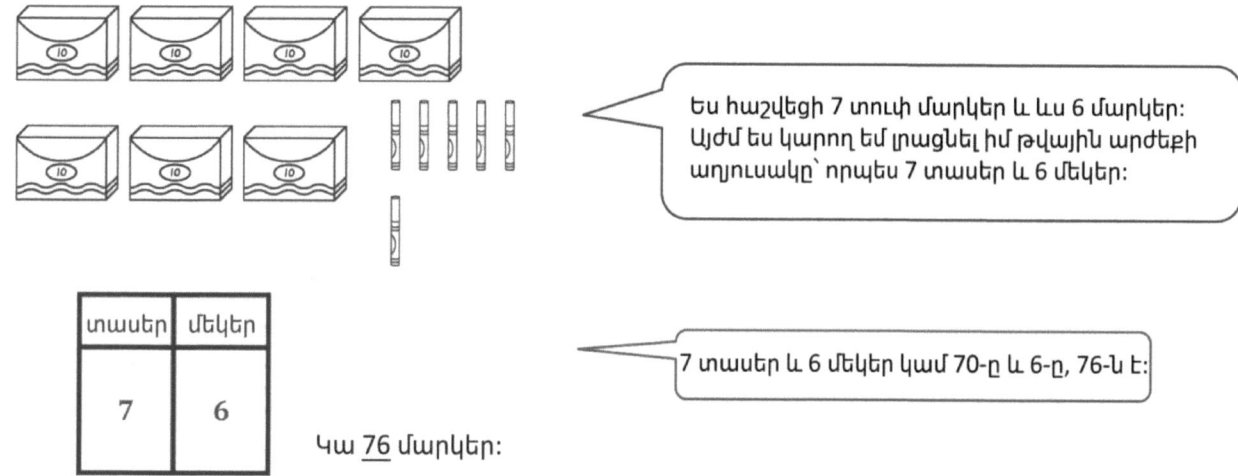

Ես հաշվեցի 7 տուփ մարկեր և ևս 6 մարկեր: Այժմ ես կարող եմ լրացնել իմ թվային արժեքի աղյուսակը՝ որպես 7 տասեր և 6 մեկեր:

տասեր	մեկեր
7	6

Կա 76 մարկեր:

7 տասեր և 6 մեկեր կամ 70-ը և 6-ը, 76-ն է:

2. Գրեք թվերը տասնավորների ու միավորների տեսքով կարգային արժեքների աղյուսակում կամ օգտագործեք կարգային արժեքների աղյուսակը՝ թիվը գրելու համար:

a. 52

տասեր	մեկեր
5	2

52-ը բաղկացած է երկու մասից ՝ 50 և 2: 52-ը «տասերով» 5 տասնյակ է և 2: Դա նշանակում է, որ 52-ում կա 5 տասեր և 2 մեկեր:

b. 98

տասեր	մեկեր
9	8

9 թվանշանը 9 տասերի համար է, ինչը նույնն է, ինչ 90-ը: 8 թվանշանը 8 տասերի համար է: Այսպիսով, 9 տասերը և 8 մեկերը կամ 90-ը և 8-ը, 98-ն է:

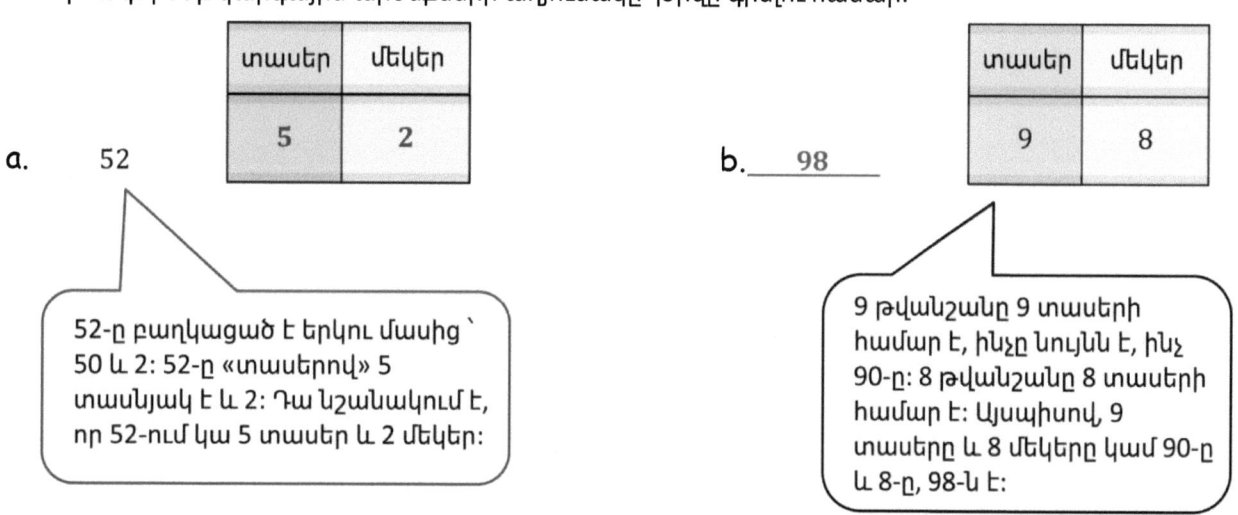

Անուն ______________________________ Ամսաթիվ ______________

Գրեք տասնյակներն ու միավորները: Լրացրեք արտահայտությունը:

1.

տասեր	մեկեր

52 = _____ տասնյակ _____ միավոր

2.

տասեր	մեկեր

_____ = _____ տասնյակ ___ միավոր

3.

տասեր	մեկեր

Կա _____ խորանարդ:

4.

տասեր	մեկեր

Կա _____ խորանարդ:

5.

տասեր	մեկեր

Կա _____ խորանարդ:

6.

տասեր	մեկեր

Կա _____ խորանարդ:

7.

տասեր	մեկեր

Կա _____ գազար:

8.

տասեր	մեկեր

Կա _____ մարկեր:

EUREKA MATH Դաս 3. Օգտագործեք կարգային արժեքների աղյուսակը՝ մինչև 100-ը երկնիշ թվերի տասնյակներն ու միավորները նշելու և անվանելու համար: 191

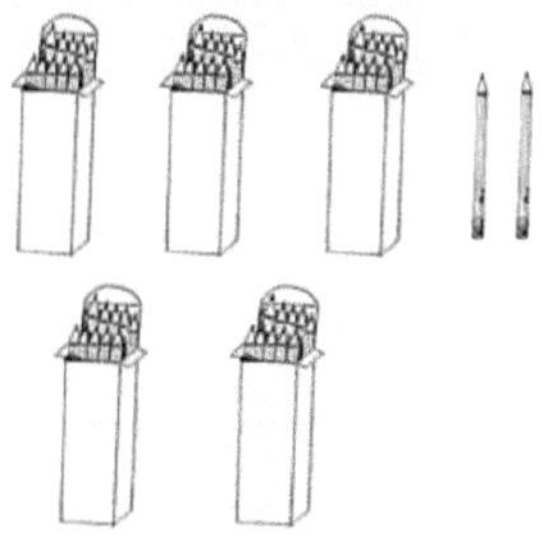

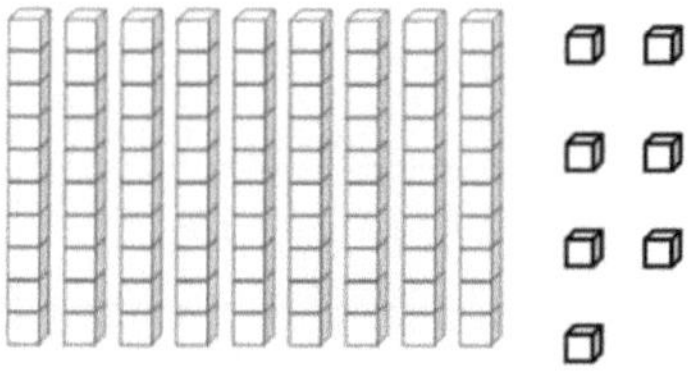

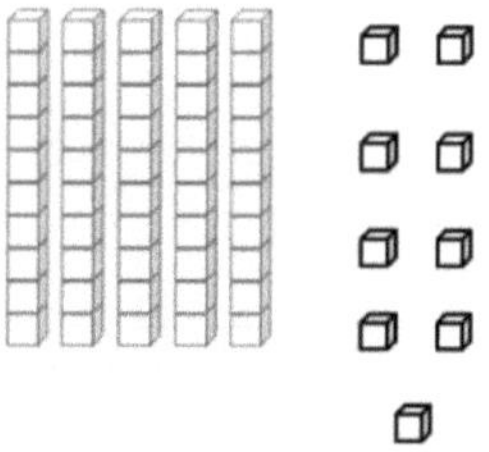

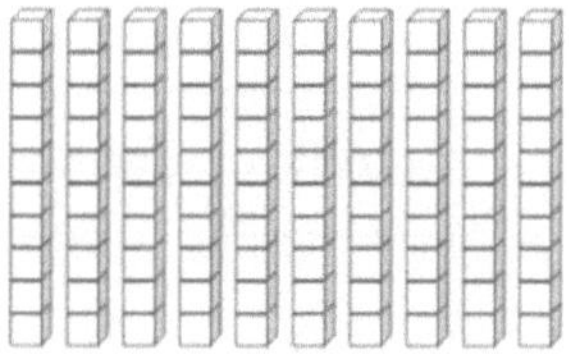

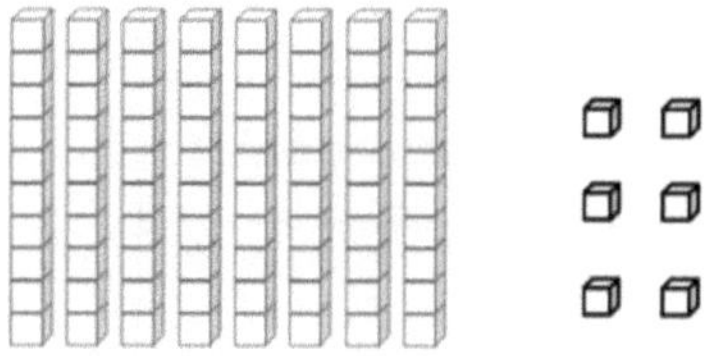

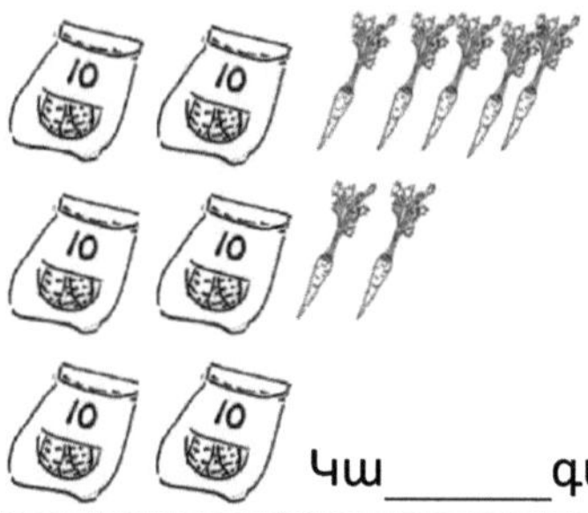

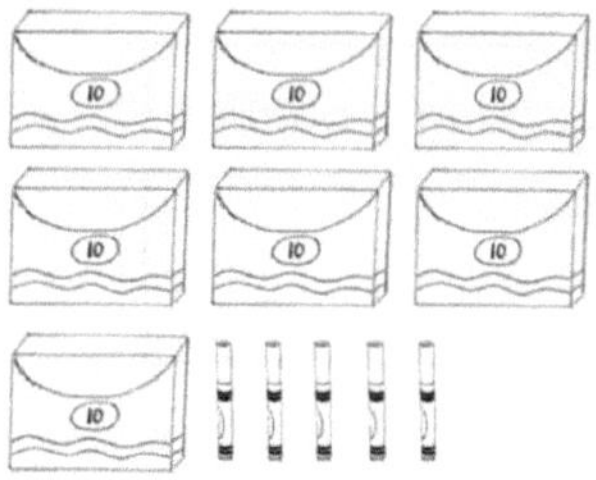

ՄԻԱՎՈՐՆԵՐԻ ՊԱՏՄՈՒԹՅՈՒՆ   Դաս 3 Տնային աշխատանք   1•6

9. Գրեք թվերը տասնյակների ու միավորների տեսքով կարգային արժեքների աղյուսակում կամ օգտագործեք կարգային արժեքների աղյուսակը՝ թիվը գրելու համար։

a. 70

տասեր	մեկեր

b. 76

տասեր	մեկեր

c. _____

տասեր	մեկեր
4	9

d. _____

տասեր	մեկեր
9	4

e. 65

տասեր	մեկեր

f. 60

տասեր	մեկեր

g. 90

տասեր	մեկեր

h. _____

տասեր	մեկեր
10	0

i. _____

տասեր	մեկեր
8	3

j. _____

տասեր	մեկեր
8	0

1. Հաշվե՛ք առարկաները և լրացրե՛ք թվային կապն ու կարգային արժեքի աղյուսակը: Լրացրեք տասնյակների ու միավորների գումարման արտահայտությունները:

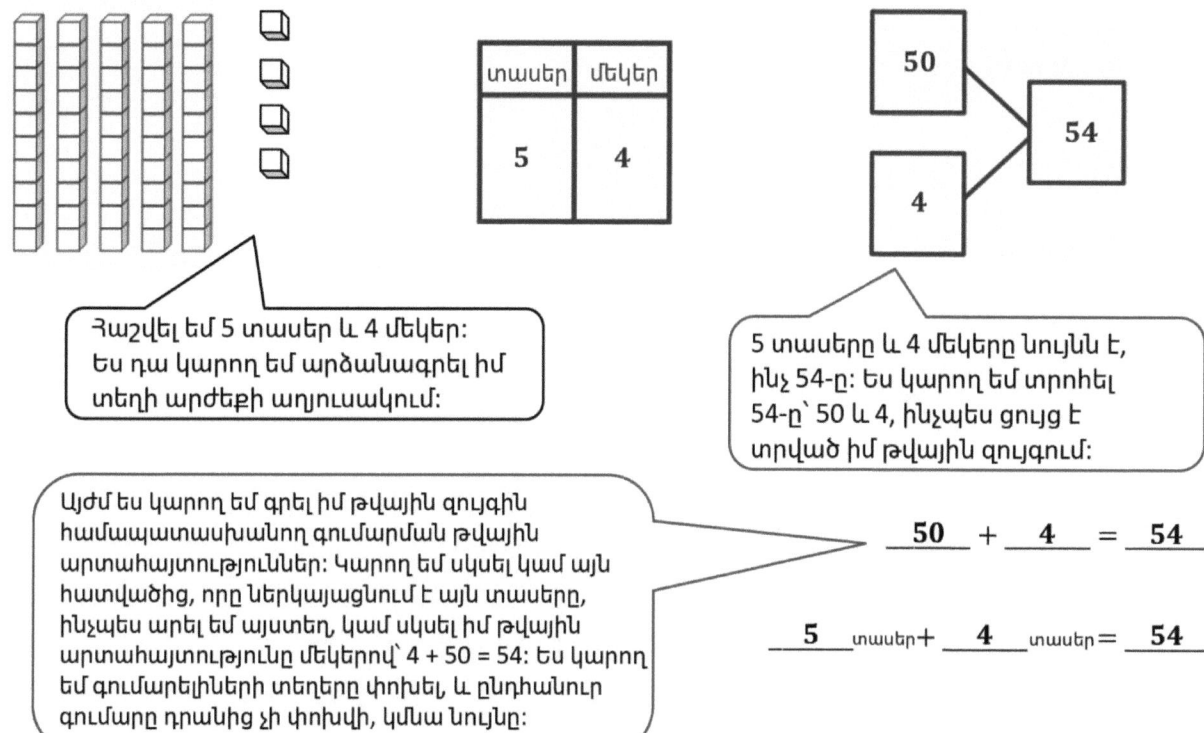

տասեր	մեկեր
5	4

4
54

Հաշվել եմ 5 տասեր և 4 մեկեր: Ես դա կարող եմ արձանագրել իմ տեղի արժեքի աղյուսակում:

5 տասերը և 4 մեկերը նույնն է, ինչ 54-ը: Ես կարող եմ տրոհել 54-ը՝ 50 և 4, ինչպես ցույց է տրված իմ թվային զույգում:

Այժմ ես կարող եմ գրել իմ թվային զույգին համապատասխանող գումարման թվային արտահայտություններ: Կարող եմ սկսել կամ այն հատվածից, որը ներկայացնում է այն տասերը, ինչպես արել եմ այստեղ, կամ սկսել իմ թվային արտահայտությունը մեկերով՝ 4 + 50 = 54: Ես կարող եմ գումարելիների տեղերը փոխել, և ընդհանուր գումարը դրանից չի փոխվի, կմնա նույնը:

50 + **4** = **54**

5 տասեր+ **4** տասեր= **54**

2. Լրացրեք տասնյակների ու միավորների գումարման արտահայտությունները:

a. 70 + 4 = **74**

b. 6 տասնյակ + 8 միավոր = 68

Ես կարող եմ ասել այս թվային արտահայտությունը՝ որպես «4-ից 70-ով ավելին 74-ն է», կամ «70-ից 4-ով ավելին 74-ն է», կամ «7 տասեր գումարած 4 74-ն է», կամ «7 տասերը և 4 մեկերը 74-ն է»: Սրանք ընդամենը մի շարք տարբեր ձևեր են այս թվային արտահայտության համար: Սա օգնում է ինձ ճկուն մտածել թվերի մասին:

ՄԻԱՎՈՐՆԵՐԻ ՊԱՏՄՈՒԹՅՈՒՆ   Դաս 4 Տնային աշխատանք 1•6

Անուն _____   Ամսաթիվ _____

Հաշվեք առարկաները և լրացրեք թվային զույգը կամ կարգային արժեքների աղյուսակը։
Լրացրեք տասնյակների ու միավորների գումարման արտահայտությունները։

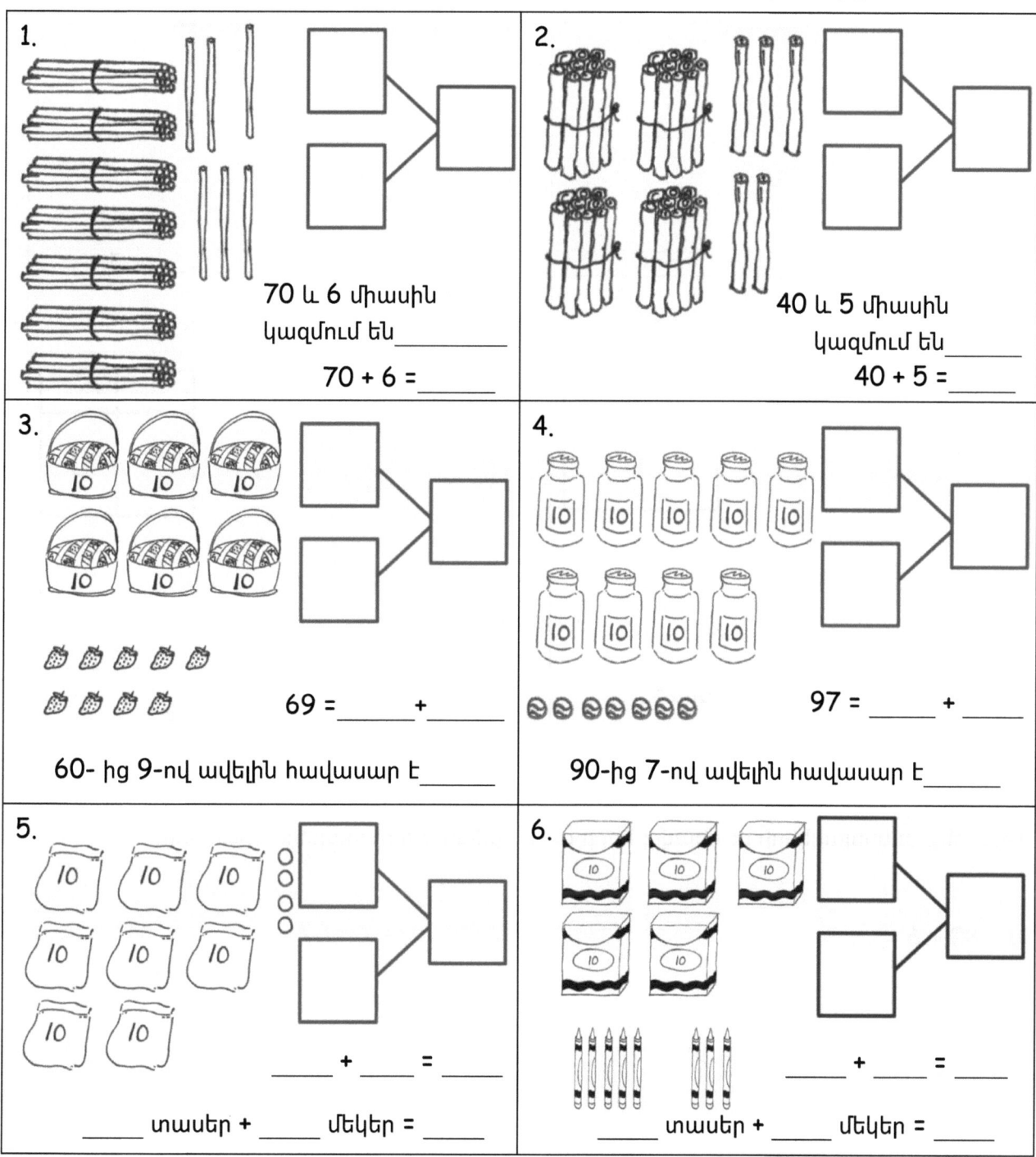

1. 70 և 6 միասին կազմում են _____
   70 + 6 = _____

2. 40 և 5 միասին կազմում են _____
   40 + 5 = _____

3. 69 = _____ + _____
   60-ից 9-ով ավելին հավասար է _____

4. 97 = _____ + _____
   90-ից 7-ով ավելին հավասար է _____

5. _____ + _____ = _____
   _____ տասեր + _____ մեկեր = _____

6. _____ + _____ = _____
   _____ տասեր + _____ մեկեր = _____

Դաս 4. Գրեք և մեկնաբանեք տասնավորներից և միավորներից բաղկացած գումարման   195
արտահայտության տեսքով ներկայացված մինչև 100-ը երկնիշ թվերը։

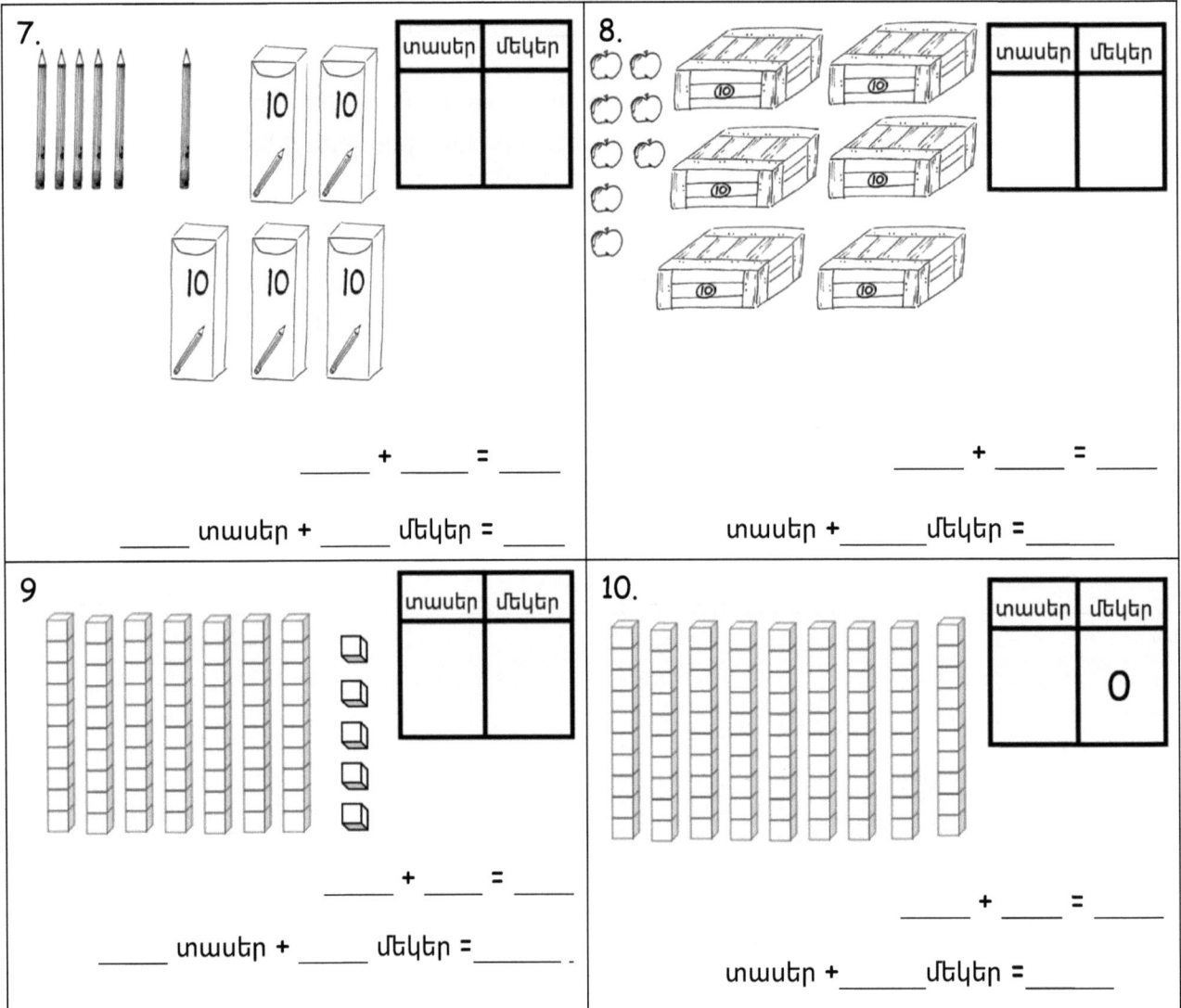

7.

տասեր	մեկեր

_____ + _____ = _____

_____ տասեր + _____ մեկեր = _____

8.

տասեր	մեկեր

_____ + _____ = _____

տասեր + _____ մեկեր = _____

9

տասեր	մեկեր

_____ + _____ = _____

_____ տասեր + _____ մեկեր = _____

10.

տասեր	մեկեր
	0

_____ + _____ = _____

տասեր + _____ մեկեր = _____

11. Լրացրեք տասնյակների ու միավորների գումարման արտահայտությունները:

a. 80 + 6 = _____

b. _____ + 7 = 57

c. 9 տասեր + _____ մեկեր = 95

d. 4 մեկեր + 8 տասեր = _____

EUREKA MATH

1. Գտեք անհայտ թվերը: Սլաքի եղանակով բացատրեք, թե ինչպես իմացաք:

a. 50-ից **1**-ով պակաս հավասար է **49**

տասեր	մեկեր
5	0

− 1 →

տասեր	մեկեր
4	9

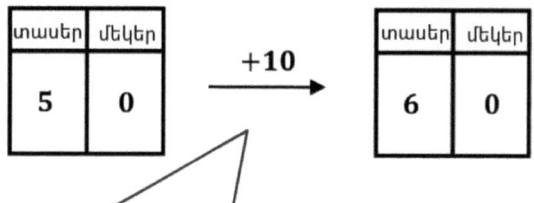

50-ում կա 5 տասեր և 0 մեկեր: Ես դա կարող եմ գրել կարգային արժեքի աղյուսակի ձախ կողմում: 50-ից 1-ով պակաս 49-ն է: 50-ից 49-ը, հանվում է 1: Ես կարող եմ առաջին կարգային արժեքի աղյուսակից սլաք գծել դեպի երկրորդը և սլաքի վերևում գրել 1: Այս դեպքում, երբ ես գտա 1-ով պակասը, փոխվեց ինչպես տասերի, այնպես էլ մեկերի թվանշանները:

b. 50-ից 10-ով ավելին հավասար է **60** :

տասեր	մեկեր
5	0

+10 →

տասեր	մեկեր
6	0

50-ից 10-ով ավելին 60-ն է: 50-ից 60, գումարվում է 10-ը: Ես կարող եմ սլաք գծել առաջին կարգային արժեքի աղյուսակից դեպի երկրորդը և սլաքի վերևում գրել՝ +10: Միայն տասերի նիշն այս անգամ 5 տասերից փոխվեց 6 տասերի, քանի որ ավելացրեցինք ևս 10-ը: Մեկերի նիշը չի փոխվել:

2. Գրեք այն թիվը, որը 1-ով *մեծ է:*

a. 60, **61**

b. 79, **80**

Երբ ես գտնում եմ 1-ով ավելին կամ 1-ով պակասը, երբեմն փոխվում են միայն նիշերը, իսկ երբեմն փոխվում են ինչպես տասերի, այնպես էլ մեկերի նիշերը:

3. Գրեք այն թիվը, որը 10-ով փոքր է:

a. 70, **60**

b. 82, **72**

Պետք է ուշադիր կարդալ ուղղությունները, որպեսզի իմանամ, թե երբ եմ ավելացնում 1, պակասեցնում 1, ավելացնում 10 կամ պակասեցնում 10:

Դաս 5. Որոշեք մինչև 100-ը երկնիշ թվերի համար «10-ով ավելի, 10-ով պակաս, 1-ով ավելի, 1-ով պակաս» արտահայտությունների արժեքը:

Անուն ____________________ Ամսաթիվ ____________

1. Լուծեք: Դուք կարող եք նկարելով կամ խաչիկ քաշելով (x) ցույց տալ ձեր աշխատանքը:

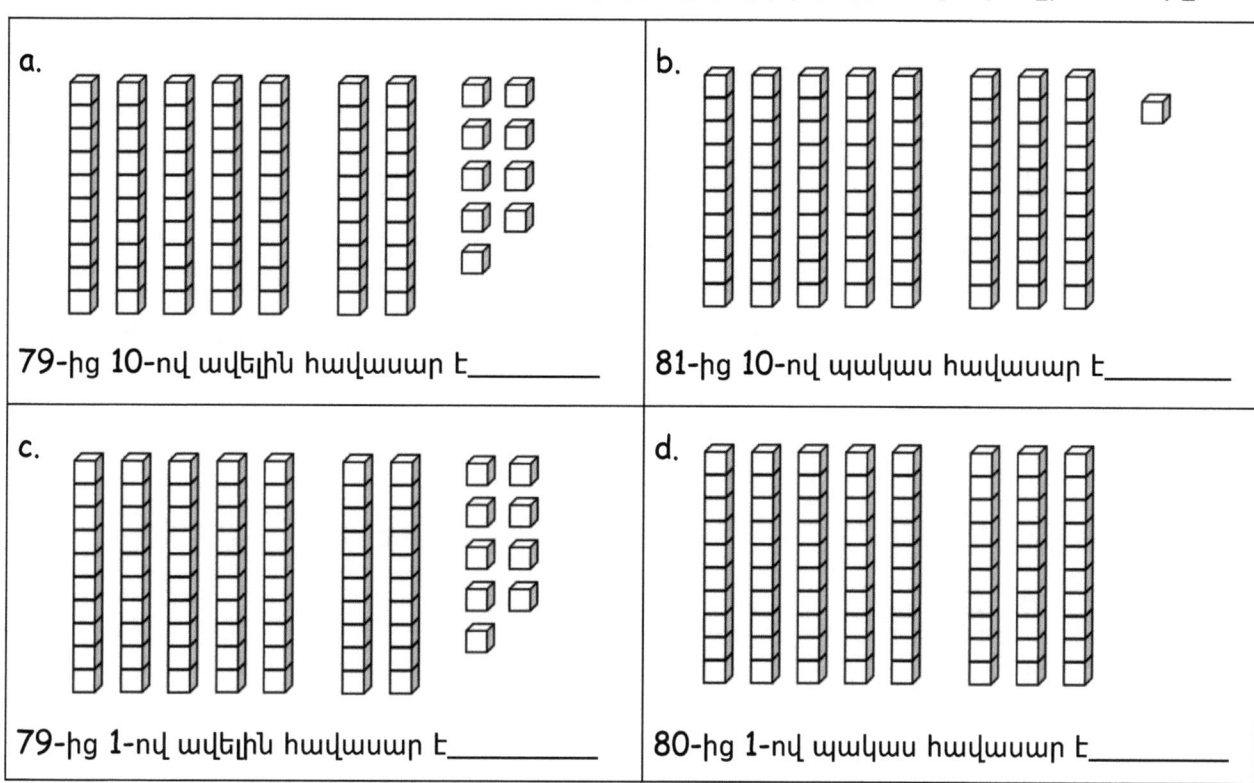

a.

79-ից 10-ով ավելին հավասար է________

b.

81-ից 10-ով պակաս հավասար է________

c.

79-ից 1-ով ավելին հավասար է________

d.

80-ից 1-ով պակաս հավասար է________

2. Գտեք անհայտ թվերը: Դուք կարող եք գծագիր գծել՝ անհրաժեշտության դեպքում լուծմանն օգնելու համար:

a. 75-ից 10-ով ավելի հավասար է________

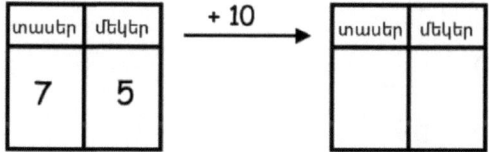

տասներ	մեկեր
7	5

+ 10 →

տասներ	մեկեր

b. 75-ից 1-ով ավելին հավասար է________

տասներ	մեկեր

→

տասներ	մեկեր

c. 88-ից 10-ով պակաս հավասար է________

տասներ	մեկեր

տասներ	մեկեր

d. 88-ից 1-ով պակաս հավասար է________

տասներ	մեկեր

տասներ	մեկեր

3. Գրեք այն թիվը, որը **1-ով մեծ է**: a. 40, _____ b. 50, _____ c. 65, _____ d. 69, _____ e. 99, _____	4. Գրեք այն թիվը, որը **10-ով մեծ է**: a. 60, _____ b. 70, _____ c. 77, _____ d. 89, _____ e. 90, _____
5. Գրեք այն թիվը, որը **1-ով փոքր է**: a. 53, _____ b. 73, _____ c. 71, _____ d. 80, _____ e. 100, _____	6. Գրեք այն թիվը, որը **10-ով փոքր է**: a. 50, _____ b. 60, _____ c. 84, _____ d. 91, _____ e. 100, _____

7. Լրացրեք բացակայող թվերը յուրաքանչյուր հաջորդականության մեջ:

a. 50, 51, 52, _____

b. 79, 78, 77, _____

c. 62, 61, _____, 59

d. 83, _____, 85, 86

e. 60, 70, 80, _____

f. 100, 90, 80, _____

g. 57, 67, _____, 87

h. 89, 79, _____, 59

i. _____, 99, 98, 97

j. _____, 84, _____, 64

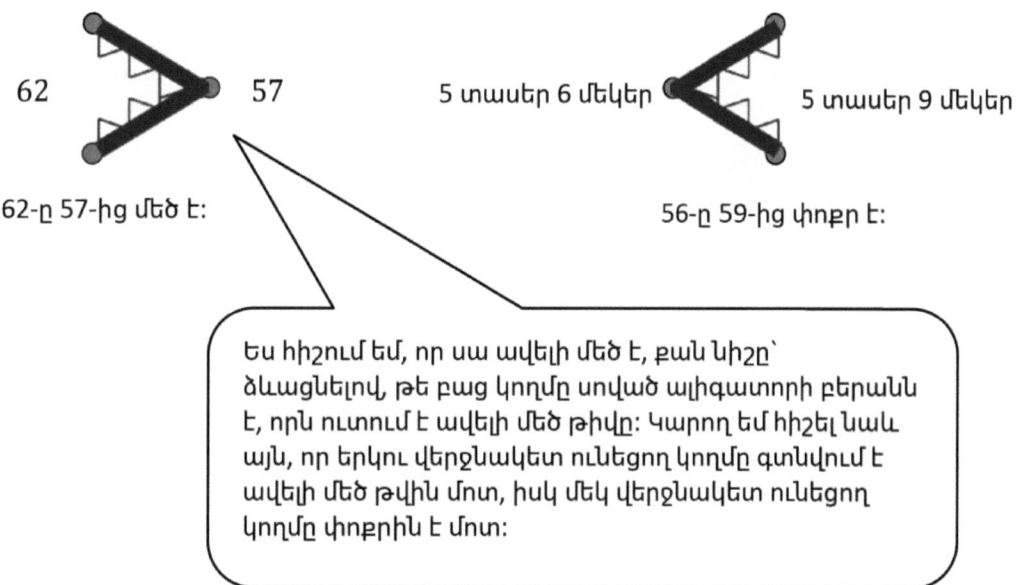

62 57

62-ը 57-ից մեծ է:

5 տասեր 6 մեկեր 5 տասեր 9 մեկեր

56-ը 59-ից փոքր է:

Ես հիշում եմ, որ սա ավելի մեծ է, քան նիշը՝ ձևացնելով, թե բաց կողմը սոված ալիգատորի բերանն է, որն ուտում է ավելի մեծ թիվը: Կարող եմ հիշել նաև այն, որ երկու վերջնակետ ունեցող կողմը գտնվում է ավելի մեծ թվին մոտ, իսկ մեկ վերջնակետ ունեցող կողմը փոքրին է մոտ:

Շրջանակի մեջ վերցրեք ճիշտ բառերը, որպեսզի արտահայտությունը ճիշտ լինի: Օգտագործե՛ք > < կամ = և թվեր՝ իրական արտահայտություն գրելու համար:

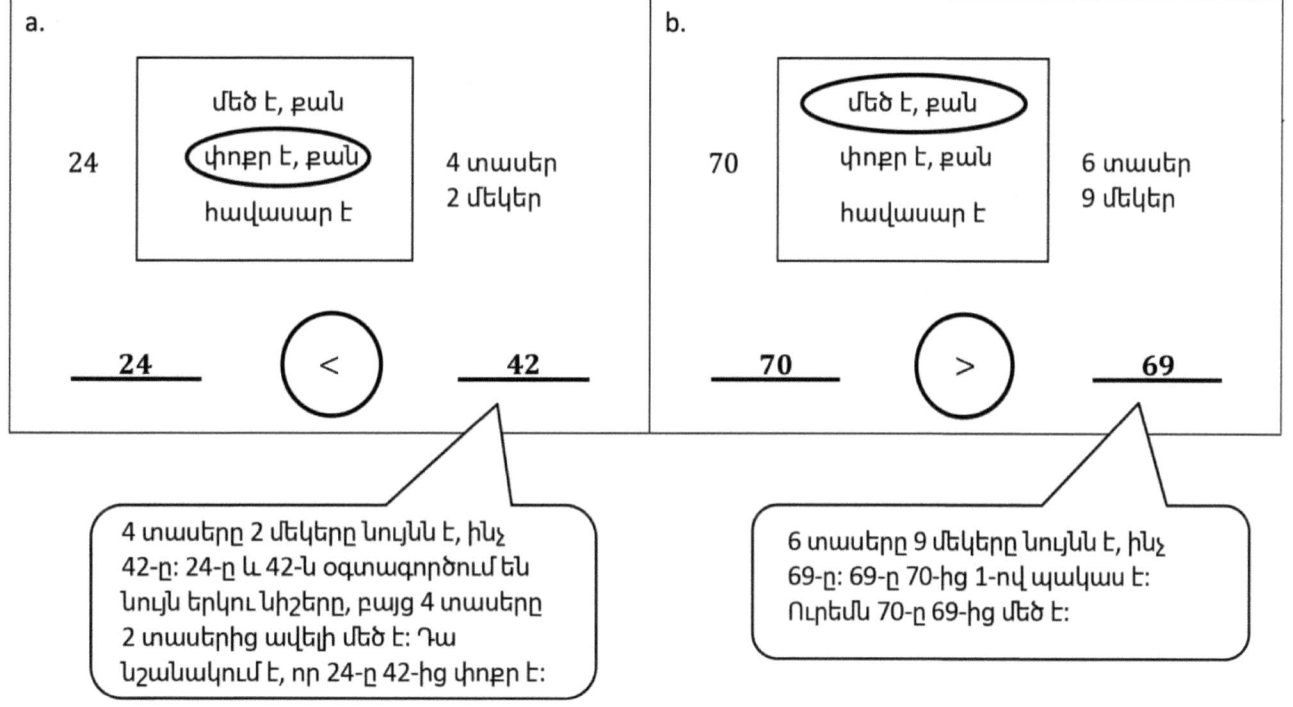

a.

24

- մեծ է, քան
- **(փոքր է, քան)**
- հավասար է

4 տասեր
2 մեկեր

24 (<) **42**

4 տասերը 2 մեկերը նույնն է, ինչ 42-ը: 24-ը և 42-ն օգտագործում են նույն երկու նիշերը, բայց 4 տասերը 2 տասերից ավելի մեծ է: Դա նշանակում է, որ 24-ը 42-ից փոքր է:

b.

70

- **(մեծ է, քան)**
- փոքր է, քան
- հավասար է

6 տասեր
9 մեկեր

70 (>) **69**

6 տասերը 9 մեկերը նույնն է, ինչ 69-ը: 69-ը 70-ից 1-ով պակաս է: Ուրեմն 70-ը 69-ից մեծ է:

Անուն ____________________ Ամսաթիվ ____________

1. Օգտագործեք նշանները՝ թվերը համեմատելու համար: Բացատում դրեք <, > կամ = նշանները, որպեսզի արտահայտությունը ճիշտ լինի:

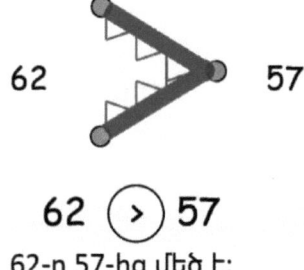

62 57

62 (>) 57
62-ը 57-ից մեծ է:

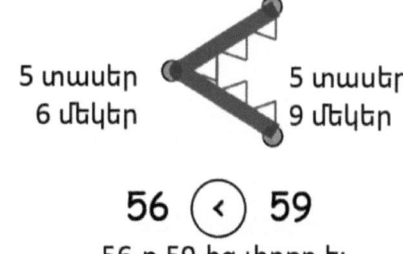

5 տասեր 6 մեկեր 5 տասեր 9 մեկեր

56 (<) 59
56-ը 59-ից փոքր է:

a. 43 ◯ 35

b. 60 ◯ 86

c. 10 տասնյակ ◯ 99

d. 5 տասնյակ 4 միավոր ◯ 54

e. 7 տասնյակ 9 միավոր ◯ 9 տասնյակ 7 միավոր

f. 1 տասնյակ 3 միավոր ◯ 31

g. 3 տասնյակ 0 միավոր ◯ 2տասնյակ 10 միավոր

h. 3 տասնյակ 5 միավոր ◯ 2 տասնյակ 17 միավոր

2. Լրացրե՛ք վանդակից ճիշտ բառերը, որպեսզի արտահայտությունը ճիշտ լինի: Օգտագործեք >, < կամ = նշանները և թվերը՝ ճիշտ արտահայտություն գրելու համար:

| մեծ է, քան | փոքր է, քան | հավասար է |

a. 42 _____ 1 տաս 2 մեկեր

b. 6 տասեր 7 մեկեր _____ 5 տասեր 17 մեկեր

c. 37 _____ 73

d. 2 տասեր 14 մեկեր _____ 4 տասեր 2 մեկեր

e. 9 տասեր 5 մեկեր _____ 9 մեկեր 5 տասեր

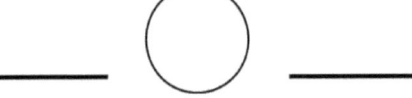

ՄԻԱՎՈՐՆԵՐԻ ՊԱՏՄՈՒԹՅՈՒՆ   Դաս 7   Տնային աշխատանքների օգնական   1•6

1. Լրացրեք աղյուսակը՝ ավելացնելով բացակայող թվերը:

0	100
1	**101**
2	102
3	103
4	**104**
5	105
6	106
7	**107**
8	**108**
9	109
10	110

> Ես ուզում եմ վստահ լինել, որ կարդում եմ այս թվերն առանց ասելու և հարյուրից մեկի միջև կարգային միավորում: Ես կարող եմ կարդալ այս թվերը որպես՝ «հարյուր մեկ, հարյուր երկու, հարյուր երեք»: Երբ ես ասում եմ՝ «100 և 1», դա նշանակում է 100 + 1, բայց թվի անունը հարյուր մեկ է:

2. Համեմատե՛ք 2 սյունակները: Ի՞նչ պատկեր եք նկատել:

   Ձախ սյունակում 1-10 թվերն են: Աջ սյունակում 100-110 թվերն են: Պատկերն այն է, որ 100-ի ժամանակ թվերը նորից սկսվում են 0-ից, միայն թե այս անգամ սկզբից ասում և գրում եք 100: Այսպիսով՝ 1-ի, 2-ի, 3-ի, 4-ի փոխարեն 101,102,103,104 է:

3. Լրացրեք բացակայող թվերը՝ հաջորդականությունը շարունակելու համար:

   a.

   97, __**96**__, 95, __**94**__

   > Սա բարդ է, քանի որ այն հետ հաշվարկ է:

   b.

   99, __**100**__, __**101**__, 102

   > Այս մեկը բարդ է, քանի որ այն հաշվում է դեպի ավելի մեծ միավոր: Այն անցնում է երկնիշ թվից դեպի եռանիշ թիվ:

EUREKA MATH   Դաս 7.   Հաշվեք և գրեք մինչև 120-ը թվերը: Օգտագործեք «Զրոն թաքցնող» քարտերը՝ 0 - 20 - 100 -120 թվերը միացնելու համար:

Անուն _____ Ամսաթիվ _____

1. Լրացրեք աղյուսակում բացակայող թվերը մինչև 120-ը:

a.	b.	c.	d.	e.
71		91		111
	82		102	
		93		
74				114
	85		105	
		96		116
	87			
			108	
79		99		119
80	90		110	

ՄԻԱՎՈՐՆԵՐԻ ՊԱՏՄՈՒԹՅՈՒՆ   Դաս 7 Տնային աշխատանք   1•6

2. Շարունակեք թվերի հաջորդականությունը մինչև 120-ը:

   99, _____, 101, _____, _____, _____, _____, _____, _____,

   _____, _____, _____, _____, _____, _____, _____,

   _____, _____, _____, _____, _____, _____,

3. Շրջանակի մեջ առեք հաջորդականությունը, որը սխալ է: Այն ճիշտ գրեք տողի վրա:

   a.

   | 116, 117, 118, 119, 120 |

   b.

   | 96, 97, 98, 99, 100, 110 |

4. Լրացրեք բացակայող թվերը հաջորդականության մեջ:

   a.

   | 113, 114, _____, _____, _____ |

   b.

   | _____, _____, _____, 120 |

   c.

   | 102, _____, _____, _____ |

   d.

   | 88, 89, _____, _____, _____, _____ |

ՄԻԱՎՈՐՆԵՐԻ ՊԱՏՄՈՒԹՅՈՒՆ   Դաս 8   Տնային աշխատանքների օգնական   1•6

1. Գրեք թվերը տասնավորների ու միավորների տեսքով կարգային արժեքների աղյուսակում կամ օգտագործեք կարգային արժեքների աղյուսակը՝ թիվը գրելու համար:

   a.   74

տասեր	մեկեր
7	4

   74-ը կարելի է տրոհել 70-ի և 4-ի, ինչը նույնն է, ինչ 7 տասեր և 4 մեկեր:

   b.   **109**

տասեր	մեկեր
10	9

   10 տասը նույնն է, ինչ 100-ը, իսկ 9-ով ավելին՝ 109:

2. Գրեք թիվը:

   a. 10 տասերը 5 մեկերը հետևյալ թիվն է՝
   <u>105</u> .

   Ես այս թիվը կարող եմ կարդալ որպես հարյուր հինգ, այլ ոչ թե հարյուր և հինգ: Հարյուր հինգը նկարագրում է 100 + 5:

   b. 11 տասերը 8 մեկերը հետևյալ թիվն է՝
   <u>118</u> .

   11 տասերը նույնն է, ինչ 110-ը, գումարած 8՝ 118: Ես կարող եմ ցուցադրել նաև 118-ը որպես 10 տասեր և 18 մեկեր: Դա նույն թիվն է, պարզապես այլ կերպ գրված:

Դաս 8.   Հաշվեք մինչև 120-ը միավորային ձևով՝ օգտագործելով միայն տասնավորներ ու միավորներ: Ներկայացրեք մինչև 120-ը թվերը տասնավորների ու միավորների տեսքով կարգային արժեքների աղյուսակում:

ՄԻԱՎՈՐՆԵՐԻ ՊԱՏՄՈՒԹՅՈՒՆ   Դաս 8 Տնային աշխատանք   1•6

Անուն _____   Ամսաթիվ _____

1. Գրեք թվերը տասնյակների ու միավորների տեսքով կարգային արժեքների աղյուսակում կամ օգտագործեք կարգային արժեքների աղյուսակը՝ թիվը գրելու համար:

a. 81 | տասեր | մեկեր |
         | | |

b. 98 | տասեր | մեկեր |
         | | |

c. ____ | տասեր | մեկեր |
         | 11 | 7 |

d. ____ | տասեր | մեկեր |
         | 10 | 8 |

e. 104 | տասեր | մեկեր |
         | | |

f. 111 | տասեր | մեկեր |
         | | |

2. Գրեք թիվը:

a. 9 տասնյակ 2 միավոր դա ____ թիվն է	b. 8 տասնյակ 4 միավոր դա ____ թիվն է
c. 11 տասնյակ 3 միավոր դա ____ թիվն է	d. 10 տասնյակ 9 միավոր դա ____ թիվն է
e. 10 տասնյակ 1 միավոր դա ____ թիվն է	f. 11 տասնյակ 6 միավոր դա ____ թիվն է

Դաս 8. Հաշվեք մինչև 120-ը միավորային ձևով՝ օգտագործելով միայն տասնավորներ ու միավորներ: Ներկայացրեք մինչև 120-ը թվերը տասնավորների ու միավորների տեսքով կարգային արժեքների աղյուսակում:

211

ՄԻԱՎՈՐՆԵՐԻ ՊԱՏՄՈՒԹՅՈՒՆ   Դաս 8 Տնային աշխատանք   1•6

3. Ընտրեք:

a. | տասեր | մեկեր |
   |--------|-------|
   | 10 | 2 |

b. | տասեր | մեկեր |
   |--------|-------|
   | 9 | 5 |

c. | տասեր | մեկեր |
   |--------|-------|
   | 11 | 4 |

d. | տասեր | մեկեր |
   |--------|-------|
   | 11 | 0 |

e. | տասեր | մեկեր |
   |--------|-------|
   | 10 | 8 |

f. | տասեր | մեկեր |
   |--------|-------|
   | 10 | 0 |

g. | տասեր | մեկեր |
   |--------|-------|
   | 11 | 8 |

11 տասեր 4 մեկեր

9 տասեր 5 մեկեր

11 տասեր 8 մեկեր

11 տասեր 0 մեկեր

102

10 տասեր 0 մեկեր

108

1 Հաշվեք առարկաները: Լրացրեք կարգային արժեքների աղյուսակը և գրեք թիվը գծի վրա:

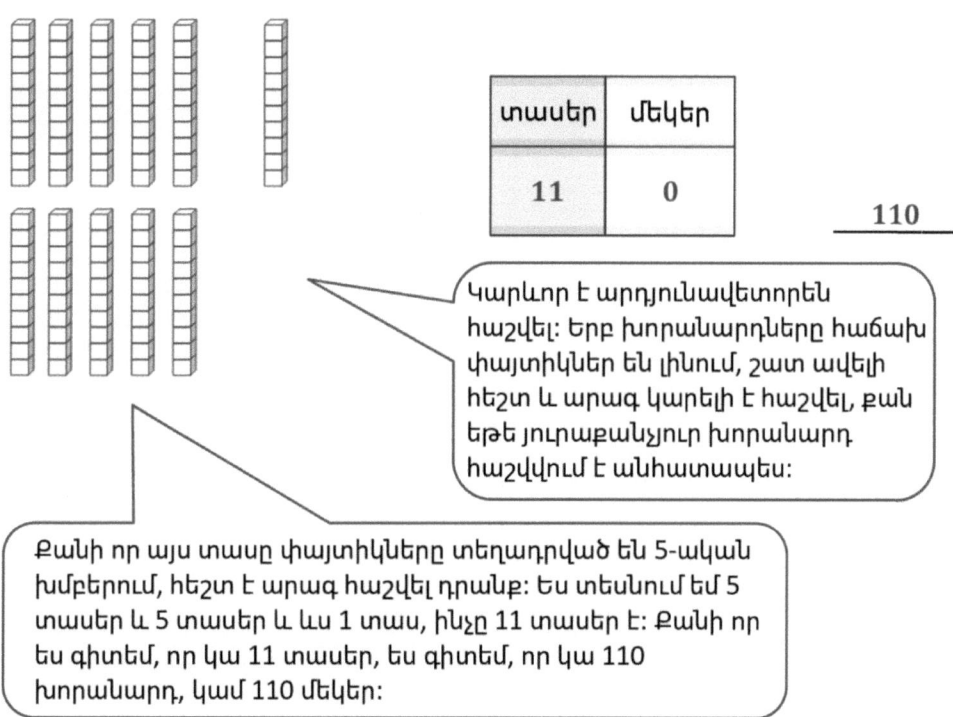

տասեր	մեկեր
11	0

110

Կարևոր է արդյունավետորեն հաշվել: Երբ խորանարդները հաճախ փայտիկներ են լինում, շատ ավելի հեշտ և արագ կարելի է հաշվել, քան եթե յուրաքանչյուր խորանարդ հաշվվում է անհատապես:

Քանի որ այս տասը փայտիկները տեղադրված են 5-ական խմբերում, հեշտ է արագ հաշվել դրանք: Ես տեսնում եմ 5 տասեր և 5 տասեր և ևս 1 տաս, ինչը 11 տասեր է: Քանի որ ես գիտեմ, որ կա 11 տասեր, ես գիտեմ, որ կա 110 խորանարդ, կամ 110 մեկեր:

2. Գծապատկերով ներկայացրեք հետևյալ թվերի տասնյակներն ու միավորները: Գրեք թիվը գծի վրա:

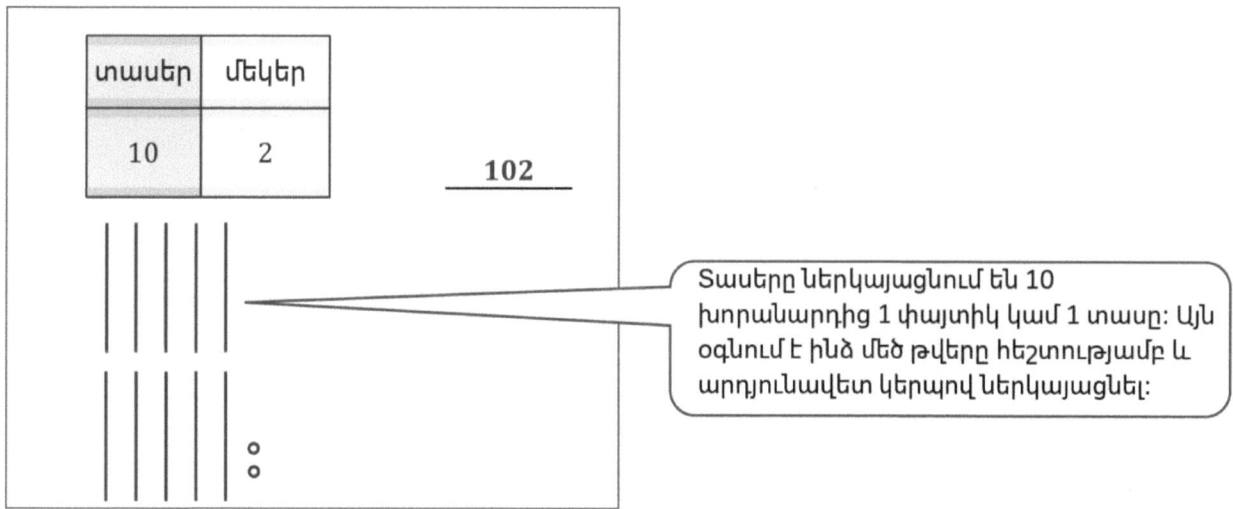

տասեր	մեկեր
10	2

102

Տասերը ներկայացնում են 10 խորանարդից 1 փայտիկ կամ 1 տասը: Այն օգնում է ինձ մեծ թվերը հեշտությամբ և արդյունավետ կերպով ներկայացնել:

ՄԻԱՎՈՐՆԵՐԻ ՊԱՏՄՈՒԹՅՈՒՆ   Դաս 9 Տնային աշխատանք   1•6

Անուն _____   Ամսաթիվ _____

Հաշվեք առարկաները: Լրացրեք կարգային արժեքների աղյուսակը և գրեք թիվը գծի վրա:

1.

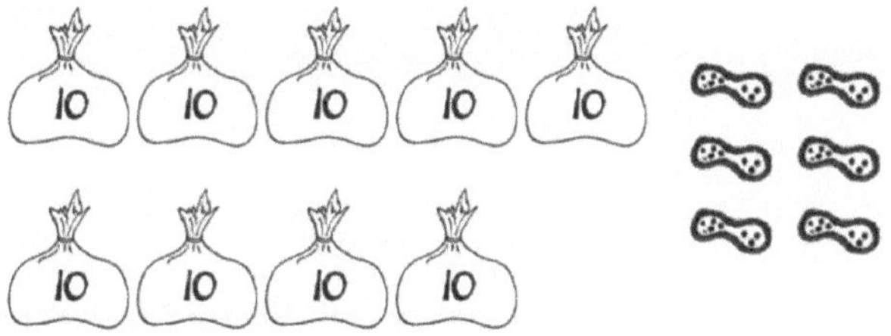

տասեր	մեկեր

_____

2.

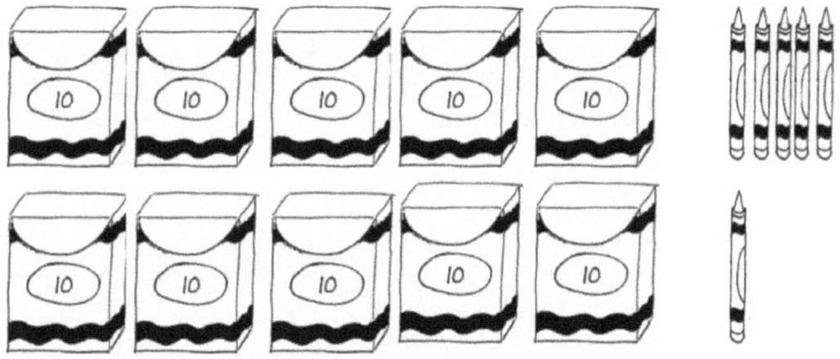

տասեր	մեկեր

_____

3.

տասեր	մեկեր

_____

4.

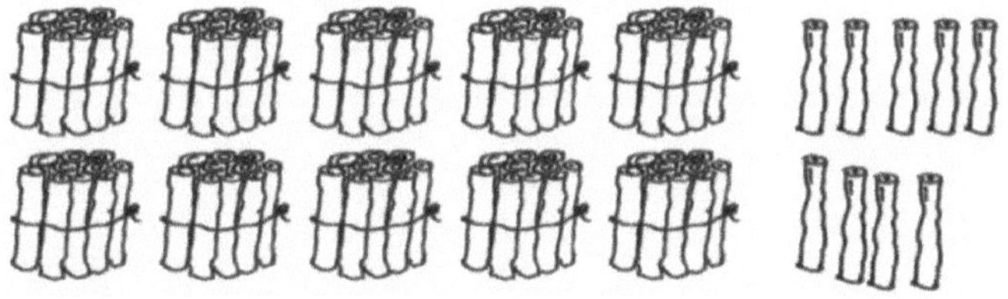

տասեր	մեկեր

_____

5.

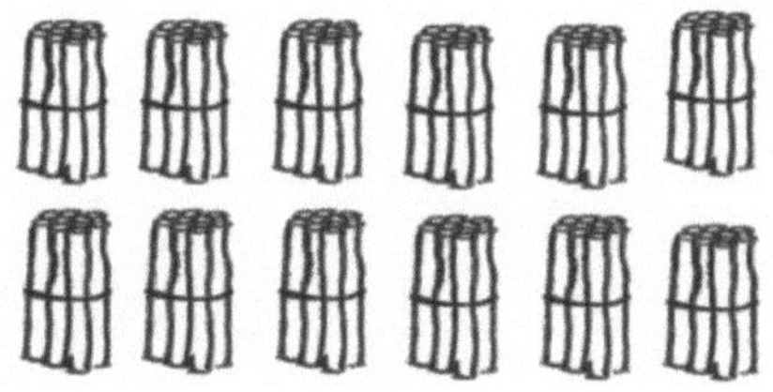

տասեր	մեկեր

_____

Դաս 9.   Ներկայացրեք մինչև 120 առարկա՝ գրավոր թվանշանի տեսքով:

ՄԻԱՎՈՐՆԵՐԻ ՊԱՏՄՈՒԹՅՈՒՆ　　　Դաս 9　Տնային աշխատանք

6.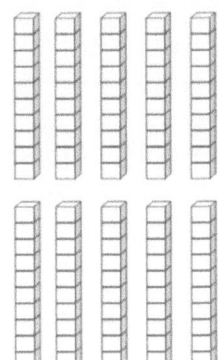

տասեր	մեկեր

_____

7.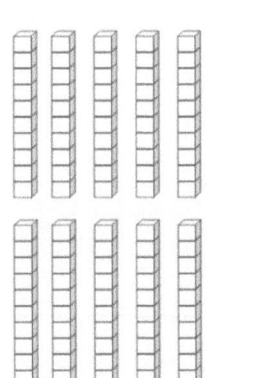

տասեր	մեկեր

_____

Գծապատկերով ներկայացրեք հետևյալ թվերի տասնյակներն ու միավորները:

Գրեք թիվը գծի վրա:

8. _____

տասեր	մեկեր
11	0

9. _____

տասեր	մեկեր
10	5

1. Լրացրե՛ք թվային զույգը կամ թվային արտահայտությունը կամ գիծ տարեք դեպի համապատասխանող նկարը:

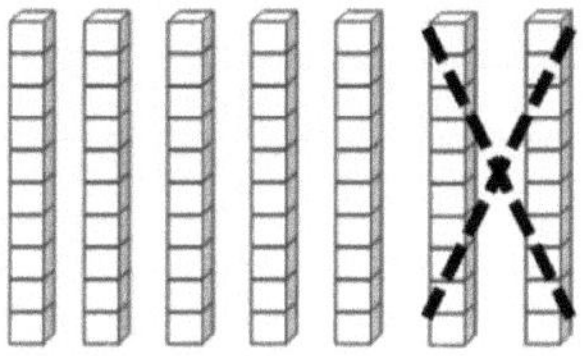

80

30	50

Թվային զույգը ցույց է տալիս, որ 80-ը ընդհանուրն է, իսկ 30-ը՝ մի մասը:

3 տասներ + 5 տասներ = 8 տասներ: Դա նման է 3 + 5 = 8-ի: Թվերը մնում են նույնը, բայց միավորները փոխվում են:

$70 - \underline{20} = 50$

70-ը ընդհանուրն է, իսկ 50-ը՝ մի մասը: 7 տասներից հանած առեղծվածային թիվը հավասար է 5 տասների:

10
10
10
10
10
10
10
10

$\underline{80} - 10 = 70$

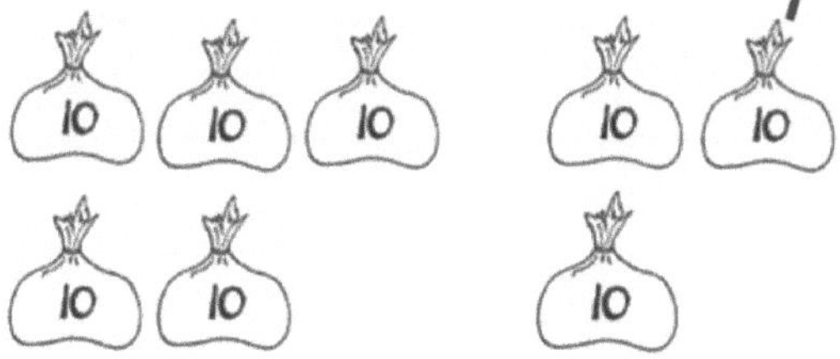

Դաս 10. Գումարեք և հանեք 10-ից մինչև 100 թվերի, ներառյալ տաս ցենտանոց մետաղադրամների տասնապատիկները: 217

2. Հաշվեք տաս ցենտանոց մետաղադրամները՝ դրանք գումարելով կամ հանելով: Գրե՛ք թվային արտահայտություն տաս ցենտանոց մետաղադրամներին համապատասխանեցնելով:

90 – 30 = 60

 +

60 + 40 = 100

Կարող եմ մտածել 6 + 4 = 10-ի մասին, որը կօգնի ինձ: 6 տաս ցենտանոց մետաղադրամներ + 4 տաս ցենտանոց մետաղադրամներ հավասար է 10 տաս ցենտանոց մետաղադրամների: 60 + 40 = 100: Ընդհանուր 10 տասնյակ կա:

Անուն ________________________________ Ամսաթիվ ______________

1. Լրացրե՛ք թվային զույգը կամ թվային արտահայտությունը կամ գիծ տարեք դեպի համապատասխանող նկարը:

a.

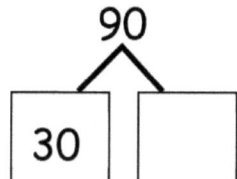

90

30 | ☐

b.

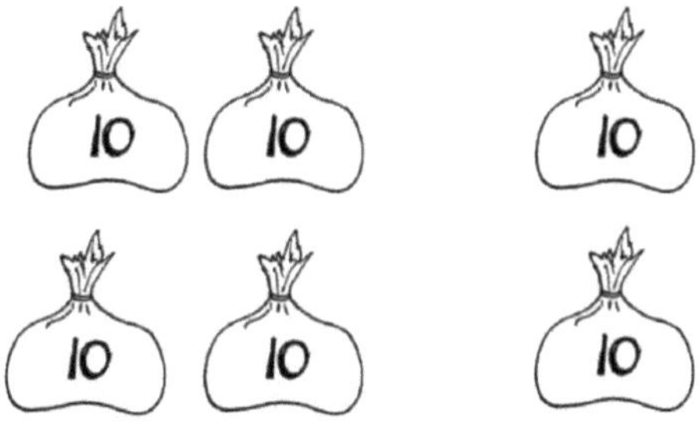

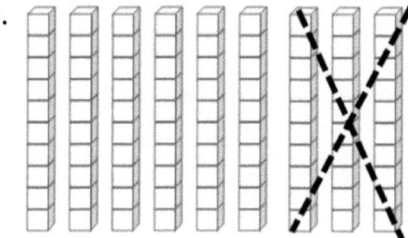

_______ - 40 = 60

c.

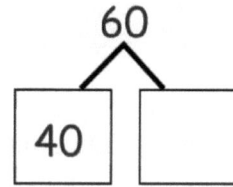

60

40 | ☐

d.

80 - _______ = 60

2. Հաշվեք տաս ցենտանոց մետաղադրամները՝ դրանք գումարելով կամ հանելով։ Գրե՛ք թվային արտահայտություն տաս ցենտանոց մետաղադրամներին համապատասխանեցնելով։

a.  +   _____ 40 + 20 =

b.    _____

c.    _____

d.    _____

3. Լրացրեք բացակայող թվերը։

a. 70 + _____ = 90   b. _____ + 30 = 80   c. 100 - _____ = 20

d. 30 + 60 = _____   e. 70 - _____ = 20   f. 20 - _____ = 60

g. _____ - 20 = 60   h. 90 - _____ = 20   h. 50 - _____ = 100

1. Լուծեք՝ օգտագործելով պատկերները: Լրացրեք թվային արտահայտությունը համապատասխանեցնելու համար:

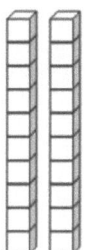

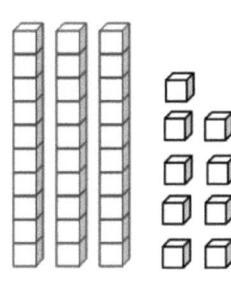

20 + **39** = **59**

Ես կարող եմ նախ ավելացնել 2 տասնյակ և 3 տասնյակ: Դա 5 տասնյակ է: Ես ունեմ 9 մեկեր; մեկերը չեն փոխվում:

2. Օգտագործե՛ք թվային զույգ լուծման համար:

40 + 38 = **78**

(38 → **30** և **8**)

40 + 30 = 70

70 + 8 = 78

Թվային զույգերի միջոցով ես կարող եմ 38-ը տրոհել 30-ի և 8-ի: Ես նախ ավելացնում եմ 40 և 30, ինչը 70 է, իսկ հետո ավելացնում եմ 8-ը `78-ը ստանալու համար:

3. Լուծեք: Կարող եք օգտագործել թվային զույգը՝ Ձեզ օգնելու համար:

23 + **40** = 63

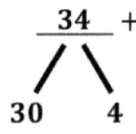

Ես կարող եմ սկսել 23-ից և տասերով հաշվել, մինչև 63-ին հասնեմ: Ես հաշվում եմ չորս տասնյակ ` 33,43,53,63: 63-ը ընդհանուրն է:

34 + 50 = 84

(34 → **30** և **4**)

Ես կարող եմ ստուգել իմ աշխատանքը՝ թվային զույգ նկարելով: Քանի որ 3 + 5 = 8, ես գիտեմ, որ 30 + 50 = 80: 34-ը բացակայող մասն է, քանի որ ընդհանուրը՝ 84, ունի 4 մեկեր:

Անուն ________________________________ Ամսաթիվ ________________

1. Լուծեք՝ օգտագործելով պատկերները: Լրացրեք թվային արտահայտությունը համապատասխանեցնելու համար:

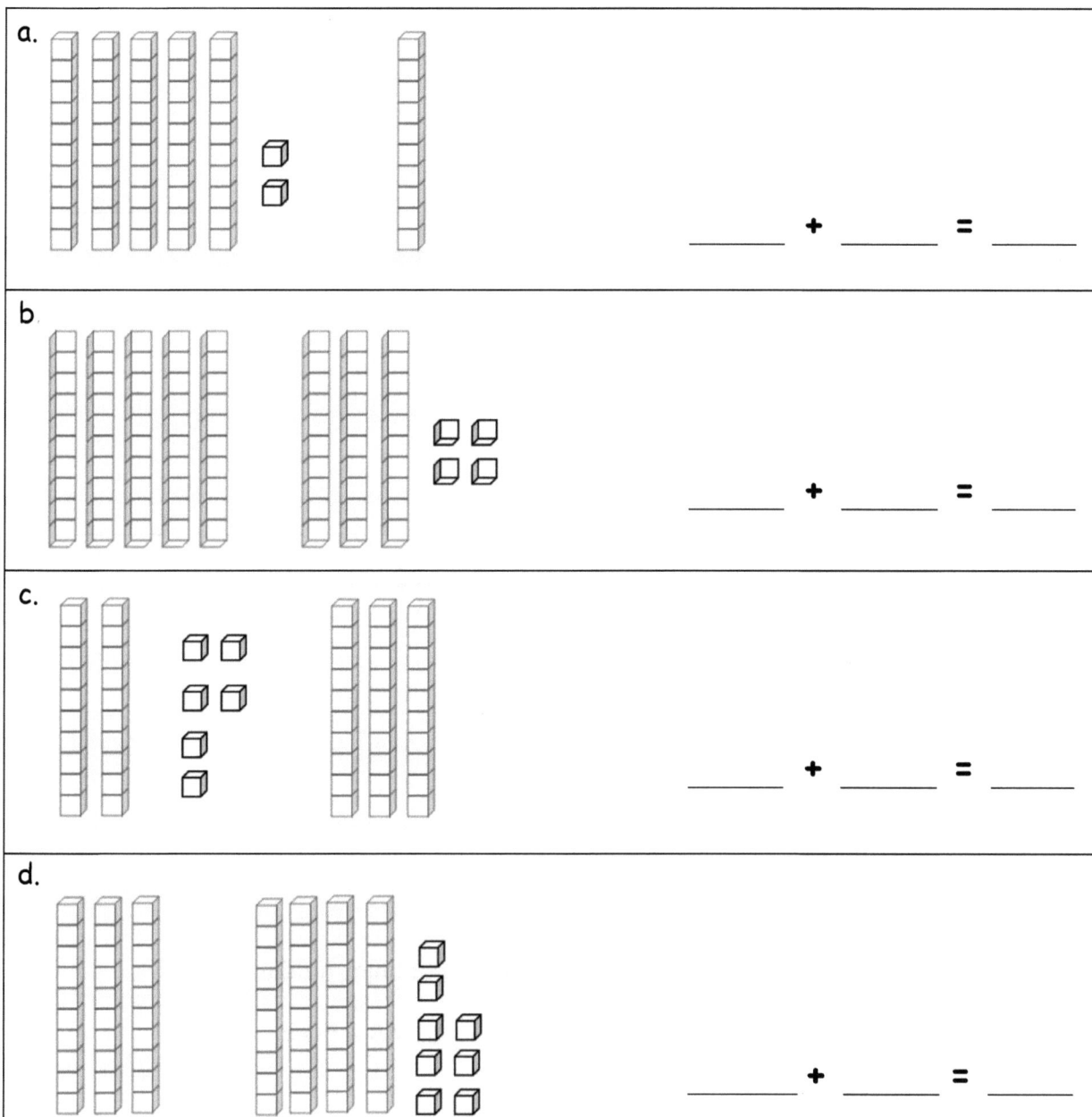

a.

_____ + _____ = _____

b

_____ + _____ = _____

c.

_____ + _____ = _____

d.

_____ + _____ = _____

Դաս 11. Ավելացրեք մինչև 100-ը որևէ երկնիշ թվի տասնապատիկը: 223

| ՄԻԱՎՈՐՆԵՐԻ ՊԱՏՄՈՒԹՅՈՒՆ | Դաս 11 Տնային աշխատանք | 1•6 |

$$64 + 30 = 94$$
$$4 \quad 60$$
$$60 + 30 = 90$$
$$90 + 4 = 94$$

2. Օգտագործեք թվային զույգեր լուծման համար։

a. 38 + 40 = _____	b. 54 + 30 = _____
c. 46 + 40 = _____	d. 30 + 57 = _____
e. 20 + 68 = _____	f. 25 + 70 = _____

3. Լուծեք։ Կարող եք օգտագործել թվային զույգը՝ Ձեզ օգնելու համար։

   a. 72 + 20 = _____   b. 48 + 50 = _____

   c. 46 + _____ = 96   d. _____ + 40 = 87

Դաս 11. Ավելացրեք մինչև 100-ը որևէ երկնիշ թվի տասնապատիկը։

ՄԻԱՎՈՐՆԵՐԻ ՊԱՏՄՈՒԹՅՈՒՆ   Դաս 12 Տնային աշխատանքների օգնական   1•6

1. Լուծեք։

   $38 + 42 = \underline{\ 80\ }$

   ╱ ╲

   2   40

   $38 + 2 = 40$

   $40 + 40 = 80$

   > Ես կարող եմ նախ մտածել մեկերի մասին։ Քանի որ 38-ը մոտ է 40-ին, կարող եմ ստանալ հաջորդ տասը։ 42-ը տրոհելու համար ես օգտագործում եմ թվային զույգ, այնուհետև ավելացնում եմ 38 + 2։ Հետո, 40 + 40 = 80։

2. Լուծեք՝ օգտագործելով թվային զույգեր։ Դուք կարող եք որոշել՝ սկզբում միավորները գումարել, թե տասնավորները։ Գրեք երկու թվային արտահայտություն՝ ցույց տալու համար, թե ինչպես եք լուծել։

   a. $56 + 43 = \underline{\ 99\ }$

   ╱ ╲

   40   3

   $56 + 40 = 96$

   $96 + 3 = 99$

   > 43-ը կարող եմ տրոհել տասերի ու մեկերի։ Ես կարող եմ նախ տասերն ավելացնել։ Այսպիսով, 56 + 40 = 96։ Ես չեմ կարող մոռանալ ավելացնել 3 մեկերը՝ 96 + 3 = 99։

   b. $25 + 45 = \underline{\ 70\ }$

   ╱ ╲

   20   5

   $45 + 5 = 50$

   $50 + 20 = 70$

   > Այս անգամ նախ ավելացնում եմ մեկերը։ 25-ին տրոհելիս տեսնում եմ, որ 50-ը ստանալու համար կարող եմ ավելացնել 5-ը 45-ին։ Դա կլոր թիվ է։ Այնուհետև ես պարզապես ավելացնում եմ 5 տասեր + 2 տասեր = 7 տասեր կամ 70։

Դաս 12.   Գումարեք երկու երկնիշ թվեր, որոնց միավորների գումարը փոքր կամ հավասար է 10-ի։

225

Copyright © Great Minds PBC

Անուն _____ Ամսաթիվ _____

1. Լուծեք:

a. 46 + 22 = _____	b. 74 + 23 = _____
c. 54 + 25 = _____	d. 68 + 31 = _____
e. 45 + 55 = _____	f. 86 + 13 = _____
g. 37 + 52 = _____	h. 47 + 52 = _____

ՄԻԱՎՈՐՆԵՐԻ ՊԱՏՄՈՒԹՅՈՒՆ   Դաս 12 Տնային աշխատանք   1•6

2. Լուծեք՝ օգտագործելով թվային զույգեր: Դուք կարող եք որոշել՝ սկզբում միավորները գումարել, թե տասնավորները: Գրեք երկու թվային արտահայտություն՝ ցույց տալու համար, թե ինչպես եք լուծել:

a. 76 + 23 = _____	b. 45 + 33 = _____
c. 31 + 67 = _____	d. 57 + 32 = _____
e. 58 + 21 = _____	f. 25 + 63 = _____
g. 44 + 55 = ___	h. 47 + 53 = _____

Դաս 12. Գումարեք երկու երկնիշ թվեր, որոնց միավորների գումարը փոքր կամ հավասար է 10-ի:

Լուծեք և ցույց տվեք ձեր աշխատանքը:

1. $49 + 24 =$ **73**

   1   23

$$\mathbf{49 + 1 = 50}$$
$$\mathbf{50 + 23 = 73}$$

Կարող եմ մտածել հաջորդ տասը կազմելու մասին: 49-ը մոտ է 50 է, այնպես որ կարող եմ տրոհել 24-ը՝ 1-ն ավելացնել 49-ին: Այնուհետև ես ավելացնում եմ մնացածը, ուստի 50 + 23 = 73:

2. 38 + 53 = 91

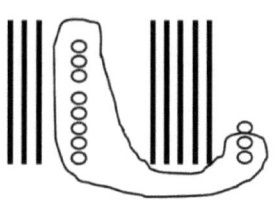

Յուրաքանչյուր թիվ կարող եմ ցույց տալ տասերով և մեկերով: Երբ նայում եմ մեկերին, ես կարող եմ տասի մեկ այլ խումբ կազմել՝ 1 մնացորդով: Այսպիսով, ես ընդհանուր ունեմ 9 տասեր և 1 մեկ, կամ 91:

3. $25 + 58 =$ **83**

   20   5

$$\mathbf{58 + 20 = 78}$$
$$\mathbf{78 + 5 = 83}$$

   2   3

Ես կարող եմ սկսել 58-ից և ավելացնել 20-ը: 78 + 5-ը ավելացնելու համար ես կարող եմ 5-ը տրոհել 2-ի և 3-ի: Իմ մտքում հեշտ է լուծել, քանի որ 78 + 2 = 80, ևս 3-ը `83:

4. $67 + 18 =$ **85**

   60   7   10   8

$$\mathbf{60 + 10 = 70}$$
$$\mathbf{7 + 8 = 15}$$
$$\mathbf{70 + 15 = 85}$$

Կարող եմ երկու թվերն էլ տրոհել տասերի ու մեկերի: Ես նախ ավելացնում եմ տասերը, այնուհետև մեկերը: Ես կարող եմ դրանք միավորել, այնպես որ 70 + 15 = 85:

Անուն ____________________ Ամսաթիվ ____________

1. Լուծեք և ցույց տվեք ձեր աշխատանքը:

a. 15 + 26 = ______	b. 46 + 49 =	c. 28 + 54 = ______
d. 69 + 13 = ______	e. 69 + 23 = ______	f. 69 + 19 = ______
g. 49 + 43 = ______	h. 57 + 36 = ______	i. 68 + 23 = ______

EUREKA MATH Դաս 13. Գումարեք երկու երկնիշ թվեր, որոնց միավորների գումարը մեծ է 10-ից՝ օգտագործելով բաշխման եղանակը: 231

2. Լուծեք և ցույց տվեք ձեր աշխատանքը:

a. 34 + 47 = ________	b. 38 + 45 = ________	c. 68 + 23 = ________
d. 39 + 57 = ________	e. 38 + 44 =	f. 17 + 76 = ________
g. 68 + 24 = ________	h. 18 + 77 = ________	i. 14 + 67 = ________

232 Դաս 13. Գումարեք երկու երկնիշ թվեր, որոնց միավորների գումարը մեծ է 10-ից՝ օգտագործելով բաշխման եղանակը:

Լուծեք և ցույց տվեք ձեր աշխատանքը:

1. $38 + 46 =$ **84**

2 44

$38 + 2 = 40$

$40 + 44 = 84$

Նախ, ես մտածում եմ հաջորդ տասը կազմելու մասին: Ես կարող եմ տրոհել 46-ը և ավելացնել 2-ը 38-ին, ինչը կազմում է 40: Այնուհետև ես գումարում եմ մնացածը, այնպես որ՝ 40 + 44 = 84:

2. $26 + 55 =$ **81**

20 6

$55 + 20 = 75$

$75 + 6 = 81$

5 1

Այս անգամ ես կարող եմ սկսել 55-ից և գումարել 20-ը: Այնուհետև, 75 + 6-ը ավելացնելու համար կարող եմ 6-ը տրոհել 5-ի և 1-ի, որպեսզի տասը կազմեմ: 75 + 5 = 80, և ևս 1-ը՝ 81:

3. $68 + 17 =$ **85**

60 8 10 7

$60 + 10 = 70$

$8 + 7 = 15$

$70 + 15 = 85$

Երկու թվերն էլ կարող եմ տրոհել տասերի ու մեկերի: Ես նախ ավելացնում եմ տասերը, այնուհետև մեկերը: Ես կարող եմ դրանք միավորել, այնպես որ 70 + 15 = 85:

Դաս 14. Գումարեք երկու երկնիշ թվեր, որոնց միավորների գումարը մեծ է 10-ից՝ օգտագործելով բաշխման եղանակը: 233

Անուն _____ Ամսաթիվ _____

1. Լուծեք և ցույց տվեք ձեր աշխատանքը:

a. 68 + 21 = ____	b. 59 + 32 = ____
c. 39 + 44 = ____	d. 58 + 36 = ____
e. 76 + 17 = ____	f. 68 + 26 = ____
g. 56 + 39 = ____	h. 58 + 29 = ____

Դաս 14. Գումարեք երկու երկնիշ թվեր, որոնց միավորների գումարը մեծ է 10-ից՝ օգտագործելով բաշխման եղանակը:

2. Լուծեք և ցույց տվեք ձեր աշխատանքը:

a. 39 + 41 = _____	b. 48 + 43 = _____
c. 87 + 13 = _____	d. 59 + 25 = _____
e. 65 + 27 = _____	f. 27 + 67 = _____
g. 49 + 39 = _____	h. 38 + 58 = _____

236 Դաս 14. Գումարեք երկու երկնիշ թվեր, որոնց միավորների գումարը մեծ է 10-ից՝ օգտագործելով բաշխման եղանակը:

Լուծեք՝ օգտագործելով տասնավորների և միավորների գծապատկերը: Հիշեք՝ տասնյակները տասնյակների հետ միացնել, իսկ միավորները՝ միավորների: Գումարը գրեք ձեր գծագրի տակ:

1. $49 + 23 = \underline{72}$

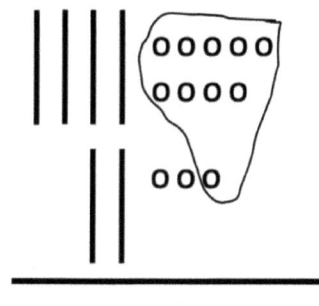

49-ը 4 տասեր է և 9 մեկեր: 23-ը 2 տասեր է և 3 մեկեր: Կարող եմ շարել տասերն ու մեկերը՝ գումարելու համար: Սկզբում գումարում եմ մեկերը: 9 մեկերը և 3 մեկեր 12 մեկեր են: Դա 10-ն է և 2-ը: Ես կարող եմ շրջանակի մեջ առնել նոր տասը և գումարել այն 6 տասերին: Հիմա ես ունեմ 7 տասեր և 2 մեկեր:

2. $26 + 68 = \underline{94}$

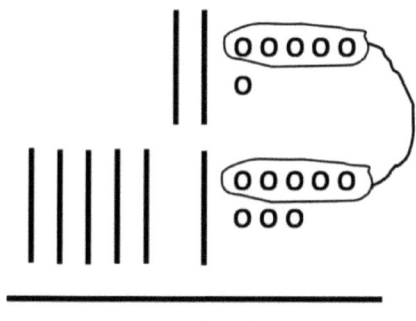

Համոզվում եմ, որ յուրաքանչյուր թիվ նկարելու եմ տասերով և մեկերով: 68 թիվը գծելիս 6 տասերը գրեցի 2 տասերի տակ, իսկ 8 մեկերը դրեցի 6 մեկերի տակ 26-ից: Տեսեք, իմ 5-ական խմբային նկարներն օգնում են ինձ անմիջապես տեսնել 10-ը:

Դաս 15. Գումարեք երկու երկնիշ թվեր, որոնց միավորների գումարը մեծ է 10-ից՝ օգտագործելով գծագիր: Գումարը գրանցեք ստորև:

ՄԻԱՎՈՐՆԵՐԻ ՊԱՏՄՈՒԹՅՈՒՆ   Դաս 15 Տնային աշխատանք   1•6

Անուն _____   Ամսաթիվ _____

1. Լուծեք՝ օգտագործելով տասնավորների և միավորների գծապատկերը: Հիշեք՝ տասնյակները տասնյակների հետ միացնել, իսկ միավորները՝ միավորների: Գումարը գրեք ձեր գծագրի տակ:

a. 39 + 42 = ____	b. 48 + 36 = ____
c. 31 + 48 = ____	d. 47 + 34 = ____
e. 57 + 39 = ____	f. 58 + 27 = ____

Դաս 15. Գումարեք երկու երկնիշ թվեր, որոնց միավորների գումարը մեծ է 10-ից՝ օգտագործելով գծագիր: Գումարը գրանցեք ստորև:

2. Լուծեք՝ տասնյակների ու միավորների օգնությամբ: Հիշեք՝ տասնյակները տասնյակների հետ միացնել, իսկ միավորները՝ միավորների: Գումարը գրեք ձեր գծագրի տակ:

a. 59 + 25 = ____	b. 48 + 42 = ____
c. 39 + 53 = ____	d. 78 + 14 = ____
e. 57 + 25 = ____	f. 69 + 27 = ____

240 Դաս 15. Գումարեք երկու երկնիշ թվեր, որոնց միավորների գումարը մեծ է 10-ից՝ օգտագործելով գծագիր: Գումարը գրանցեք ստորև:

Լուծեք՝ օգտագործելով տասնավորների և միավորների գծապատկերը: Հիշեք գծերով միացնել ձեր գծագրերը և նորից գրել թվային արտահայտությունն ուղղահայաց:

1. $49 + 36 =$ **85**

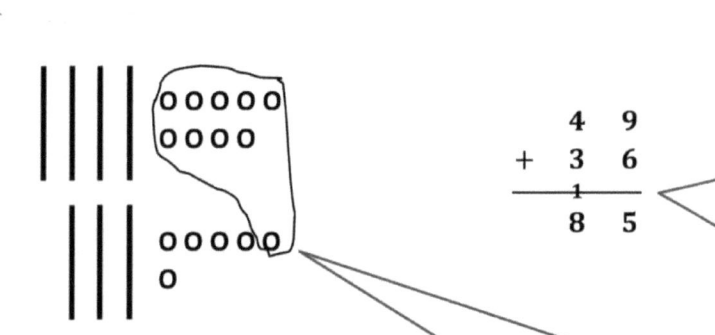

```
    4  9
 +  3  6
    1
 ───────
    8  5
```

Ես կարող եմ նկարել 49, որպես 4 տասներ և 9 մեկեր: Այսպիսով, տասերի տեղում ես գրում եմ 4, իսկ մեկերի տեղում՝ 9: Նույնը անում եմ նաև 36-ով: Ես գումարում եմ 4 տասերը 3 տասերին, իսկ 9 մեկերը՝ 6 մեկերին: 9 + 6 = 15. Դա 1 տաս 5 մեկեր է: Նայեք, թե որտեղ եմ ես գրում նոր տասը:

10-ը կազմելու համար 9-ին անհրաժեշտ է 1-ը վերցնել 6-ից: 10-ը և 5-ը 15-ն է:

2. $18 + 78 =$ **96**

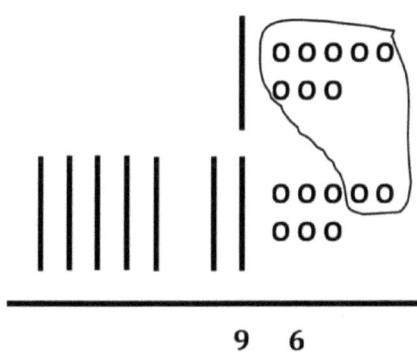

```
    1  8
 +  7  8
    1
 ───────
    9  6
```

Երբ ես ավելացնում եմ 8 մեկերը գումարած 8 մեկերը, ես ստանում եմ 16 մեկեր, ինչը 1 տաս և 6 մեկ է: Նոր տասը գրում եմ երկրորդ թվի ներքևում տասերի տեղում: 1 տաս + 7 տասեր + 1 տաս = 9 տասեր:

10-ին հասնելու համար 8-ին պետք է 2: 10-ը և 6-ը 16-ն է:

Դաս 16. Գումարեք երկու երկնիշ թվեր, որոնց միավորների գումարը մեծ է 10-ից՝ օգտագործելով գծագիր: Նոր տասնյակը գրանցեք ստորև: 241

Անուն ____________________________ Ամսաթիվ ______________

1. Լուծեք՝ օգտագործելով տասնավորների և միավորների գծապատկերը:

$$\begin{array}{r} 29 \\ +43 \\ \hline 72 \end{array}$$

Հիշեք գծերով միացնել ձեր գծագրերը և նորից գրել թվային արտահայտությունն ուղղահայաց:

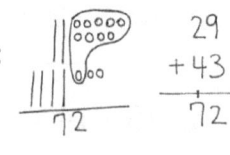

a. 39 + 45 = _____	b. 64 + 28 = _____
c. 47 + 38 = _____	d. 53 + 27 = _____
e. 38 + 48 = _____	f. 53 + 45 = _____

EUREKA MATH Դաս 16 . Գումարեք երկու երկնիշ թվեր, որոնց միավորների գումարը մեծ է 10-ից՝ օգտագործելով գծագիր: Նոր տասնյակը գրանցեք ստորև: 243

ՄԻԱՎՈՐՆԵՐԻ ՊԱՏՄՈՒԹՅՈՒՆ   Դաս 16 Տնային աշխատանք   1•6

2. Լուծեք՝ տասնյակների ու միավորների օգնությամբ։ Հիշեք գծերով միացնել ձեր գծագրերը և նորից գրել թվային արտահայտությունն ուղղահայաց։

a. 79 + 14 = _____

b. 28 + 47 = _____

c. 58 + 33 = _____

d. 19 + 66 = _____

e. 39 + 59 = _____

f. 49 + 48 = _____

Լուծեք՝ օգտագործելով տասնավորների և միավորների գծապատկերը: Հիշեք գծերով միացնել ձեր գծագրերը և նորից գրել թվային արտահայտությունն ուղղահայաց:

1. 58 + 32 = __90__

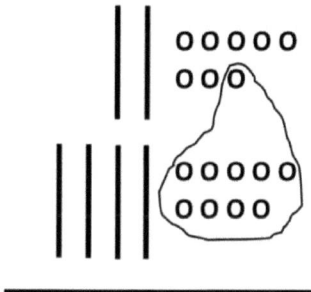

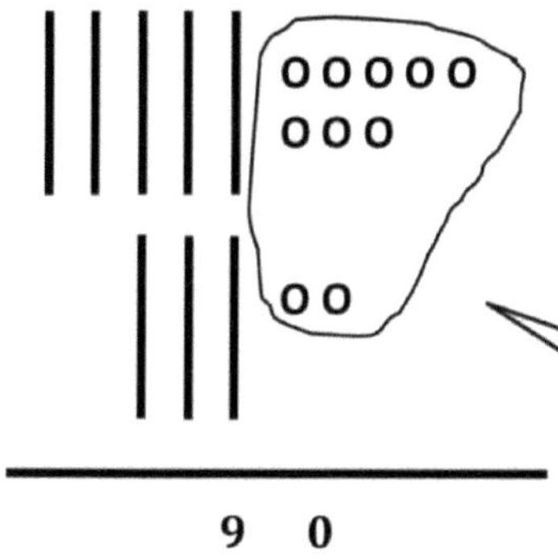

$$\begin{array}{r} 5\ 8 \\ +\ 3\ 2 \\ \hline {}^{1}\quad \\ 9\ 0 \end{array}$$

Ես կարող եմ պատկերել 58-ը որպես 5 տասեր և 8 մեկեր: Այսպիսով, տասերի տեղում ես գրում եմ 5, իսկ մեկերի տեղում՝ 8: Նույնը անում եմ 32-ով: 5 տասերը գումարում եմ 3 տասերին, իսկ 8 մեկերը՝ 2 մեկերին՝ 8 + 2 = 10: Դա 1 տաս 0 մեկ է: Նայեք, թե որտեղ եմ ես գրում նոր տասը:

10-ը ստանալու համար 8-ին 2 է պետք: Հիմա մնացել է 0 մեկեր:

2. 28 + 49 = __77__

$$\begin{array}{r} 2\ 8 \\ +\ 4\ 9 \\ \hline {}^{1}\quad \\ 7\ 7 \end{array}$$

Երբ ես ավելացնում եմ 8 մեկեր գումարած 9 մեկեր, ես ստանում եմ 17-ը, ինչը 1 տասը և 7 մեկեր են: Նոր տասը գրում եմ երկրորդ թվի ներքևում տասերի տեղում: 2 տասեր + 4 տասեր + 1 տաս = 7 տասեր:

9-ին անհրաժեշտ է 1-ը 8-ից՝ նոր 10 ստանալու համար: Այժմ կա 7 տասեր և 7 մեկեր:

Դաս 17. Գումարեք երկու երկնիշ թվեր, որոնց միավորների գումարը մեծ է 10-ից՝ օգտագործելով գծագիր: Նոր տասնյակը գրանցեք ստորև: 245

Անուն ______________________________ Ամսաթիվ ______________

1. Լուծեք՝ կազմելով տասնավորների և միավորների գծապատկերը: Հիշեք գծերով միացնել ձեր տասնյակներն ու միավորները և նորից գրել թվային արտահայտությունն ուղղահայաց:

a. 49 + 33 = _____	b. 68 + 32 = _____
c. 36 + 43 = _____	d. 27 + 67 = _____
e. 78 + 17 = _____	f. 69 + 28 = _____

EUREKA MATH Դաս 17. Գումարեք երկու երկնիշ թվեր, որոնց միավորների գումարը մեծ է 10-ից՝ օգտագործելով գծագիր: Նոր տասնյակը գրանցեք ստորև: 247

2. Լուծեք՝ կազմելով տասնավորների և միավորների գծապատկերը: Հիշեք գծերով միացնել ձեր տասնյակներն ու միավորները և նորից գրել թվային արտահայտությունն ուղղահայաց:

a. 29 + 52 = ____	b. 58 + 31 = ____
c. 73 + 26 = ____	d. 67 + 28 = ____
e. 41 + 59 = ____	f. 48 + 45 = ____

Ընտրեք ցանկացած եղանակ՝ ստորև ներկայացված խնդիրները լուծելու համար:

1. $44 + 23 = \underline{67}$

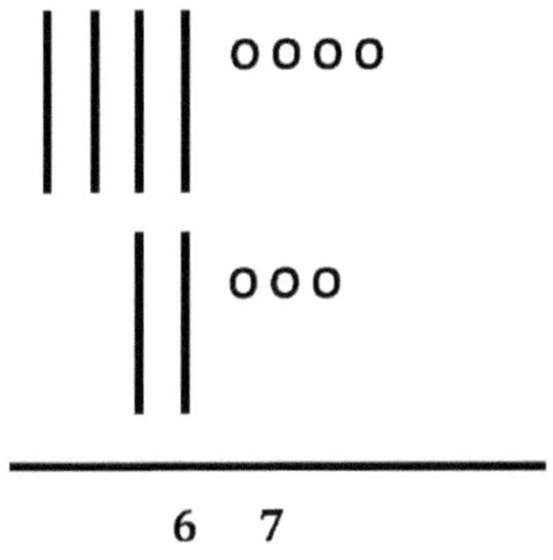

$$\begin{array}{r} 4\,4 \\ +\ 2\,3 \\ \hline 6\,7 \end{array}$$

> Ես ուզում եմ տասեր նկարել, որոնք կօգնեն ինձ լուծել այս խնդիրը: Գծերը ներկայացնում են իմ տասերը: Շրջանակները ներկայացնում իմ մեկերը: Ես գիտեմ, որ կարևոր է տասերը տասերի հետ ուշադիր շարել, իսկ մեկերը՝ մեկերի:

2. $57 + 23 = \underline{80}$

   20   3

   $57 \xrightarrow{+20} 77 \xrightarrow{+3} 80$

> Ես ուզում եմ օգտագործել սլաքի եղանակը՝ որպես ռազմավարություն: Ես կարող եմ տրոհել 23-ը 20-ի և 3-ի: Ես կարող եմ նախ ավելացնել 20-ը, իսկ հետո՝ 3-ը:

3. $48 + 15 = \underline{63}$

   2   13

   $48 + 2 = 50$

   $50 + 13 = 63$

> 48-ն այնքան մոտ է 50-ին: Ես կարող եմ օգտագործել տասը ստանալու ռազմավարությունը: 48-ին հարկավոր է ևս 2-ը՝ հաջորդ տասը ձևավորելու համար՝ 50: Ես կարող եմ 15-ը տրոհել 2-ի և 13-ի: Նախ կարող եմ ավելացնել 48 + 2 = 50: Այնուհետև կարող եմ ավելացնել մնացածը՝ 50 + 13 = 63:

ՄԻԱՎՈՐՆԵՐԻ ՊԱՏՄՈՒԹՅՈՒՆ   Դաս 18 Տնային աշխատանք   1•6

Անուն _____   Ամսաթիվ _____

Ընտրեք ցանկացած եղանակ՝ ստորև ներկայացված խնդիրները լուծելու համար:

1. 61 + 15 = _____	2. 16 + 51 = _____
3. 37 + 45 = _____	4. 27 + 46 = _____
5. 58 + 27 = _____	6. 38 + 48 = _____

Դաս 18.   Գումարեք միավորների փոփոխական գումարներով երկնիշ թվերը և համեմատեք լուծման տարբեր եղանակներով ստացված արդյունքները:

251

Copyright © Great Minds PBC

Օգտագործե՛ք նախընտրած ցանկացած ռազմավարություն՝ ստորև բերված խնդիրները լուծելու համար:

1. $64 + 33 = \underline{97}$

60 4 30 3

$60 + 30 = 90$

$4 + 3 = 7$

$90 + 7 = 97$

Ես կարող եմ օգտագործել կրկնակի թվային զույգեր և տրոհել ԵՐԿՈՒ թվերը: Տասերը կարող եմ ավելացնել տասերին, 6 տասեր + 3 տասեր = 9 տասեր, իսկ մեկերը մեկերին՝4 մեկեր + 3 մեկեր = 7 մեկեր: Այնուհետև ես գումարում եմ իմ բոլոր տասերն ու մեկերը՝ 9 տասեր + 7 մեկեր = 97 մեկեր:

2. $37 + 35 = \underline{72}$

30 5

$37 \xrightarrow{+30} 67 \xrightarrow{+5} 72$

Ես գուցե ցանկանամ տրոհել թվերից միայն մեկը: Եթե 35-ը տրոհում եմ 30-ի և 5-ի, ապա կարող եմ նախ ավելացնել 30, ապա ավելացնել 5: Սլաքի եղանակը մի ձև է, որով ես կարող եմ ցույց տալ իմ մտածողությունը:

3. $38 + 25 = \underline{63}$

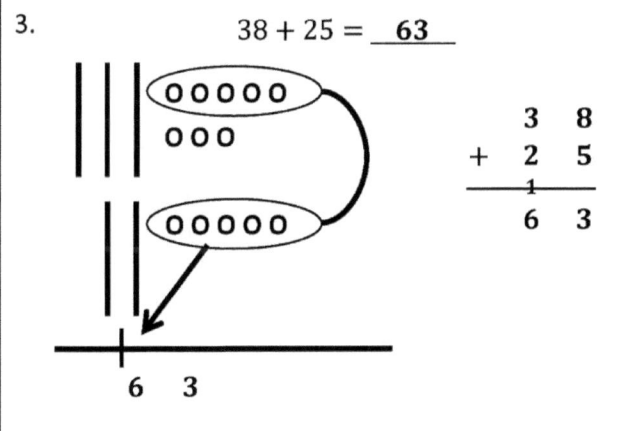

$$\begin{array}{r} 38 \\ +\ 25 \\ \hline 63 \end{array}$$
(1 carried)

Մեկ այլ ռազմավարություն, որը ես կարող եմ օգտագործել `տասեր ու մեկեր նկարելն է: 8 մեկեր + 5 մեկեր = 13 մեկեր: Կարող եմ 10 մեկերը առանձնացնել և ստանալ 1 տասը: Ես դեռ 3 մեկեր ունեմ: 3 մեկեր + 2 մեկեր + 1 մեկ = 6 մեկեր: Կան 6 տասեր և 3 մեկեր:

EUREKA MATH Դաս 19. Լուծեք և կիսվեք փոփոխական գումարներով երկնիշ թվերի գումարման եղանակներով: 253

Անուն ______________________________ Ամսաթիվ ______________

Ընտրեք ձեր նախընտրած եղանակը՝ ստորև ներկայացված խնդիրները լուծելու համար:

1. $53 + 22 =$ ______	2. $23 + 52 =$ ______
3. $76 + 14 =$ ______	4. $76 + 16 =$ ______
5. $55 + 35 =$ ______	6. $54 + 46 =$ ______

EUREKA MATH Դաս 19. Լուծեք և կիսվեք փոփոխական գումարներով երկնիշ թվերի գումարման եղանակներով: 255

ՄԻԱՎՈՐՆԵՐԻ ՊԱՏՄՈՒԹՅՈՒՆ   Դաս 19 Տնային աշխատանք   1•6

Ընտրեք ձեր նախընտրած եղանակը՝ ստորև ներկայացված խնդիրները լուծելու համար:

7.
49 + 25 = _____

8.
49 + 45 = _____

9.
37 + 37 = _____

10.
37 + 57 = _____

11.
24 + 48 = _____

12.
26 + 68 = _____

Դաս 19. Լուծեք և կիսվեք փոփոխական գումարներով երկնիշ թվերի գումարման եղանակներով:

1. Համապատասխանեցրե՛ք

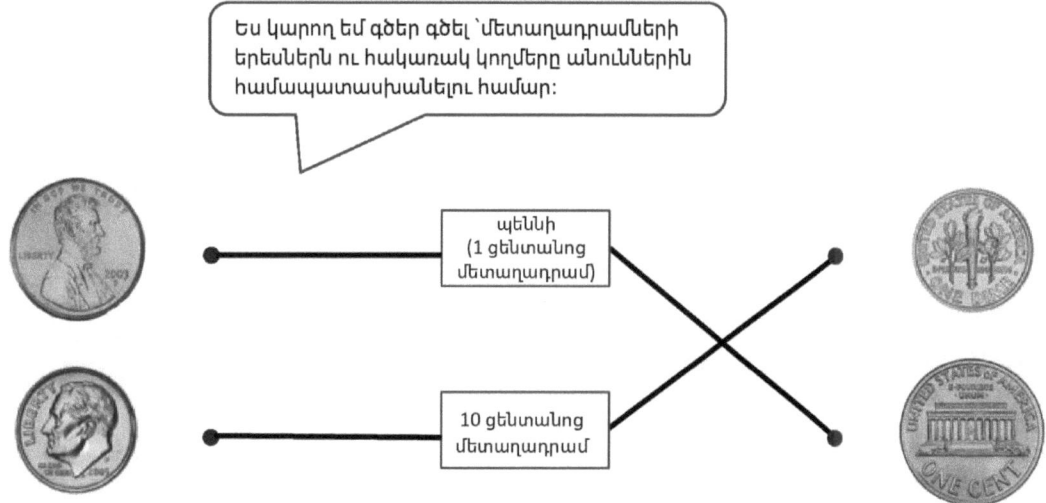

Ես կարող եմ գծեր գծել `մետաղադրամների երեսներն ու հակառակ կողմերը անուններին համապատասխանելու համար:

2. Գիծ քաշե՛ք որոշ պեննիների վրա, այնպես որ մնացած պեննիները ցույց տան ձախ կողմում գտնվող մետաղադրամի արժեքը:

Նիկելն արժե 5 ցենտ: Եթե հանեմ 1 պեննի, մնացած պեննիները ցույց են տալիս 1 նիկելի արժեքը:

3. Մարկուսը գրպանում ունի 7 ցենտ։ Նկարե՛ք մետաղադրամներ՝ ցույց տալու այն երկու եղանակը, որով նա կարող էր ունենալ 7 ցենտ։

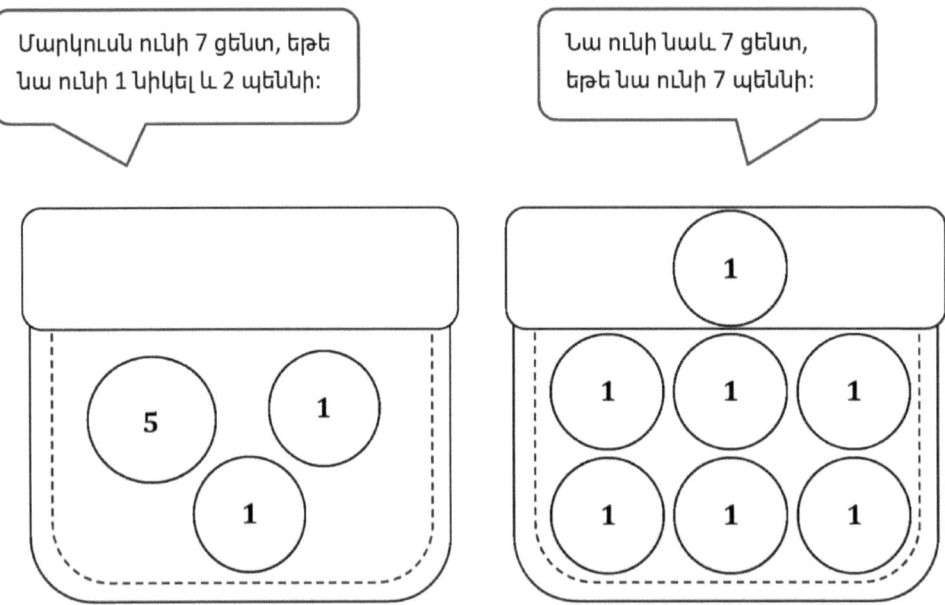

Մարկուսն ունի 7 ցենտ, եթե նա ունի 1 նիկել և 2 պեննի։

Նա ունի նաև 7 ցենտ, եթե նա ունի 7 պեննի։

4. Լուծեք։ Գծե՛ք գիծ՝ համապատասխանեցնելու թվային հաջորդականությունը մետաղադրամին կամ մետաղադրամներին։

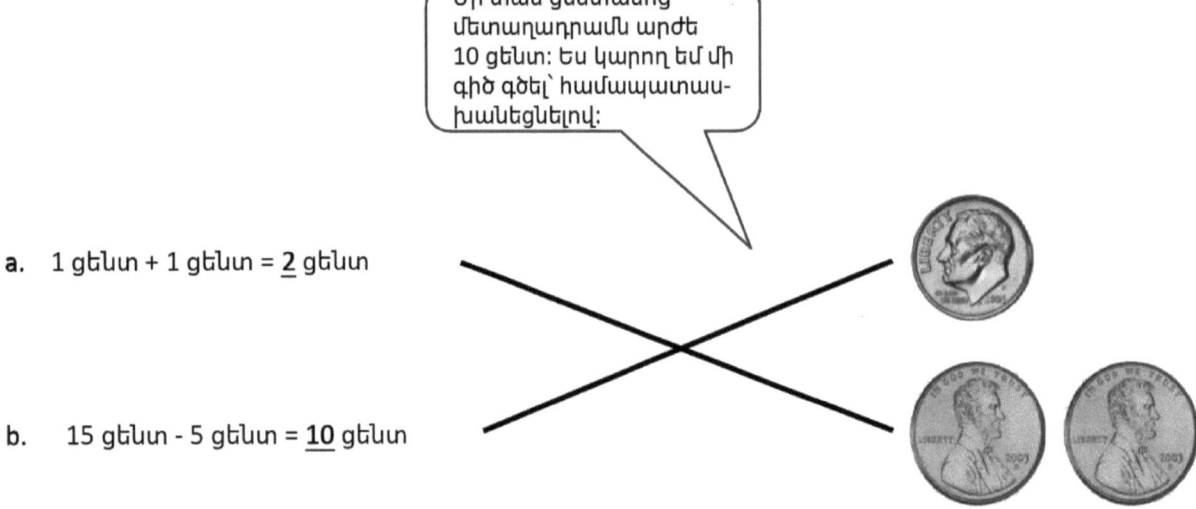

Մի տաս ցենտանոց մետաղադրամն արժե 10 ցենտ։ Ես կարող եմ մի գիծ գծել՝ համապատաս-խանեցնելով։

a. 1 ցենտ + 1 ցենտ = __2__ ցենտ

b. 15 ցենտ - 5 ցենտ = __10__ ցենտ

Անուն ____________________________ Ամսաթիվ ______________

1. Համապատասխանեցրե՛ք

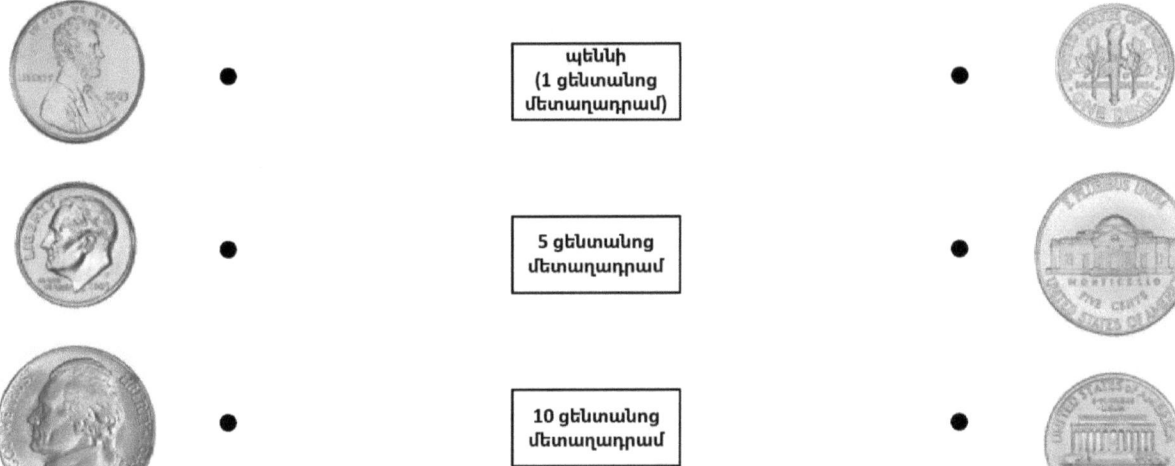

• պեննի (1 ցենտանոց մետաղադրամ) •

• 5 ցենտանոց մետաղադրամ •

• 10 ցենտանոց մետաղադրամ •

2. Գիծ քաշե՛ք որոշ պեննիների վրա, այնպես որ մնացած պեննիները ցույց տան ձախ կողմում գտնվող մետաղադրամի արժեքը:

a.

b.

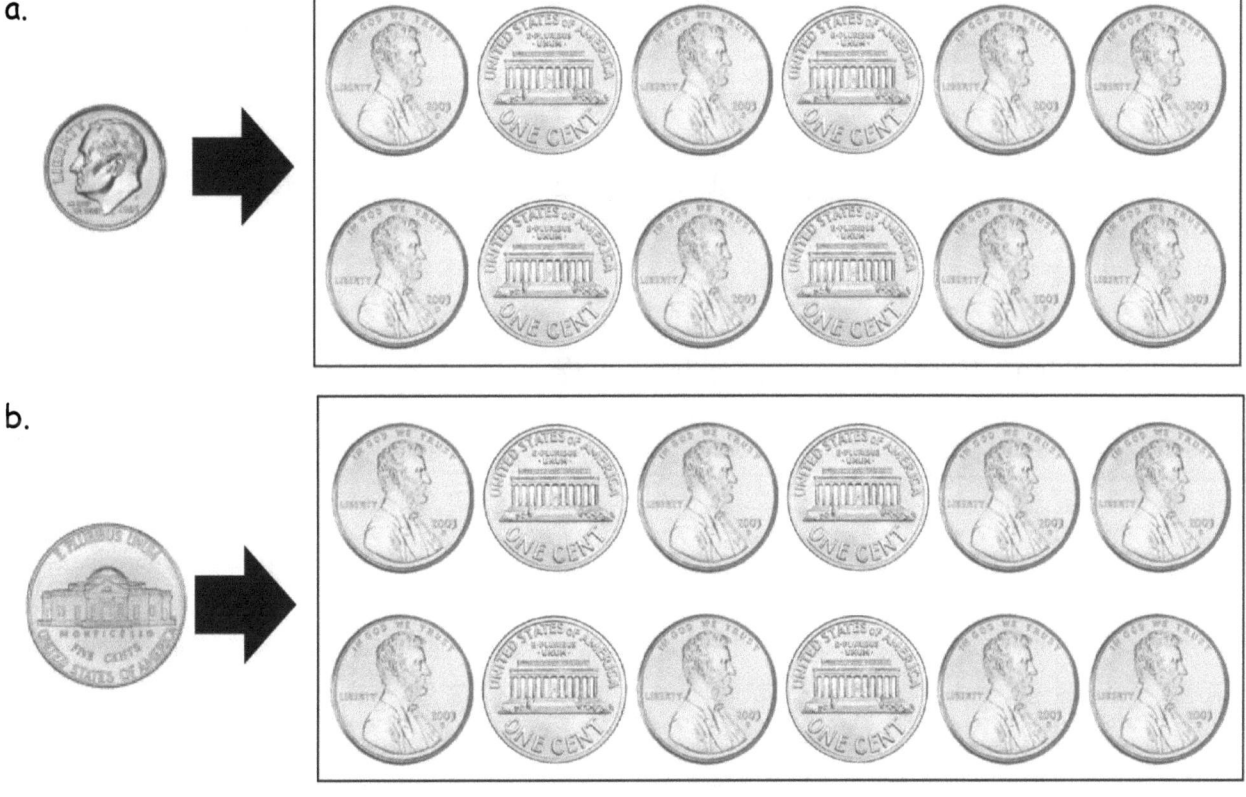

3. Մարիան գրպանում ունի 5 ցենտ: Նկարե՛ք մետաղադրամներ՝ ցույց տալու համար երկու տարբեր եղանակ, որով նա 5 ցենտ կարող է ստանալ:

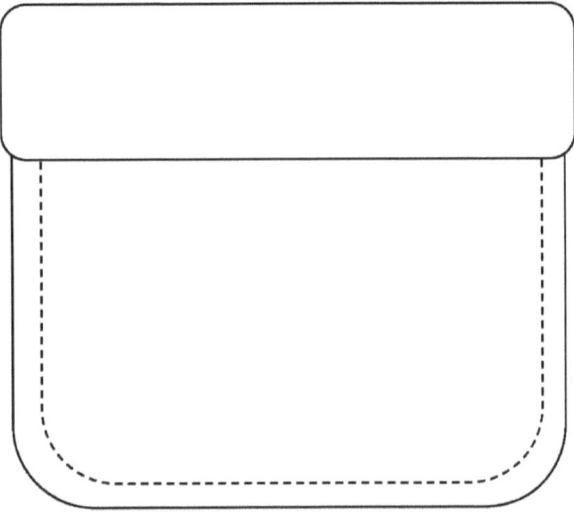 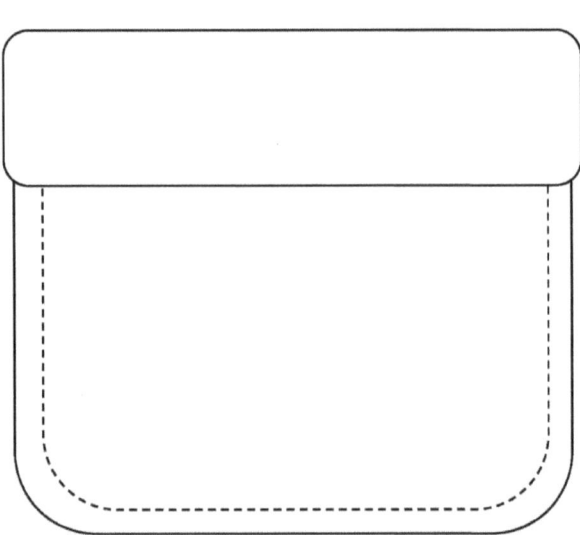

4. Լուծեք: Նկարե՛ք գիծ՝ համապատասխանելու մետաղադրամով կամ մետաղադրամներով) թվային հաջորդականությանը, որը տրամադրում է պատասխանը:

a. 10 ցենտ + 10 ցենտ = _____ ցենտ

b. 10 ցենտ - 5 ցենտ = _____ ցենտ

c. 20 ցենտ - 10 ցենտ = _____ ցենտ

d. 9 ցենտ - 8 ցենտ = _____ ցենտ

1. Ընտրեք բառերը՝ նշելու համար մետաղադրամները:

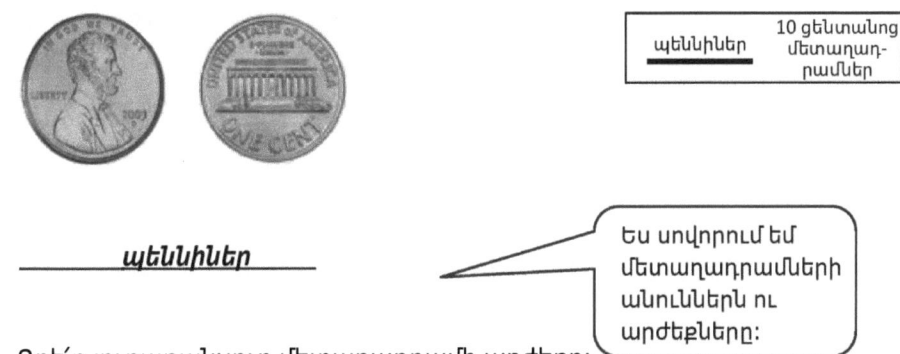

պեննիներ	10 ցենտանոց մետաղադ-րամներ

<u>պեննիներ</u>

Ես սովորում եմ մետաղադրամների անունններն ու արժեքները:

2. Գրե՛ք յուրաքանչյուր մետաղադրամի արժեքը:

1 պեննիի արժեքը <u>1</u> ցենտ է:

3. Ձեր հայրիկն ասել է, որ կտա Ձեզ 1 տաս ցենտանոց մետաղադրամ կամ 1 պեննի: Ո՞րը Դուք կվերցնեիք և ինչու՞:

<u>Ես կվերցներ 1 տաս ցենտանոց մետաղադրամը, քանի որ այ արժե 10 ցենտ: Պեննին արժե միայն 1 ցենտ:</u>

<u>Ես կվերցնեի տաս ցենտանոց մետաղադրամը, քանի որ այն ավելի շատ փող արժե:</u>

4. Կիրան իր խոզուկ-դրամատուփի մեջ ունի 10 ցենտ: Ինչպիսի՞ մետաղադրամ կամ մետաղադրամներ կարող են լինել նրա դրամատուփում: Նկարե՛ք ցույց տալու համար մետաղադրամների երկու տարբեր խմբեր, որոնք կարող են լինել Կիրայի խոզուկ-դրամատուփում:

Մի տաս ցենտանոց մետաղադրամն արժե 10 ցենտ:

Նիկելն արժե 5 ցենտ: Նա կարող է ունենալ 2 նիկել:

Անուն ______________________________ Ամսաթիվ ______________

1. Ընտրեք բառերը՝ նշելու համար մետաղադրամները:

տաս ցենտանոց մետաղադրամներ հինգ ցենտանոց մետաղադրամներ պեններ քսանհինգ ցենտանոց մետաղադրամներ

a. ______________ b. ______________ c. ______________ d. ______________

2. Գրե՛ք յուրաքանչյուր մետաղադրամի արժեքը:

a. Մեկ տաս ցենտանոց մետաղադրամի արժեքը_____ցենտ է:

b. Մեկ պեննիի արժեքը_____ցենտ է:

c. Մեկ հինգ ցենտանոց մետաղադրամի արժեքը________ցենտ է:

d. Մեկ քսանհինգ ցենտանոց մետաղադրամի արժեքը__________ցենտ է:

3. Ձեր մայրիկն ասել է, որ նա Ձեզ կտա 1 հինգ ցենտանոց կամ 1 քսանհինգ ցենտանոց մետաղադրամ: Ո՞րը Դուք կվերցնեիք և ինչու՞:

____

____

____

____

Դաս 21. Ճանաչեք 25 ցենտանոց մետաղադրամները՝ ըստ իրենց պատկերի, անվանման և արժեքի: Բաշխեք 25 ցենտանոց մետաղադրամի արժեքը՝ օգտագործելով պեններ (1 ցենտանոց մետաղադրամներ), 5 և 10 ցենտանոց մետաղադրամներ:

263

Copyright © Great Minds PBC

4. Լին իր խոզուկ-դրամատուփի մեջ ունի 25 ցենտ: Ի՞նչ մետաղադրամ կամ մետաղադրամներ կարող էին լինել նրա դրամատուփում:

a. Նկարե՛ք՝ ցույց տալու համար մետաղադրամները, որոնք կարող էին լինել Լիի դրամատուփում:

b. Նկարե՛ք մետաղադրամների մեկ այլ խումբ, որը կարող էր լինել Լիի դրամատուփում:

ճանաչեք 25 ցենտանոց մետաղադրամները՝ ըստ իրենց պատկերի, անվանման և արժեքի: Բաշխեք 25 ցենտանոց մետաղադրամի արժեքը՝ օգտագործելով պեննիներ (1 ցենտանոց մետաղադրամներ), 5 և 10 ցենտանոց մետաղադրամներ:

1. Համապատասխանեցրե՛ք նշագրումը ճիշտ մետաղադրամների և գրե՛ք արժեքը: Յուրաքանչյուր մետաղադրամի անվանման համար մեկից ավելի համընկնում կարող է լինել:

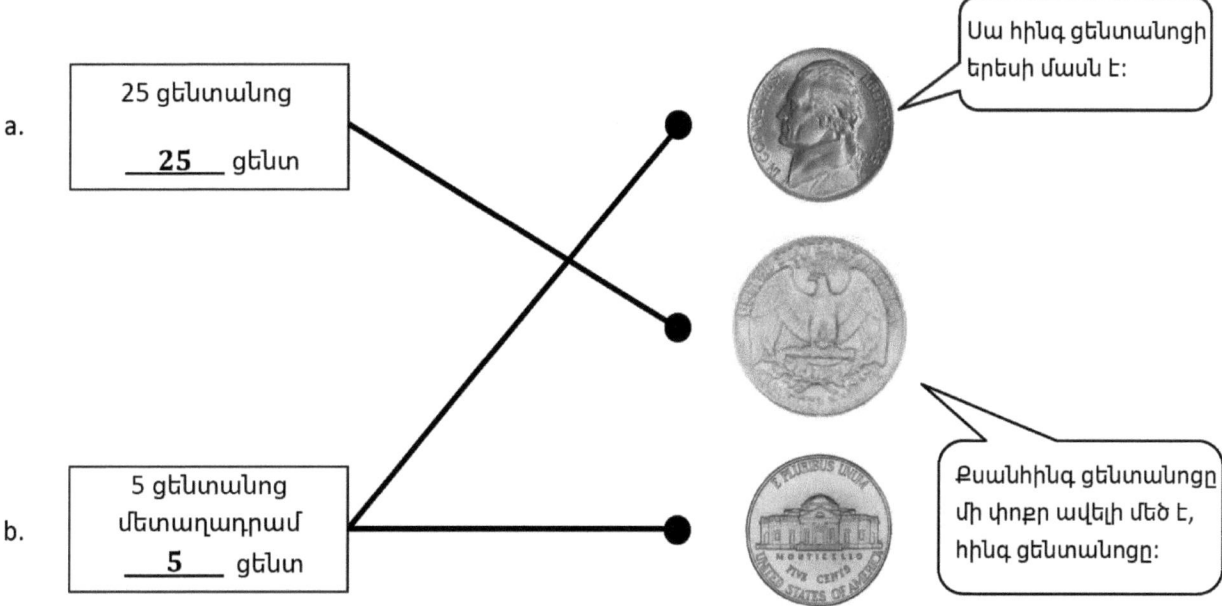

a. 25 ցենտանոց
__25__ ցենտ

b. 5 ցենտանոց մետաղադրամ
__5__ ցենտ

Սա հինգ ցենտանոցի երեսի մասն է:

Քսանհինգ ցենտանոցը մի փոքր ավելի մեծ է, հինգ ցենտանոցը:

2. Բրայանն ունի 4 մետաղադրամ իր գրպանում, իսկ Լարին ունի 2 մետաղադրամ: Լարին ավելի շատ փող ունի, քան Բրայանը: Նկարե՛ք նկար՝ ցույց տալու մետաղադրամները, որոնք կարող է ունենալ տղաներից յուրաքանչյուրը:

Հմմ ..., Բրայանը ավելի շատ մետաղադրամ ունի, բայց Լարին ավելի շատ փող ունի: Ինչպե՞ս է դա հնարավոր:

Բրայանի գրպանը

Լարիի գրպանը

Մի միտք ունեմ: Միգուցե Բրայանը ունի 1 տասը ցենտանոց մետաղադրամ և 3 պեննի: Դա 13 ցենտ է: Լարին կարող է ունենալ 2 տասը ցենտանոց մետաղադրամ, ինչը 20 ցենտ է:
20-ը 13-ից մեծ է, ուստի Լարին ավելի շատ գումար ունի:

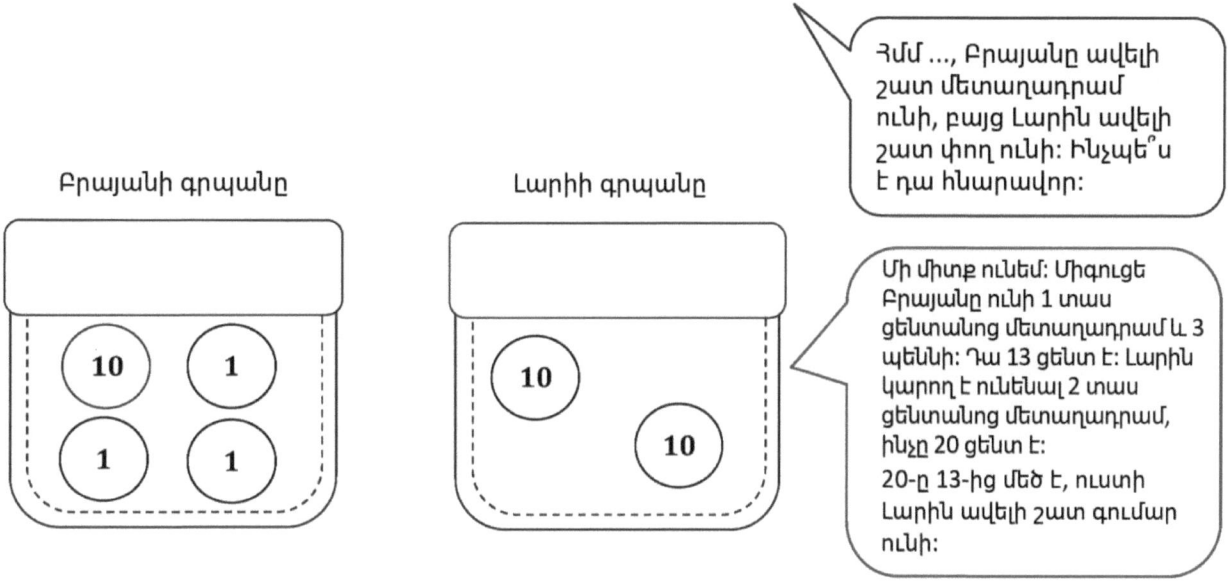

Անուն ________________________ Ամսաթիվ ____________

1. Համապատասխանեցրե՛ք նշագրումը ճիշտ մետաղադրամների և գրե՛ք արժեքը: Յուրաքանչյուր մետաղադրամի անվանման համար կարող է լինել մեկից ավելի համընկնում:

a. **5 ցենտանոց մետաղադրամ**
______ ցենտ

b. **10 ցենտանոց մետաղադրամ**
______ ցենտ

c. **25 ցենտանոց մետաղադրամ**
______ ցենտ

d. **պեննի (1 ցենտանոց մետաղադրամ)**
______ ցենտ

●

●

●

●

●

●

●

●

EUREKA MATH
Դաս 22. Ճանաչեք տարբեր մետաղադրամները՝ ըստ իրենց պատկերի, անվանման կամ արժեքի: Ցանակացած մետաղադրամի արժեքին ավելացրեք մեկ ցենտ: 267

2. Լին իր գրպանում ունի մեկ մետաղադրամ, իսկ Պեդրոն ունի 3 մետաղադրամ։ Պեդրոն ավելի շատ փող ունի, քան Լին։ Նկարե՛ք նկար՝ ցույց տալու մետաղադրամները, որոնք կարող է ունենալ տղաներից յուրաքանչյուրը։

Լիի գրպանը

Պեդրոյի գրպանը

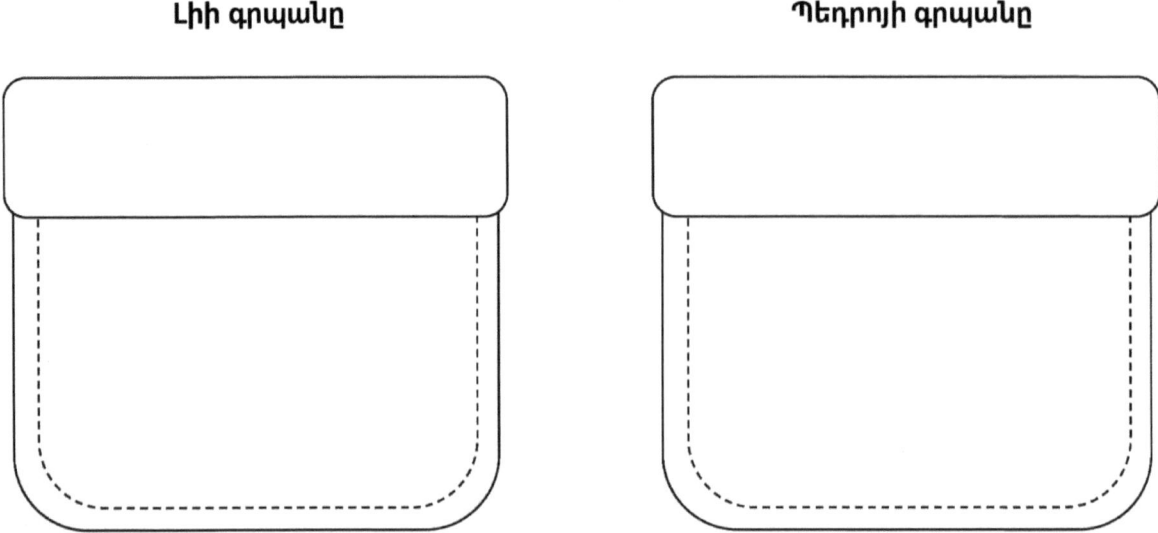

3. Բեյլին իր գրպանում ունի 4 մետաղադրամ, և Ինգրիդն ունի 4 մետաղադրամ։ Ինգրիդն ավելի շատ փող ունի, քան Բեյլին։ Նկարե՛ք նկար՝ ցույց տալու մետաղադրամները, որոնք կարող է ունենալ աղջիկներից յուրաքանչյուրը։

Բեյլիի գրպանը

Ինգրիդի գրպանը

Դաս 22. Ճանաչեք տարբեր մետաղադրամները՝ ըստ իրենց պատկերի, անվանման կամ արժեքի։ Ցանկացած մետաղադրամի արժեքին ավելացրեք մեկ ցենտ։

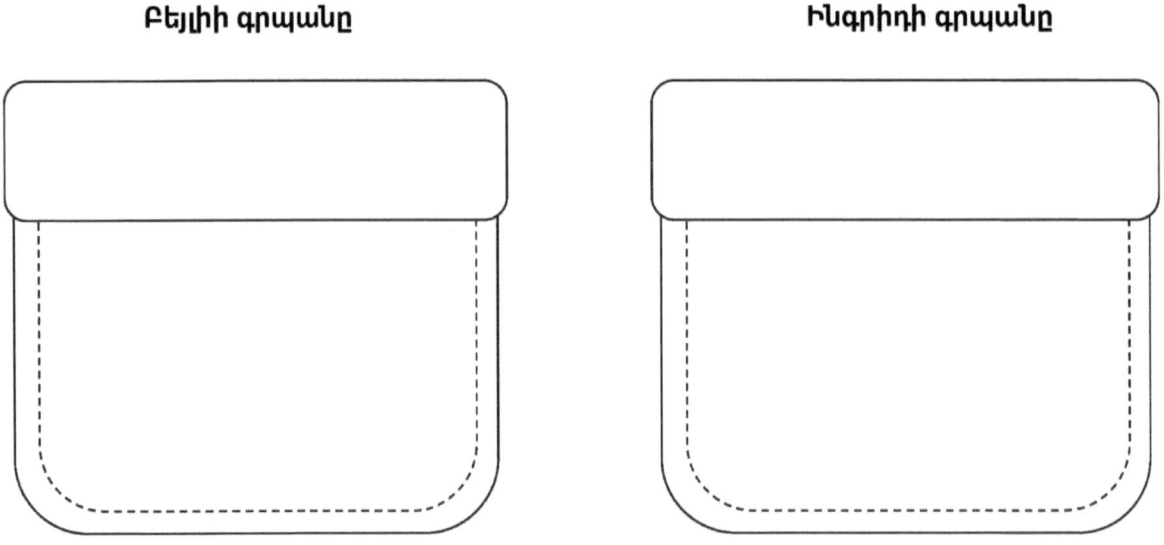

1. Ավելացրեք այնքան պեննի, որպեսզի ստանաք նշված գումարը:

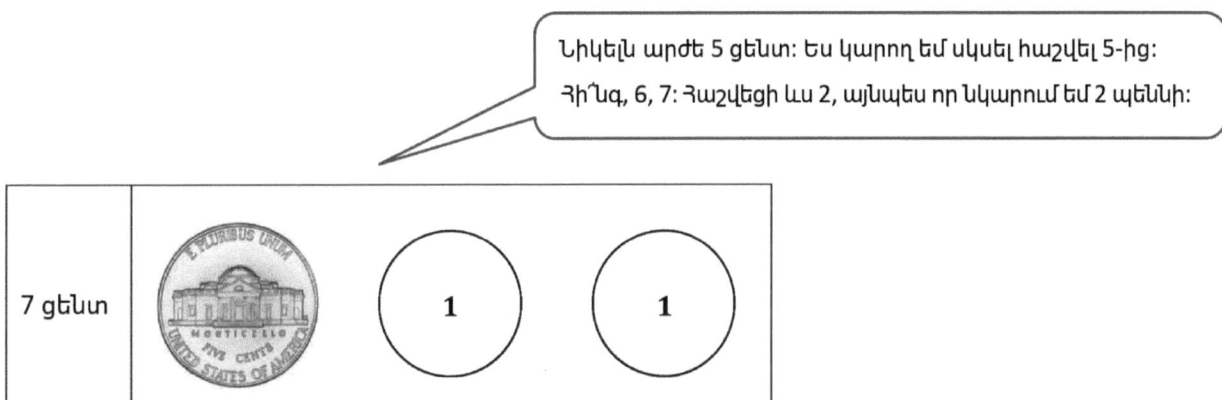

Նիկելն արժե 5 ցենտ: Ես կարող եմ սկսել հաշվել 5-ից: Հի՛նգ, 6, 7: Հաշվեցի ևս 2, այնպես որ նկարում եմ 2 պեննի:

1
1

2. Գրե՛ք մետաղադրամների խմբի արժեքը:

10 ...
20 ...
30 ...
31 ...
32 ...
33

33 ցենտ

Անուն ______________________________ Ամսաթիվ ______________

1. Ավելացրեք այնքան պեննի, որպեսզի ստանաք նշված գումարը:

a.	15 ցենտ	
b.	28 ցենտ	
c.	22 ցենտ	
d.	32 ցենտ	

2. Գրեք յուրաքանչյուր խմբի մետաղադրամների արժեքը:

a.

_____ ցենտ

ՄԻԱՎՈՐՆԵՐԻ ՊԱՏՄՈՒԹՅՈՒՆ   Դաս 23 Տնային աշխատանք   1•6

b.

_____ ցենտ

c.

_____ ցենտ

d.

_____ ցենտ

e.

_____ ցենտ

Դաս 23.   Պեննիներով հաշվեք բոլոր մետաղադրամները:

ՄԻԱՎՈՐՆԵՐԻ ՊԱՏՄՈՒԹՅՈՒՆ   Դաս 24 Տնային աշխատանքների օգնական   1•6

1. Հաշվեք յուրաքանչյուր խմբի մետաղադրամների արժեքը։ Լրացրե՛ք կարգային արժեքների աղյուսակը։ Գրեք 10 ցենտանոց մետաղադրամների և պեննիների արժեքների գումարման արտահայտություն։

1 տաս ցենտանոց մետաղադրամը = 1 տասի։
Կա 10 տաս ցենտանոց մետաղադրամ, ուստի կամ 10 տասեր։

1 պեննի = 1 մեկ։

տասեր	մեկեր
10	1

$100 + 1 = 101$

10 տասեր + 1 մեկը նույնն է, ինչ $100 + 1$։
$100 + 1 = 101$

Դաս 24.   10 ցենտանոց մետաղադրամներով ու պեննիներով ներկայացրեք մինչև 120-ը թվերը։   273

2. Ստուգե՛ք խումբը, որը նույն գումարն է ցույց տալիս: Լրացրե՛ք կարգային արժեքների աղյուսակը՝ 100 ցենտին համապատասխանեցնելու համար:

Կա 8 տաս ցենտանոց մետաղադրամ և 2 պեննի, ուստի կան 8 տասեր և 2 մեկեր՝ 80 + 2 = 82:
Այս հավաքածուն ցույց է տալիս 82 ցենտ:

տասեր	մեկեր
10	0

Կա 10 տաս ցենտանոց մետաղադրամ և 0 պեննի, ուստի կան 10 տասեր և 0 մեկեր՝ 100 + 0 = 100:
Այս հավաքածուն ցույց է տալիս 100 ցենտ:

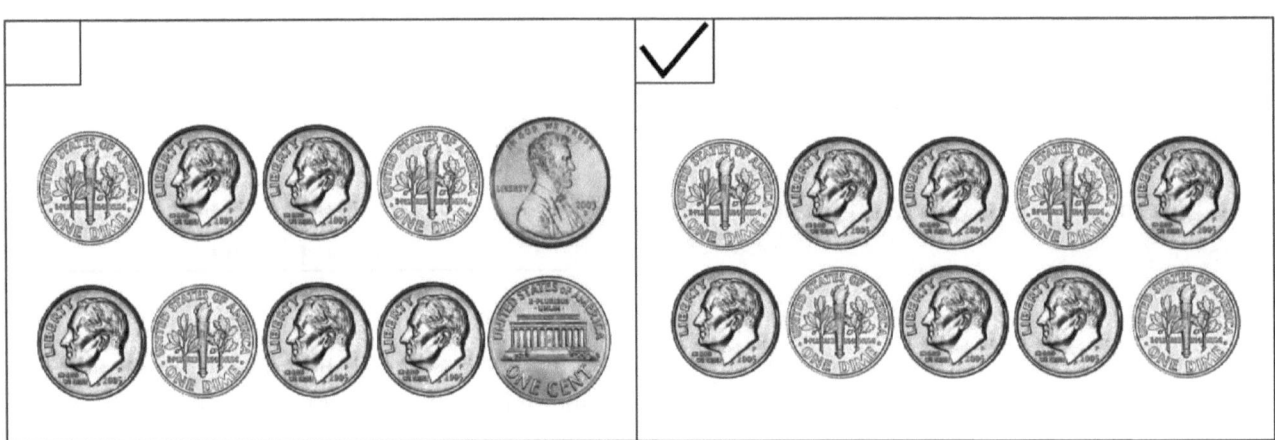

☐

✓

3. Նկարե՛ք 43 ցենտ՝ օգտագործելով տաս ցենտանոց մետաղադրամներ և պեննիներ: Համապատասխանաբար լրացրեք կարգային արժեքների աղյուսակը:

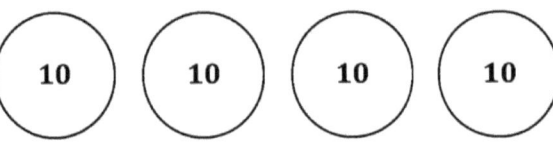

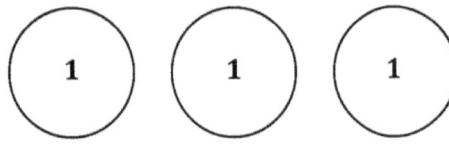

տասեր	մեկեր
4	3

Ես կարող եմ ստանալ 43 ցենտ 4 տաս ցենտանոց մետաղադրամով և 3 պեննիով: Դա 4 տասեր է և 3 մեկեր:

EUREKA MATH

ՄԻԱՎՈՐՆԵՐԻ ՊԱՏՄՈՒԹՅՈՒՆ　　　　　Դաս 24 Տնային աշխատանք　1•6

Անուն _____　Ամսաթիվ _____

1. Հաշվեք յուրաքանչյուր խմբի մետաղադրամների արժեքը։ Լրացրե՛ք կարգային արժեքների աղյուսակը։ Գրեք 10 ցենտանոց մետաղադրամների և պեննիների արժեքների գումարման արտահայտություն:

a.

տասեր	մեկեր

_____

b.

տասեր	մեկեր

_____

c.

տասեր	մեկեր

_____

Դաս 24.　10 ցենտանոց մետաղադրամներով ու պեննիներով ներկայացրեք մինչև 120-ը թվերը։

275

2. Ստուգե՛ք այն խումբը, որը ցույց է տալիս ճիշտ գումարը: Համապատասխանաբար լրացրեք կարգային արժեքների աղյուսակը:

110 ցենտ

տասեր	մեկեր

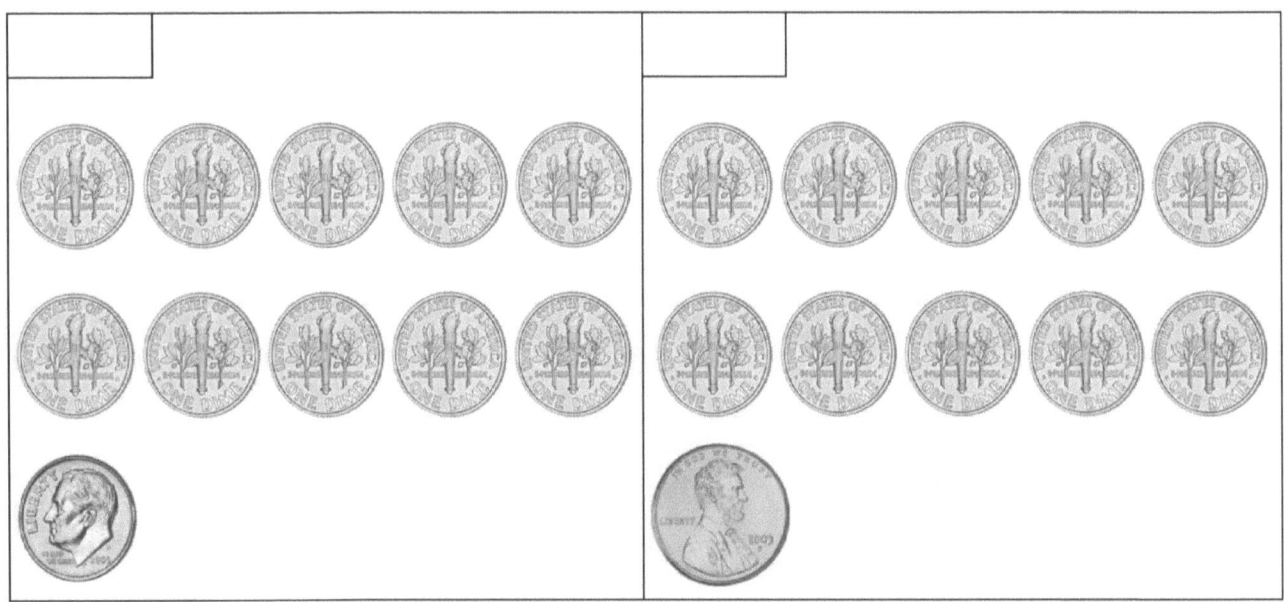

3. a. Նկարե՛ք 79 ցենտ՝ օգտագործելով տաս ցենտանոց մետաղադրամներ և պեննիներ: Համապատասխանաբար լրացրեք կարգային արժեքների աղյուսակը:

տասեր	մեկեր

b. Նկարե՛ք 118 ցենտ՝ օգտագործելով տաս ցենտանոց մետաղադրամներ և պեննիներ: Համապատասխանաբար լրացրեք կարգային արժեքների աղյուսակը:

տասեր	մեկեր

Կարդացեք խնդիրը:
Նկարեք ժապավենաձև դիագրամ կամ կրկնակի ժապավենաձև դիագրամ և նշումներ կատարեք:
Գրեք թվային արտահայտություն և պնդում, որը համապատասխանում է պատմությանը:

1. Մարիան օգտագործեց 16 ուլունք՝ ապարանջան պատրաստելու համար: Մարիան օգտագործեց 5 հատ ավել ուլունք, քան Քիմը: Քանի՞ ուլունք է օգտագործել Քիմը իր ապարանջանը պատրաստելու համար:

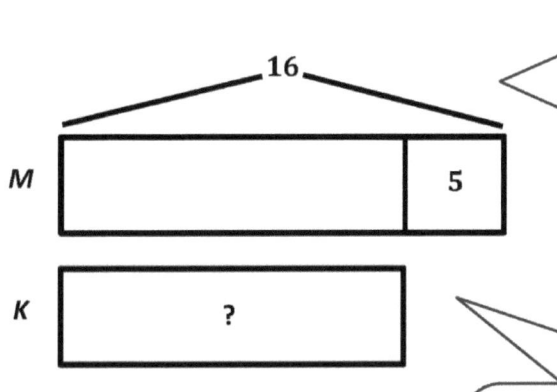

Կարող եմ նկարել կրկնակի ժապավենի դիագրամ՝ համեմատելու Մարիայի և Քիմի ուլունքները: Կարող եմ նկարել Մարիայի և Քիմի ժապավենները նույն երկարությամբ: Քանի որ գիտեմ, որ նրանք նույն քանակությամբ ուլունքներ չունեն, ես ինքս ինձ հարցնում եմ՝ ո՞վ ունի ավելին: Մարիան: Նա ունի 5-ով ավելի ուլունք, քան Քիմը: Ես ավելի շատ կավելացնեմ Մարիայի ժապավենին և կնշեմ այն 5-ով, քանի որ նա ունի 5-ով ավելի ուլունք, քան Քիմը:

$16 - 5 = \boxed{11}$

Քիմն օգտագործել է 11 ուլունք:

Ես կարող եմ նկարել՝ Մարիայի ժապավենի երկու մասերն ընդգրկելու համար, քանի որ ամբողջը 16 է: Մարիայի ժապավենի առաջին մասը հավասար է Քիմին, այնպես որ, եթե պարզեմ Մարիայի առաջին մասը, ես կիմանամ նաև Քիմի ժապավենը:

2. Լեոն հավաքեց 14 ելակ: Լեոն հավաքեց 4 ելակով պակաս, քան Ագնեսը: Քանի՞ ելակ հավաքեց Ագնեսը:

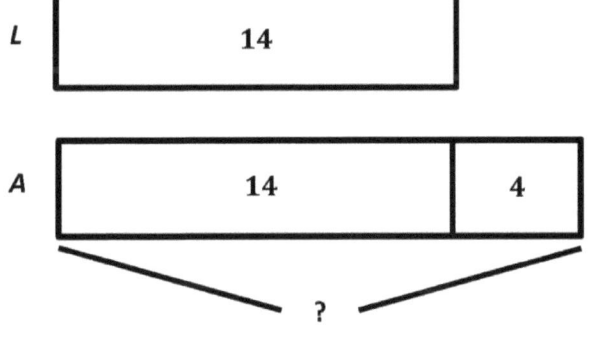

$14 + 4 = \boxed{18}$

Ագնեսը հավաքեց 18 ելակ:

Ես դանդաղում եմ և ուշադիր կարդում խնդրի յուրաքանչյուր մասը: Եթե Լեոն Ագնեսից 4-ով քիչ ելակ էր հավաքում, ապա Ագնեսը ունի 4-ով ավելին, քան Լեոն: Սա գումարման խնդիր է, այլ ոչ թե հանման:

Անուն ______________________________ Ամսաթիվ ______________

ժապավենաձև դիագրամի օրինակ

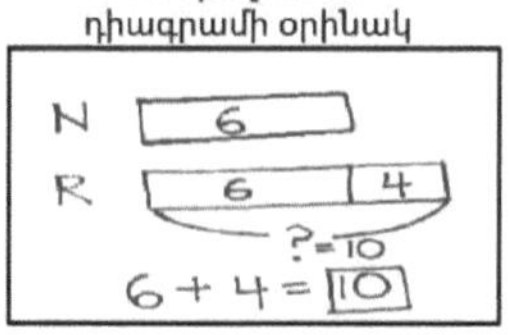

Կարդացեք խնդիրը:
Նկարեք ժապավենաձև դիագրամ կամ կրկնակի ժապավենաձև դիագրամ և նշումներ կատարեք:
Գրեք թվային նախադասություն և պնդում, որը համապատասխանում է պատմությանը:

1. Ջուլիոն ռադիոյով լսեց 7 երգ: Լին լսել էր 3 երգ ավելի, քան Ջուլիոն: Քանի՞ երգ է լսել Լին:

---

2. Շանիկան բռնել էր 14 զատիկ: Նա բռնել էր 4-ով ավելի զատիկ, քան Վիլլին: Քանի՞ զատիկ էր բռնել Վիլլին:

---

3. Ռոզը փաթեթավորել էր 3-ով ավելի տուփ, քան իր քույրը՝ նոր տուն տեղափոխվելու համար: Նրա քույրը փաթեթավորել էր 11 տուփ: Քանի՞ տուփ ավելի էր փաթեթավորել Ռոզը:

Դաս 25. Լուծե՛ք ավելի մեծ կամ ավելի փոքր անհայտ թվով
համեմատության խնդիրներ:

279

4. Թամրան զարդարեց 13 թխվածքաբլիթ: Թամրան զարդարեց 2 թխվածքաբլիթ պակաս, քան Էմին: Քանի՞ թխվածքաբլիթ է զարդարել Էմին:

5. Ռոզի եղբայրը խփել էր 12 թենիսի գնդակ: Ռոզը խփել էր 6 թենիսի գնդակով պակաս, քան իր եղբայրը: Քանի՞ թենիսի գնդակ էր խփել Ռոզը:

6. Իր տեսախցիկով Դարնելը նկարեց 5-ով ավելի լուսանկար, քան Կիանան: Նա 13 լուսանկար արեց: Քանի՞ լուսանկար արեց Կիանան:

ՄԻԱՎՈՐՆԵՐԻ ՊԱՏՄՈՒԹՅՈՒՆ   Դաս 26 Տնային աշխատանքների օգնական   1•6

Կարդացեք խնդիրը:
Նկարեք ժապավենաձև դիագրամ կամ կրկնակի ժապավենաձև դիագրամ և նշումներ կատարեք:
Գրեք թվային արտահայտություն և պնդում, որը համապատասխանում է պատմությանը:

1. Ռուբենն ունի 13 մարկեր: Նաշրան ունի 4 մարկեր պակաս, քան Ռուբենը: Քանի՞ մարկեր ունի Նաշրան:

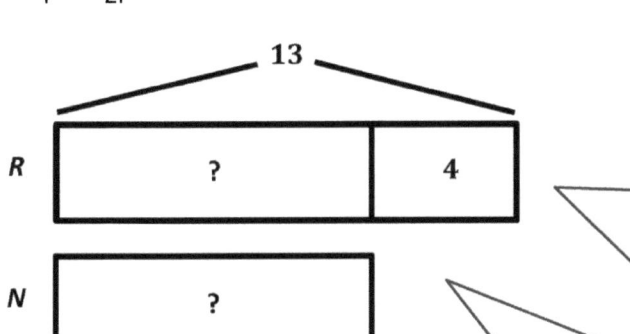

Կարող եմ նկարել կրկնակի ժապավենային դիագրամ հավասար ժապավեններով ինչպես Ռուբենի, այնպես էլ Նաշրայի համար: Քանի որ գիտեմ, որ նրանք հավասար քանակությամբ մարկեր չունեն, ես ինքս ինձ հարցնում եմ՝ ո՛վ ունի ավելին: Քանի որ Նաշրան ավելի քիչ մարկեր ունի, և ես գիտեմ, որ Ռուբենը 4-ով ավելի մարկեր ունի, ես Ռուբենի ժապավենին կավելացնեմ 4, քանի որ նա ունի 4-ով ավելի մարկեր:

$13 - 4 = \boxed{9}$

Նաշրան ունի 9 մարկեր:

Ես կարող եմ նկարել `ցույց տալու Ռուբենի մարկերների ընդհանուր քանակը, որը 13 է: Նեշրայի ժապավենի առաջին մասը հավասար է Ռուբենինին, այնպես որ, եթե ես պարզեմ Ռուբենի առաջին մասը, ես կիմանամ, թե Նաշրան քանի մարկեր ունի: Լուծման համար կարող եմ օգտագործել հանումը:

2. Էմիլը խաղահրապարակում գտել էր 12 տերև: Նա գտել էր 3 տերև ավելի, քան Պայտոնը: Քանի՞ տերև էր գտել Պայտոնը:

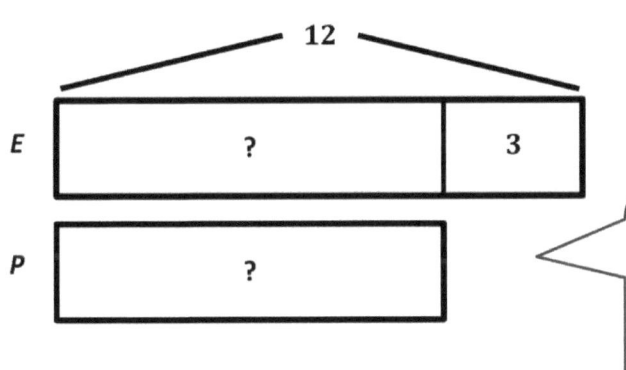

$12 - 3 = \boxed{9}$

Պայտոնը գտել էր 9 տերև:

Ես պետք է ուշադիր կարդամ խնդրի յուրաքանչյուր մասը: Երբեմն ավելին չի նշանակում ավելացնել: Քանի որ Էմիլը գտավ 3-ով ավելի տերև, քան Պայտոնը, ես պետք է հանեմ՝ պարզելու, թե քանի տերև է գտել Պայտոնը:

Անուն ________________________________ Ամսաթիվ ________________

Ժապավենաձև դիագրամի օրինակ

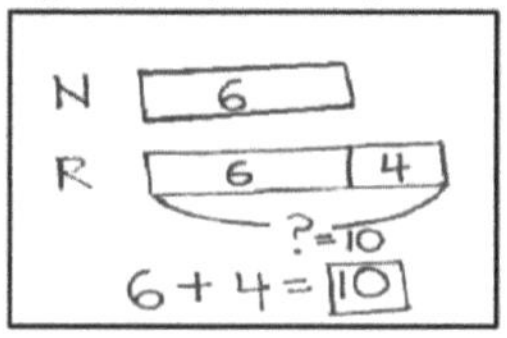

Կարդացեք խնդիրը:
Նկարեք ժապավենաձև դիագրամ կամ կրկնակի ժապավենաձև դիագրամ և նշումներ կատարեք:
Գրեք թվային նախադասություն և պնդում, որը համապատասխանում է պատմությանը:

1. Ֆատիման քայլում է դպրոցից տուն 15 բլոկ: Բենը քայլում է 8 բլոկ: Որքա՞ն ավելի երկար է քայլում Ֆատիման Բենից դպրոցից տուն ճանապարհին:

---

2. Մարիան գնեց զամբյուղ, որի մեջ կար 13 ելակ: Դարելը գնեց զամբյուղ, որի մեջ կար 4-ով ավելի ելակ, քան Մարիայի մոտ: Քանի՞ ելակ կար Դարնելի զամբյուղում:

---

3. Թամրան գրադարանից դուրս գրեց 5 գիրք: Քիմը գրադարանից դուրս գրեց 11 գիրք: Քանի՞ գիրք պակաս է դուրս գրել Թամրան՝ համեմատած Քիմի:

4. Կիանան ծառից քաղեց 12 խնձոր: Նա քաղեց 6 խնձոր պակաս, քան Վիլլին: Քանի՞ խնձոր քաղեց Վիլլին ծառից:

5. Ընդմիջմանը Էմին գտավ 16 քար: Նա գտավ 5 քար ավելի, քան Պիտերը: Քանի՞ քար գտավ Պիտերը:

6. Առաջին դասարանի ֆուտբոլի թիմում կա 12 խաղացող: Առաջին դասարանի ֆուտբոլի թիմում կա 6 խաղացող պակաս, քան երկրորդ դասարանի թիմում: Քանի՞ խաղացող ավելի ունի երկրորդ դասարանի թիմը:

284 Դաս 26. Լուծե՛ք ավելի մեծ կամ փոքր անհայտ թվի համեմատությամբ խնդիրներ: EUREKA MATH

Կարդացեք խնդիրը:
Նկարեք ժապավենաձև դիագրամ կամ կրկնակի ժապավենաձև դիագրամ և նշումներ կատարեք:
Գրեք թվային արտահայտություն և պնդում, որը համապատասխանում է պատմությանը:

1. Մի քանի երեխա խաղում էին մարզադահլիճում: 5 երեխա եկան միանալու, և հիմա կա 14 երեխա: Քանի՞ երեխա կար մարզասահիլիճում սկզբից:

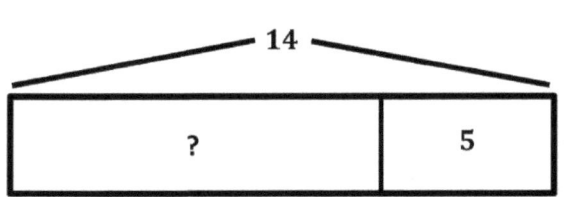

Այս խնդիրը բարդ է թվում, քանի որ սկզբում չգիտեմ, թե քանի երեխա էին խաղում: Դա իմ անհայտն է: Դա օգնում է, երբ ես մի նախադասություն կարդում եմ միանգամից և նկարում:

$14 - 5 = \boxed{9}$

Սկզբից 9 երեխա մարզադահլիճում էին:

Իմ նկարը ցույց է տալիս, որ ես գիտեմ ամբողջը և մեկ մասը: Ես կարող եմ օգտագործել հանում՝ պարզելու համար, թե սկզբում քանի երեխա էին խաղում: Կամ, ես կարող էի գումարում օգտագործել՝ ……….+ 5 = 14.

2. Պիտերը հեծանիվ քշեց 11 րոպե: Բելը հեծանիվ քշեց 7 րոպե: Քանի՞ րոպեով էր պակաս Բելի հեծանիվ քշելը:

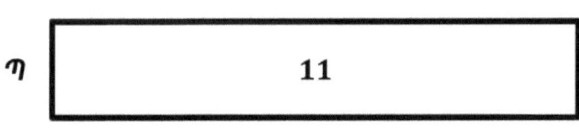

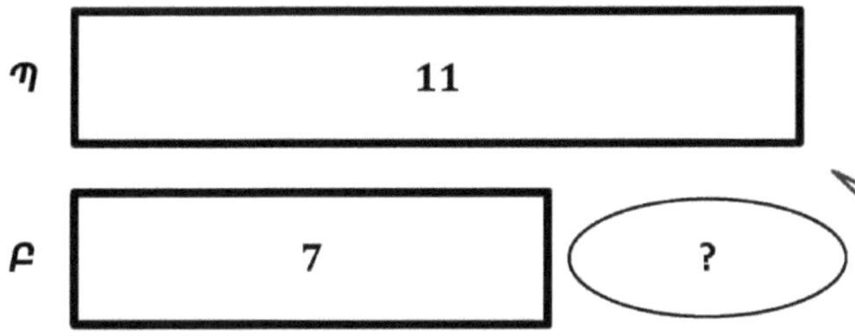

$7 + \boxed{4} = 11$

Բելի հեծանիվ վարելը 4 րոպե ավելի կարճ էր:

Քանի որ այս անգամ համեմատում եմ, ես նկարում եմ կրկնակի ժապավենի դիագրամ: Քանի որ Պիտերն ավելի շատ րոպե հեծանիվ վարեց, նրա ժապավենն ավելի երկար է, քան Բելինը: Բացակայող մասի համար կարող եմ գումարում օգտագործել, որը 4 րոպե է:

Անուն _____ Ամսաթիվ _____

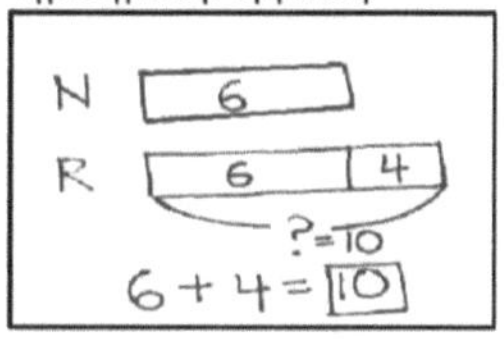

Կարդացեք խնդիրը:
Նկարեք ժապավենաձև դիագրամ կամ կրկնակի ժապավենաձև դիագրամ և նշումներ կատարեք:
Գրեք թվային արտահայտություն և պնդում, որը համապատասխանում է պատմությանը:

Ժապավենաձև դիագրամի օրինակ

N | 6
R | 6 | 4
? = 10
6 + 4 = 10

1. Ութ աշակերտ հերթագրվել են արվեստի դասին գնալու համար: Մի քանի աշակերտ ավելի հերթագրվել են երաժշտության գնալու համար:
   Ուստի, հերթի մեջ կա 12 աշակերտ: Քանի՞ աշակերտ է հերթագրվել երաժշտության գնալու համար:

2. Պիտերը հեծանիվով անցավ 5 բլոկ: Ռոզը հեծանիվով անցավ 13 բլոկ: Որքա՞ն ավելի կարճ էր Պիտերի հեծանիվ քշելը:

3. Լին և Անտոնը զբոսնելիս հավաքեցին 16 տերև: Տերևներից ինը Լիինն էին: Քանի՞ տերև էր Անտոնինը:

4. Թիմը հաշվեց 11 ֆուտբոլի գնդակ ցանցի ներսում: *Նրանք 5 գնդակով պակաս հաշվեցին ցանցից դուրս:* Քանի՞ գնդակ կար ցանցից դուրս:

5. Ջուլիոն տեսավ, թե ինչպես իր տան մոտով անցավ 14 ավտոմեքենա: Ջուլիոն տեսավ ևս 6 մեքենա, քան Շանիկան: Քանի՞ մեքենա էր տեսել Շանիկան:

6. Մի քանի աշակերտներ ճաշում էին: Նրանց միացան չորս աշակերտ: Այժմ 17 աշակերտ է ճաշում: Քանի՞ աշակերտ էր ճաշում սկզբում:

288 Դաս 27. Կիսվեք և քննարկեք ձեր ընկերների խնդիրների լուծման եղանակները: EUREKA MATH

Copyright © Great Minds PBC

1. Ընտանիքի անդամին սովորեցրե՛ք մեր հաշվելու վարժություններից մի քանիսը: Միասին ստուգե՛ք Ձեր կողմից կատարվող բոլոր վարժությունները:

- [ ] Ուրախ հաշիվ մեկերով:
- [X] Ուրախ հաշիվ տասերով:
- [X] Հաշիվ մեկերով տասերի եղանակով:
- [ ] Հաշիվ տասերով տասերի եղանակով: Սկզբում սկսեք 0-ից, իսկ հետո սկսեք 7-ից:
- [X] Շարժումների հաշվարկ՝ հաշվե՛ք պպզելիս, հետ հրելիս, ոտքերը միասին և առանձին ցատկելիս և այլն:

Ես կարող եմ այս զվարճալի մաթեմատիկական խաղերն անցկացնել ընտանիքի անդամի կամ ընկերոջ հետ՝ ամառվա ընթացքում իմ մաթեմատիկայի հմտությունները թարմ պահելու համար:

2. Գրե՛ք 96-ից 115-ը թվերը:

96	**97**	98	99	**100**	101	**102**	**103**	**104**	**105**

106	**107**	**108**	**109**	**110**	111	**112**	**113**	**114**	**115**

3. Հետ հաշվե՛ք տասերով 82-ից մինչև 2-ը:

82, **72**, 62, **52**, **42**, **32**, 22, **12**, **2**

Ողջ տարվա ընթացքում ուրախ հաշվարկի նման «Մաթեմատիկական խաղ» վարժությունն ինձ օգնել է հաշվել առաջ և հետ: Տեսեք, ես կարող եմ մեկերով 100-ից ավել հաշվել և հետհաշվարկ անել տասերով: Ես չեմ կարողացել անել այս երկու բաները, երբ առաջին դասարանում էի: Հիմա ես կարող եմ դրանք հեշտությամբ անել:

Դաս 28. Ավելի հմտացեք մինչև 10-ը (և 20-ը) թվերի գումարման և հանման գործողություններում: Կազմակերպեք հետաքրքրաշարժ ամառային պրակտիկա: 289

Անուն ______________________________ Ամսաթիվ ______________

1. Ընտանիքի անդամին սովորեցրե՛ք մեր հաշվելու վարժություններից մի քանիսը: Միասին ստուգե՛ք Ձեր կողմից կատարվող բոլոր վարժությունները:
   - ☐ Ուրախ հաշիվ միավորներով:
   - ☐ Ուրախ հաշիվ տասնյակներով:
   - ☐ Հաշվե՛ք միավորներով, ապա ասեք Տասնյակներով:
   - ☐ Հաշվե՛ք տասնկակներով, ապա ասեք տասնյակներով: Սկզբից սկսե՛ք 0-ից, ապա, սկսե՛ք 7-ից:
   - ☐ Շարժումների հաշվարկ՝ հաշվե՛ք կքանիստ անելիս, հետ հրելիս, ցատկելիս և այլն:

2. Գրե՛ք 91-ից մինչև 120 թվերը՝

91		93							

				105					

								119	

1. Հետ հաշվե՛ք տասերով 97-ից մինչև 7-ը:

   97, ______, 77, ______, ______, ______, ______, ______, ______, ______.

4. Ձեր թղթի դարձերեսին գրե՛ք այնքան գումարներ և տարբերություններ 20 թվի սահմաններում, որքան կարող եք: Շրջանի մեջ առե՛ք նրանք, որոնք տարվա սկզբին դժվար էին Ձեզ համար:

Ընտանիքի անդամին սովորեցրե՛ք Ձեր սիրելի մաթեմատիկական խաղը՝ մեր հմտանալու դասի ժամանակ: Նկարագրե՛ք, թե ինչ եք զգացել խաղը սովորեցնելիս: Դա հե՞շտ էր: Դժվա՞ր էր: Ինչո՞ւ:

Ես սովորեցրեցի մայրիկիս խաղալ մաթեմատիկական խաղ՝ Բաց թողնված մասը՝ տասի կազմություն: Ինձ համար սովորական է սովորել, թե ինչպես խաղալ մաթեմատիկական խաղեր իմ ուսուցչից և ապա խաղալ իմ ընկերների հետ: Իմ մայրիկին սովորեցնելը հավես էր, սակայն մի փոքր դժվար էր: Նույնիսկ եթե գիտեմ, թե ինչպես խաղալ խաղը, ես երբեմն մոռանում էի բացատրել նրան որոշ կարևոր մասեր:

Ես կարող եմ մաթեմատիկայի խաղ ընտրել մեր մաթեմատիկայի կենտրոններից մեկից և այն ուսուցանել իմ ընտանիքի անդամներից մեկին: Ես գիտեմ, թե ինչպես պետք է խաղն ինքնուրույն խաղալ, բայց երբեմն դա ուրիշին սովորեցնելով՝ ինչ-որ բան ես սովորում: Դա օգնեց ինձ մտածել տասի կազմության մասին, երբ ես ստիպված էի ցույց տալ իմ մայրիկին այն, ինչ մեզ հարկավոր էր անել:

Ի՞նչ եք արել այսօր մաթեմատիկայի դասին:

Այսօր ես զարդարել եմ մաթեմատիկայի թղթապանակը իմ մաթեմատիկայի ամառային փաթեթով: Ես զարդարել եմ իմ թղթապանակը այն բոլոր բաների նկարներով, որոնք կատարել եմ մաթեմատիկայի դասին այս տարի: Ես նկարեցի գումարման և հանման թվային արտահայտություններ, 5-խմբանոց գծագրեր և թվային զույգեր: Ես նաև նկարեցի տասնյակներ, թվային արժեքների աղյուսակ և տարբեր երկչափ և եռաչափ պատկերներ: Դրանք պարզապես մի քանիսն են այն բաներից, որոնք ես սովորել եմ մաթեմատիկայից այս տարի: Ես կփորձեմ ամեն օր կատարել իմ ամառային փաթեթի վարժություններից իմ ընտանիքի անդամներից մեկի հետ, այնպես որ պատրաստ լինեմ մաթեմատիկային երկրորդ դասարանում:

Իմ ամառային փաթեթը ներառում է՝

- Դաս 30 ամառային փաթեթ:
- Միակողմանի թվանիշ կամ 5-խմբային քարտեր:
- 5 Հիմնական գիտելիքների ստուգման Սպրինտներ և 1-ին դասարանի մի քանի այլ Սպրինտներ :
- Հիմնական գիտելիքների ստուգման տարբե-րակված պրակտիկայի հավաքածուներ:

Դաս 30. Տուն տանելու համար պատրաստեք տարվա ընթացքում ձեր կատարած աշխատանքը նկարագրող թղթապանակի կազմեր: 295

Copyright © Great Minds PBC

Հավաստագիր

Great Minds®-ը գործադրել բոլոր ջանքերը՝ հեղինակային իրավունքով պաշտպանված բոլոր նյութերի վերատպման թույլտվությունը ստանալու համար։ Եթե հեղինակային իրավունքով պաշտպանված սույն նյութում որևէ սեփականատեր նշված չի, խնդրում ենք ճանաչման համար կապ հաստատել «Great Minds»-ի հետ՝ այս մոդուլի հետագա բոլոր հրատարակված և վերատպված տարբերակներում:

Printed by Libri Plureos GmbH in Hamburg,
Germany

9 781649 291622